荣光七秩创伟业，执梦远行谱新篇。

谨以此书献礼福建省建筑设计研究院有限公司

成立70周年!

Create great causes with glory for 70 years, travel further with dreams to compose a new chapter.

We would like to dedicate this book to the 70th anniversary of Fujian Provincial Institute of Architectural Design and Research.

现代建筑
消防应急照明和疏散指示系统
设计应用

MODERN ARCHITECTURE
FIRE EMERGENCY LIGHTING AND
EVACUATION INDICATING SYSTEM
DESIGN APPLICATION

主 编
林卫东 林洪钟

编写人员
陈 技 倪守雨 张文辉 王小红
黄园梅 易滨发 杨群山 谢莉梅

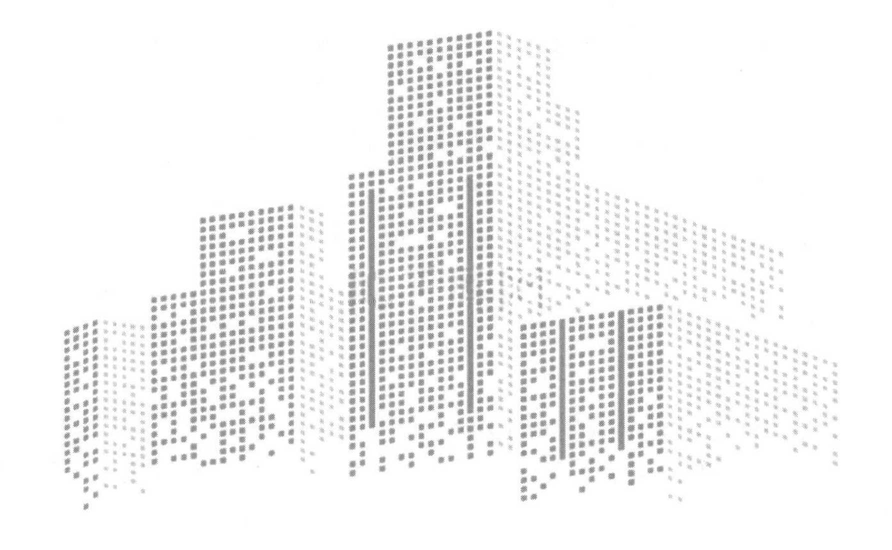

海峡出版发行集团 THE STRAITS PUBLISHING & DISTRIBUTING GROUP | 福建科学技术出版社 FUJIAN SCIENCE & TECHNOLOGY PUBLISHING HOUSE

图书在版编目(CIP)数据

现代建筑消防应急照明和疏散指示系统设计应用 / 林卫东，林洪钟编著. —福州：福建科学技术出版社，2023.11

ISBN 978-7-5335-7122-1

Ⅰ. ①现… Ⅱ. ①林… ②林… Ⅲ. ①建筑物－消防设备－照明装置－系统设计－研究②建筑物－消防设备－安全疏散－系统设计－研究 Ⅳ. ①TU892

中国国家版本馆CIP数据核字（2023）第190770号

书　　名	**现代建筑消防应急照明和疏散指示系统设计应用**
编　　著	林卫东　林洪钟
出版发行	福建科学技术出版社
社　　址	福州市东水路76号（邮编350001）
网　　址	www.fjstp.com
经　　销	福建新华发行（集团）有限责任公司
印　　刷	福建省金盾彩色印刷有限公司
开　　本	787毫米×1092毫米　1/16
印　　张	13
字　　数	275千字
版　　次	2023年11月第1版
印　　次	2023年11月第1次印刷
书　　号	ISBN 978-7-5335-7122-1
定　　价	98.00元

序　言

消防应急照明和疏散指示系统为人员疏散或发生火灾时仍需工作的场所提供疏散路径及相关区域的最基本的照明，设置方向标志灯保证人们能够清晰地辨识疏散路径、疏散方向、所处楼层位置、安全出口等，以便人们尽快有序地离开危险场所，最大限度地保证人们生命安全。

自 2019 年 3 月 1 日国家标准 GB 51309—2018《消防应急照明和疏散指示系统技术标准》开始实施以来，系统设计有了全新的技术标准作指导，明确了集中控制型系统和非集中控制型系统、A 型灯具和 B 型灯具、应急照明配电箱和集中电源、应急照明控制器等专有名词，限制 AC220V 应急照明灯具的使用范围，从而避免了人员在疏散过程或在火灾扑救过程中发生电击事故的风险。应急照明和疏散指示系统与正常照明系统不是相互独立的子系统，而是相辅相成、有机统一、互为融合的一个系统工程。

全书共十章，结合工程案例详细阐述了消防应急照明和疏散指示系统的设计方法、注意事项等，可作为建设、设计、施工、施工图审查、消防技术检测服务等单位从事相关工作的人员参考，也可作为高校相关专业特别是建筑电气和智能化专业的师生参考。

全书在编写过程中，得到了福建省建筑设计研究院有限公司陈汉民、张诚、谢进国、黄剑雄、张建辉、吴旭华等，以及若干优秀生产厂家和电气设计人员的大力支持，在此深表感谢。由于编写人员理论水平和工作经验的局限，难免存在疏漏之处，恳请业内专家、同行批评指正。

编者

2023 年 10 月 1 日

目 录

第一章 系统概述

DIYIZHANG
XITONG GAISHU

第一节　系统组成

消防应急照明和疏散指示系统是为人员疏散和发生火灾时仍需工作的场所提供照明和疏散指示的系统。系统中为人员疏散、消防作业提供照明和指示标志的各类灯具，包括消防应急照明灯具和消防应急标志灯具，统称消防应急灯具。

消防应急照明灯具是为人员疏散和发生火灾时仍需工作的场所提供照明的灯具。消防应急标志灯具是用图形、文字指示疏散方向，指示疏散出口、安全出口、楼层、避难层(间)、残疾人通道的灯具。

一　控制方式的分类

系统按消防应急灯具的控制方式可分为集中控制型系统和非集中控制型系统。

集中控制型系统是设置应急照明控制器，由应急照明控制器集中控制并显示应急照明集中电源或应急照明配电箱及其配接的消防应急灯具工作状态的消防应急照明和疏散指示系统。非集中控制型系统是未设置应急照明控制器，由应急照明集中电源或应急照明配电箱分别控制其配接消防应急灯具工作状态的消防应急照明和疏散指示系统。集中控制型系统采用了物联网等先进技术，系统由应急照明控制器、集中控制型灯具、应急照明集中电源或应急照明配电箱等系统部件组成，由应急照明控制器按预设逻辑和时序控制并显示其配接的灯具、应急照明集中电源或应急照明配电箱的工作状态，不仅可以确保火灾、市电停电或正常照明故障停电时应急点亮消防应急照明灯具和消防指示标志灯，确保疏散的有序进行，而且也能够实时监控线路、集中电源或应急照明配电箱、应急照明灯具和疏散指示标志灯等系统中各设备的工作状态，一旦故障报警，可及时维护和操作，从而保证了系统的高可靠性。非集中控制型系统由非集中控制型灯具、应急照明集中电源或应急照明配电箱等系统部件组成，系统中灯具的光源由灯具蓄电池电源的转换信号控制应急点亮或由红外、声音等信号感应点亮，系统没有通信和监控等功能，一旦市电停电，蓄电池就自动点亮疏散照明和标志灯，蓄电池放电结束，疏散照明和标志灯就自动熄灭，此时若发生火灾，由于蓄电池未充电，疏散照明和标志灯将无法点亮，失去了疏散照明的目的，因此系统可靠性低。

应急照明控制器是指控制并显示集中控制型消防应急灯具、应急照明集中电源、应急照明配电箱及相关附件等工作状态的装置。应急照明集中电源是由蓄电池储能，为集中电源型消防应急灯具供电的电源装置。应急照明配电箱是为自带电源型消防应急灯具供电的供配电装置。集中控制型系统根据消防应急灯具自带蓄电池与否分为集中控制型集中电源系统和集中控制型应急照明配电箱系统，消防应急灯具不自带蓄电池的系统为集中控制型集中电源系统，消防应急灯具自带蓄电池的系统为集中控制型应急照明配电箱系统；非集中控制型系统也是根据消防应急灯具自带蓄电池与否分为非集中控制型集中电源系统和非集中控制型应急照明配电箱系统，消防应急灯具不自带蓄电池的系统为非集中控制型集中电源系统，消防应急灯具自带蓄电池的系统为非集中控制型应急照明配电箱系统。系统通过消防应急照明灯具和消防应急标志灯具及集中电源、应急照明配电箱、应急照明控制器来实现相应功能，如图 1.1.1。

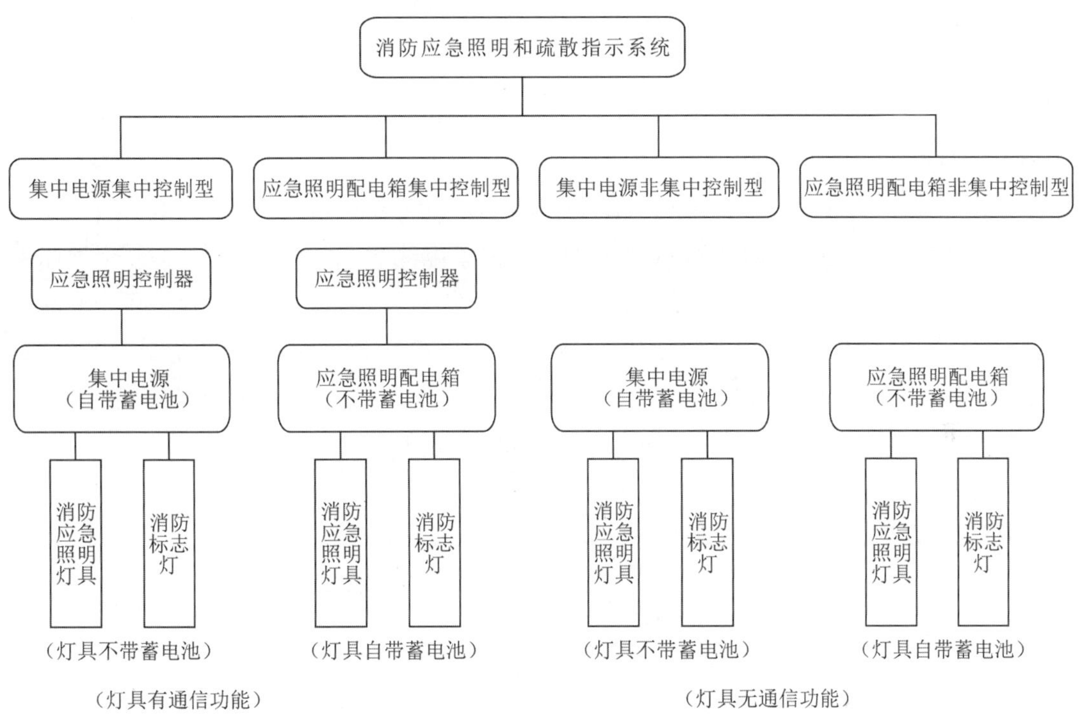

图 1.1.1 消防应急照明和疏散指示系统分类示意图

二 系统示意

在工程设计中常用的系统为两种：①灯具不带蓄电池集中控制型集中电源应急照明和疏散指示系统；②灯具自带蓄电池非集中控制型应急照明配电箱应急照明和疏散指示系统。

距地面 2.5 m 及以下的高度为正常情况下人体可能直接接触到的高度范围，火灾发生时，自动喷水灭火系统、消火栓系统等水灭火系统产生的水灭火介质很容易导致灯具的外壳发生导电现象，为了避免人员在疏散过程中触及灯具外壳而发生触电事故，要求设置在此高度范围内的灯具采用电压等级为安全电压的灯具；火灾扑救过程中，灭火救援人员一般使用消火栓实施灭火，由于灭火用的水介质均具有一定的导电性，这样就会通过消火栓及其水柱形成导电通路，为了避免在火灾扑救过程中发生触电事故，综合考虑现有系统产品的技术水平和工程应用情况等因素，要求距地面 2.5 ～ 8 m 高度范围内设置的灯具也应采用电压等级为安全电压的灯具。

通常，主电源和蓄电池电源额定工作电压均不大于 DC36V 的消防应急灯具，称为 A

型消防应急灯具；额定输出电压不大于 DC36V 的应急照明配电箱，称为 A 型应急照明配电箱；额定输出电压不大于 DC36V 的应急照明集中电源，称为 A 型应急照明集中电源。

普通电压（AC220V）的消防应急灯具，即 B 型灯具。自带电源型灯具的非集中控制型系统在发生火灾时，需要切断自带电源型灯具的主电源，灯具自动转入自带蓄电池供电，而灯具自带蓄电池的工作电压均低于 DC36V，属于安全电压范畴，不会对人体产生电击危险，因此，未设置消防控制室的住宅建筑的疏散走道、楼梯间等场所可选择自带电源 B 型灯具。

集中控制型应急照明和疏散指示系统在实际工程项目设计中常常采用分散设置的 A 型集中电源集中控制型系统，如图 1.1.2；较少采用 A 型应急照明配电箱集中控制型系统，如图 1.1.3。由于目前许多建筑是建筑面积大、层高小于 8 m 的大型建筑，安装的应急照明灯具和疏散指示标志灯数量庞大，若采用灯具自带蓄电池，一旦蓄电池损坏必须更换原生产厂家的产品，势必给维护造成很大的工作量和困难；其次，对于建筑高度大于 100 m 的民用建筑，当应急照明灯具自带的蓄电池持续工作时间不小于 2h（火灾 1.5 h 加上平时 0.5 h）时，则蓄电池初装工作时间需要更长，具体应根据灯具生产厂家所配置的蓄电池要求为准；再者，在工程项目建造过程中往往会把初装工作时间认为是蓄电池持续工作时间，从而降低了设计要求，存在安全隐患。

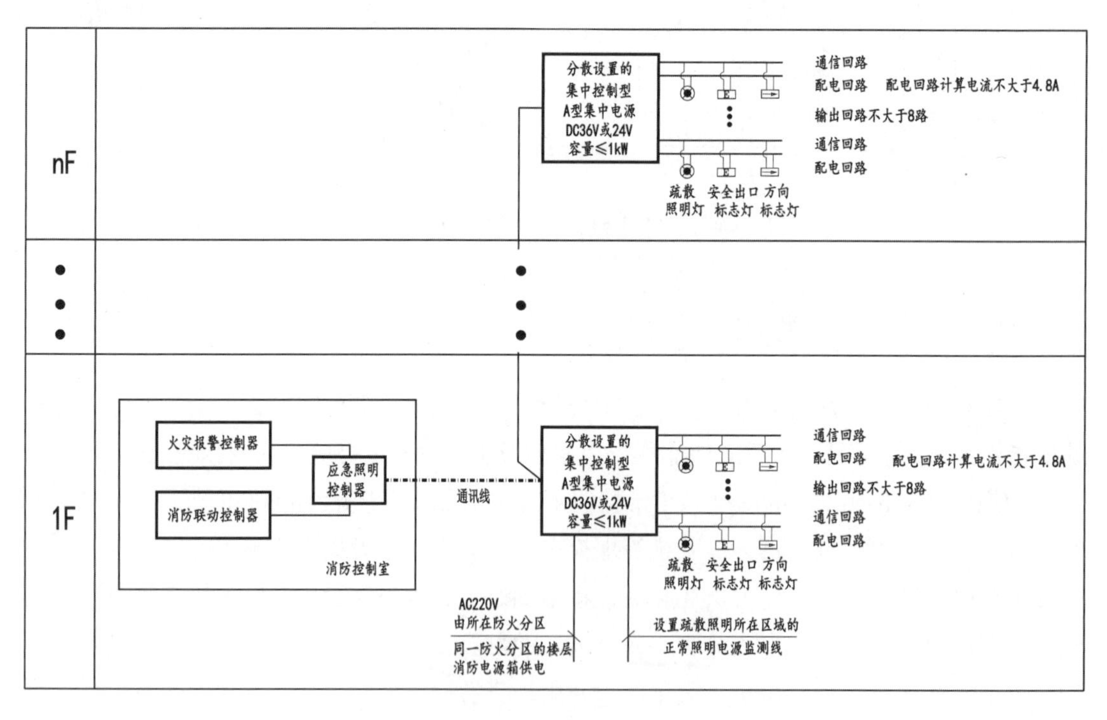

图例	说明
⊗	集中电源疏散照明灯（A型）
⇐	方向标志灯（A型）
E	安全出口标志灯（A型）

图 1.1.2 分散设置的 A 型集中电源集中控制型应急照明和疏散指示系统示意图

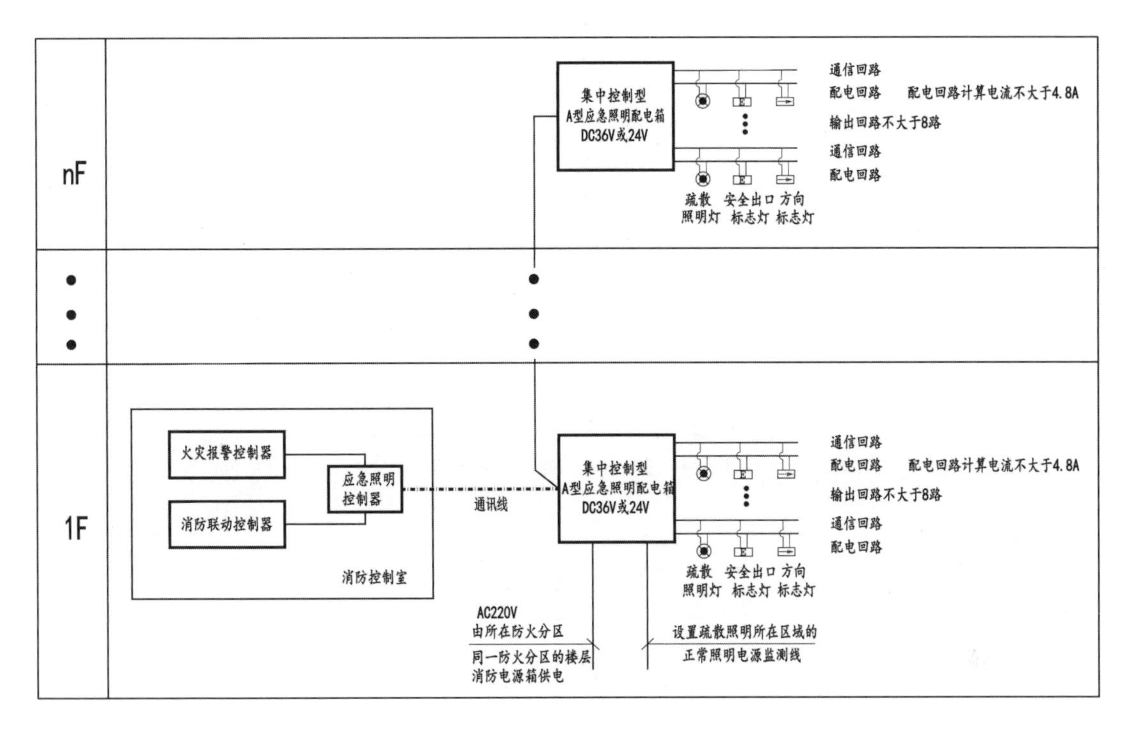

图例	说明
⊗	自带蓄电池A型灯具
	方向标志灯（A型）
	安全出口标志灯（A型）

图 1.1.3　A 型应急照明配电箱集中控制型应急照明和疏散指示系统示意图

非集中控制型应急照明和疏散指示系统在实际工程项目设计中常常采用灯具自带蓄电池 A 型应急照明配电箱非集中控制型系统，如图 1.1.4；较少采用 A 型集中电源非集中控制型系统，如图 1.1.5。A 型集中电源非集中控制型系统要求应急照明灯平时由市电供电时不亮，疏散指示标志灯平时由市电供电时处于节电点亮模式，由于集中电源不论是市电还是蓄电池供电均有电源输出，应急照明灯和疏散指示标志灯与集中电源没有通信功能，无法判定是市电还是蓄电池供电，要让持续型照明灯的光源平时保持节电点亮模式，市电停电时由蓄电池供电自动点亮是难以实现的，而且配电线路还应选用耐火线缆，增加了造价。同时集中电源应设置在配电间内或电气竖井内，不可以就地现场安装。因此只有采用应急照明配电箱和持续型照明灯自带蓄电池的方案才能做到持续型照明灯的光源平时保持节电点亮模式，即平时由主电源供电时持续型照明灯的光源保持节电点亮模式，主电源断电转换为由灯具自带的蓄电池供电时为点亮模式。

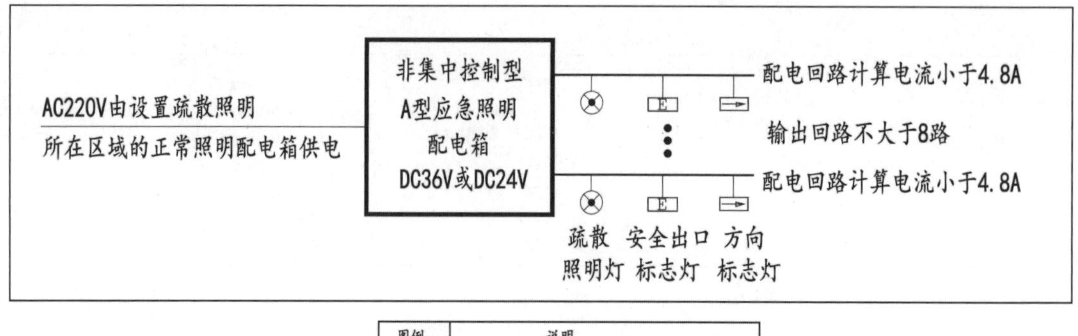

图例	说明
⊗	自带蓄电池A型灯具
	方向标志灯（A型）
E	安全出口标志灯（A型）

图 1.1.4　A 型应急照明配电箱非集中控制型应急照明和疏散指示系统示意图

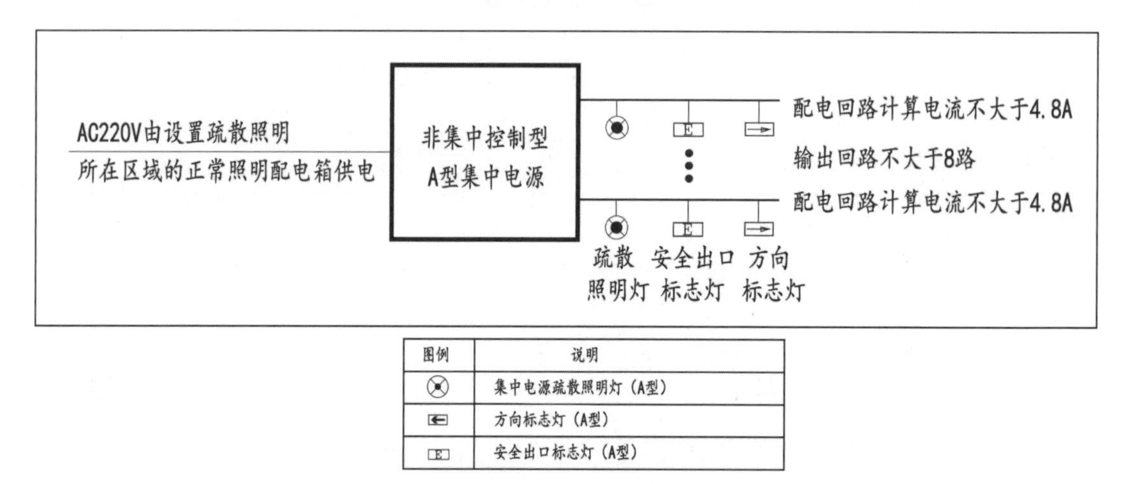

图例	说明
⊗	集中电源疏散照明灯（A型）
	方向标志灯（A型）
E	安全出口标志灯（A型）

图 1.1.5　A 型集中电源非集中控制型应急照明和疏散指示系统示意图

第二节　系统应用

现代建筑的人员密集场所、疏散走道、疏散楼梯间、疏散楼梯间的前室或合用前室、避难走道及其前室、避难层、避难间、消防专用通道、配电室、消防控制室、消防水泵房、柴油发电机房等均需设置消防应急照明和疏散指示系统。

一　系统类型的选择

正确选择应急照明和疏散指示系统是非常关键的，系统类型的选择应根据建（构）筑物的规模、使用性质及日常管理及维护难易程度等因素确定。通常，设置消防控制室的场所应选择集中控制型系统；设置火灾自动报警系统，但未设置消防控制室的场所宜选择集中控制型系统；其他场所可选择非集中控制型系统。

设置消防控制室的场所一般为人员密集的公共场所或设置了自动灭火系统、机械防排烟系统且建筑规模较大的建（构）筑物，这些场所普遍具有建筑规模大、使用性质复杂、火灾危险性高、疏散路径复杂等特点，发生火灾时人员安全疏散的难度较大。设置集中控制型系统时，应急照明控制器可以根据火灾发生、发展及蔓延情况按预设逻辑和时序控制其所配接灯具的光源应急点亮，为人员安全疏散及灭火救援提供必要的照度条件、提供正确的指示导引信息，从而有效保障人员的快速、安全疏散；同时，应急照明控制器能够实时监测其所配接灯具、应急照明集中电源或应急照明配电箱的工作状态，及时提示消防控制室的消防安全管理人员对存在故障的系统部件进行维修、更换，以确保系统在火灾等紧急情况下能够可靠动作，从而发挥系统应有的消防功能。因此，在设有消防控制室的场所应选择集中控制型系统。设置火灾自动报警系统，但未设置消防控制室的场所，为了便于系统的日常维护也宜选择集中控制型系统。

因此，集中控制型系统一般用于下列建筑物：

（1）设置火灾集中报警系统的建筑物；

（2）设置火灾控制中心报警系统的建筑物；

（3）设置火灾区域报警系统且设置了消防控制室的建筑物；

（4）建筑群有消防控制室但未设置火灾自动报警系统的公共建筑。

非集中控制型系统一般用于下列建筑物：

（1）未设置火灾自动报警系统的建筑物；

（2）设置火灾区域报警系统，但未设置消防控制室的建筑物。

二　系统设计

消防应急照明和疏散指示系统设计应遵循系统架构简洁、控制简单的基本设计原则，包括灯具布置、系统配电、系统在非火灾状态下的控制设计、系统在火灾状态下的控制设计；集中控制型系统尚应包括应急照明控制器和系统通信线路的设计。为了有效保障系统运行的稳定性，系统的架构应简化，以减少系统的故障环节；同时，为了有效保障系统在火灾等紧急情况下可靠动作，应根据建（构）筑物的疏散预案采用简单的控制逻辑和控制时序。

在系统设计前，应根据建（构）筑物的疏散预案、结构形式、使用功能和管理方式等因素，将建（构）筑物的水平疏散区域合理的划分为不同的疏散单元，并根据具体情况开展各疏散单元的疏散设计：同一平面层具有多个防火分区的场所，宜按防火分区划分疏散单元；一个防火分区包括多个楼层的场所，宜按楼层划分疏散单元；交通隧道、地铁隧道等场所，宜按隧道区间划分疏散单元；地铁站台和站厅，宜按位于同一防火分区的站台和站厅划分疏散单元。疏散指示设计应明确各区域疏散路径、指示疏散方向的消防应急标志灯具的指示方向和指示疏散出口、安全出口消防应急标志灯具的工作状态。

建(构)筑物的疏散单元划分后，应按照下列程序确定每一个疏散单元的疏散指示方案:

(1)应根据该疏散单元安全出口或疏散出口的部位、安全出口或疏散出口的宽度、疏散通道的设置情况，分别确定该疏散单元不同区域的疏散路径。疏散路径应包括人员向安全出口或疏散出口疏散时，所需连续经过的有维护结构的疏散走道、开敞空间内两侧有维护结构或无维护结构的疏散通道。展览厅、商店、候车（船）室、民航候机厅、营业厅等开敞空间场所内，当疏散通道的两侧无维护结构时，疏散通道的位置应予以确定，不应随意变更或占用。

(2)应根据建（构）筑物的疏散预案确定该疏散单元各区域疏散路径的流向。对于只有一种疏散预案的区域，应按照最短路径疏散的原则确定该区域各疏散路径的流向；对于需要根据不同的疏散预案变更疏散出口的区域，应根据不同的疏散预案分别确定该区域各疏散路径的流向。

对于需要借用同一平面层相邻防火分区疏散的防火分区，根据被借用防火分区未发生火灾和发生火灾两种不同的工况条件，分别确定该防火分区内各区域疏散路径的流向。被借用防火分区未发生火灾时，通向相邻防火分区的甲级防火门可作为该防火分区相关区域的疏散出口，此时应按照最短路径疏散的原则确定该防火分区各区域疏散路径的流向；被借用防火分区发生火灾时，相关区域的人员不能借用相邻防火分区疏散，此时应按照避险原则重新为相关区域分配疏散出口，并根据疏散出口的调整情况，重新调整相关区域疏散路径的流向，该防火分区其他未重新分配安全出口或疏散出口的区域中疏散路径的流向应保持不变。

对于需要采用不同疏散预案的交通隧道、地铁隧道、地铁站台和站厅等场所，根据不同的工况条件，分别确定该场所各区域疏散路径的流向。该场所和相邻场所未发生火灾时，应依据该场所各区域安全出口、疏散出口的分配情况，按照最短路径疏散的原则确定该场所各区域疏散路径的流向；该场所或相邻场所发生火灾时，应依据火灾发生部位、防排烟方案等工况条件，按照避险的原则为该场所相关区域重新分配安全出口、疏散出口，并根据安全出口的调整情况，重新调整该区域疏散路径的流向，该场所其他未重新分配安全出口、疏散出口的区域中疏散路径的流向应保持不变。

(3)根据建（构）筑物的疏散预案确定该疏散单元的疏散指示方案。对于具有一种疏散预案的场所，按照各疏散路径的流向确定该场所各疏散走道、通道上设置的指示疏散方向的消防应急标志灯具的箭头指示方向；对于具有两种及以上疏散预案的场所，首先按照不同疏散预案对应的各疏散路径的流向确定该场所各疏散走道、通道上设置的方向标志灯的指示箭头方向；同时，按照不同疏散预案对应的疏散出口变更情况，确定各疏散出口设置的指示出口消防应急标志灯具的工作状态，即预先分配的疏散出口不能再用于疏散时，该出口设置的出口标志灯“出口指示标志”的光源应熄灭、“禁止入内”指示标志的光源应点亮。

未设置火灾自动报警系统的住宅建筑中，基于节约投资的角度考虑，当采用自带电源型消防应急照明灯具时，该灯具可以兼用日常照明；同时为了保障系统运行的可靠性，应确保在火灾等紧急情况下灯具现场控制开关的工作状态不能影响灯具光源的应急点亮。

第三节　系统功能

一　集中控制型系统

集中控制型系统在非火灾状态下，系统内所有非持续型照明灯保持熄灭状态，持续型照明灯的光源保持节电点亮，只有在通信中断、平时停电或火灾状态才能自动应急点亮，包括下列三种情况。

1. 通信中断自动应急点亮

集中电源或应急照明配电箱与灯具的通信中断以及应急照明控制器与集中电源或应急照明配电箱的通信中断时，不论是在非火灾状态下还是在火灾状态下，非持续型灯具的光源自动应急点亮、持续型灯具的光源由节电点亮模式自动转入应急点亮模式。对于二线制（电源和通信线共用二根导线）的系统，当线路发生断线等故障，也是通信中断的一种形式，集中电源系统中应急照明由于没有电源而无法应急点亮，应急照明配电箱系统中应急照明由于灯具自带蓄电池可以应急点亮。特别是集中电源或应急照明配电箱与灯具的通信中断时，虽然没有明确是仅点亮通信故障灯具，还是点亮通信故障灯具所在回路的全部灯具或通信故障灯具所在集中电源或应急照明配电箱所有配电回路的全部灯具，但至少通信故障灯具必须自动应急点亮，以便提醒人们集中控制型消防应急照明和疏散指示系统发生故障尽快维修。

2. 在非火灾状态下市电停电或故障自动应急点亮

在非火灾状态下，集中控制型系统不论是集中电源或应急照明配电箱的供电主电源失电还是正常照明电源失电甚至两者同时失电，集中电源或应急照明配电箱应连锁控制其配电的非持续型照明灯的光源自动应急点亮、持续型灯具的光源由节电点亮模式自动转入应急点亮模式。即：①即使正常照明电源没有失电，集中电源或应急照明配电箱的供电主电源因线路发生短路等故障失电也应连锁控制非持续型照明灯的光源自动应急点亮、持续型灯具的光源由节电点亮模式自动转入应急点亮模式；②即使集中电源或应急照明配电箱的供电主电源没有断电，正常照明电源因线路发生短路等故障失电也应连锁控制非持续型照明灯的光源自动应急点亮、持续型灯具的光源由节电点亮模式自动转入应急点亮模式；③集中电源或应急照明配电箱的供电主电源和正常照明电源同时失电也应连锁控制非持续型照明灯的光源自动应急点亮、持续型灯具的光源由节电点亮模式自动转入应急点亮模式。

3. 在火灾状态下自动应急点亮

在火灾状态下，应急照明控制器收到火灾报警控制器或火灾报警控制器（联动型）的火警信号时控制系统所有非持续型照明灯的光源自动应急点亮，持续型灯具的光源由节电点亮模式自动转入应急点亮模式。当确认火灾后，由发生火灾的报警区域开始，顺序启动全楼疏散通道的消防应急照明和疏散指示系统，系统全部投入应急状态的启动时间不应大于 5s 。而且消防控制室值班人员可手动操作应急照明控制器，控制系统所有非持续型照明灯的光源应急点亮，持续型灯具的光源由节电点亮模式转入应急点亮模式。

二 非集中控制型系统

非集中控制型系统在非火灾状态下，系统内所有非持续型照明灯保持熄灭状态，持续型照明灯的光源保持节电点亮。

未设置消防控制室的住宅建筑，其疏散走道、楼梯间等场所可选择自带蓄电池的 B 型灯具，平时在主电供电时可由人体感应、声控感应等方式感应点亮非持续型照明灯。

疏散照明灯具和标志灯在市电停电时蓄电池自动应急点亮，火灾确认后能手动控制系统的应急启动点亮。

对于设置区域火灾报警系统的场所，系统的手动应急启动具有下列功能：

（1）灯具采用集中电源供电时，能手动操作集中电源，控制集中电源转入蓄电池电源输出，同时控制其配接的所有非持续型照明灯的光源应急点亮、持续型灯具的光源由节电点亮模式转入应急点亮模式。

（2）灯具采用自带蓄电池供电时，能手动操作切断应急照明配电箱的主电源输出，同时控制其配接的所有非持续型照明灯的光源应急点亮、持续型灯具的光源由节电点亮模式转入应急点亮模式。

对于设置区域火灾报警系统的场所，系统的自动应急启动具有下列功能：

（1）灯具采用集中电源供电时，集中电源接收到火灾报警控制器的火灾报警输出信号后，自动转入蓄电池电源输出，并控制其配接的所有非持续型照明灯的光源应急点亮、持续型灯具的光源由节电点亮模式转入应急点亮模式。

（2）灯具采用自带蓄电池供电时，应急照明配电箱接收到火灾报警控制器的火灾报警输出信号后，自动切断主电源输出，并控制其配接的所有非持续型照明灯的光源应急点亮、持续型灯具的光源由节电点亮模式转入应急点亮模式。

第二章 系统配电

DIERZHANG
XITONG PEIDIAN

消防应急照明和疏散指示系统配电应根据系统的类型、灯具的设置部位、灯具的供电方式进行设计。灯具的电源应由主电源和蓄电池电源组成，且蓄电池电源的供电方式分为集中电源供电方式和灯具自带蓄电池供电方式。

灯具的供电与电源转换应符合：采用集中电源供电方式时，灯具的主电源和蓄电池电源均由集中电源供电，灯具的主电源和蓄电池电源在集中电源内部实现输出转换后直接经由同一配电回路为灯具供电，为保障灯具供电线路供电和电气故障保护的可靠性，集中电源的每一个配电输出回路均应设置过载、短路保护装置，任一配电输出回路出现过载或短路故障时，不应影响其他配电输出回路的正常工作；采用自带蓄电池供电方式时，灯具的主电源由应急照明配电箱的配电回路供电，为保障灯具供电线路供电和电气故障保护的可靠性，灯具的主电源只允许经由应急照明配电箱进行一级分配电后为灯具供电，应急照明配电箱的主电源断电后，灯具自动转入自带蓄电池供电。

消防应急照明和疏散指示系统是为人员疏散和发生火灾时仍需工作的场所提供照明和疏散指示的系统。建筑室内一般都设置有逃生通道或避难场所。逃生通道的安全出口是供人员安全疏散用的楼梯间和室外楼梯的出入口或直通室内外安全区域的出口，而楼梯间分为敞开式楼梯间、封闭楼梯间、防烟楼梯间，敞开式楼梯间是在楼梯间入口处没有设置门与走道直接连通，封闭楼梯间是在楼梯间入口处设置防火门，以防止火灾的烟和热气进入的楼梯间，防烟楼梯间是在楼梯间入口处设置防烟的前室、开敞式阳台或凹廊（统称前室）等设施，且通向前室和楼梯间的门均为防火门，以防止火灾的烟和热气进入楼梯间，防烟楼梯间和封闭楼梯间在建筑中的设置如表 2.0.1。避难场所一般为避难走道和避难层（间），避难走道是采取防烟措施且两侧设置耐火极限不低于 3 h 的防火隔墙，用于人员安全通行至室外的走道，避难层（间）是建筑内用于人员暂时躲避火灾及其烟气危害的楼层（房间），建筑高度大于 100 m 的高层民用建筑必须设置避难层，高层病房楼的 2 层及以上的病房楼层和洁净手术部必须设置避难间，3 层及 3 层以上总建筑面积大于 3000 ㎡（包括设置在其他建筑内 3 层及以上楼层）的老年人照料设施，应在 2 层及以上各层老年人照料设施部分的每座疏散楼梯间的相邻部位设置 1 间避难间；当老年人照料设施设置与疏散楼梯或安全出口直接连通的开敞式外廊、与疏散走道直接连通且符合人员避难要求的室外平台等时，可不设置避难间。

表 2.0.1 建筑防烟楼梯间和封闭楼梯间设置情况

<table>
<tr><th colspan="2">分类</th><th>防烟楼梯间</th><th>封闭楼梯间</th></tr>
<tr><td rowspan="3">建筑场所</td><td>公共建筑</td><td>1. 一类高层公共建筑
2. 建筑高度大于 32 m 的二类高层公共建筑
3. 室内地面与室外出入口地坪高差大于 10 m 或 3 层及以上的地下、半地下建筑（室）</td><td>1. 裙房和建筑高度不大于 32 m 的二类高层公共建筑
2. 除与敞开式外廊直接相连的楼梯间外的以下多层公共建筑：
a. 老年人照料设施、医疗建筑、旅馆、公寓及类似使用功能的建筑
b. 设置歌舞娱乐放映游艺场所的建筑
c. 商店、图书馆、展览建筑、会议中心及类似使用功能的建筑
3. 6 层及以上的其他建筑</td></tr>
<tr><td>住宅建筑</td><td>建筑高度大于 33 m 的住宅建筑</td><td>建筑高度大于 21 m 不大于 33 m 的住宅建筑</td></tr>
<tr><td>工业建筑</td><td>未采用室外楼梯间且建筑高度大于 32 m 且任一层人数超过 10 人的厂房</td><td>1. 未采用室外楼梯间的高层厂房和甲、乙、丙类多层厂房
2. 高层仓库的疏散楼梯间</td></tr>
</table>

注：建筑高度大于 21 m 不大于 33 m 的住宅建筑当户门采用乙级防火门时，可采用敞开楼梯间。

此外建筑可分为人员密集场所和非人员密集场所，人员密集场所如表 2.0.2。

表 2.0.2 人员密集场所的划分

<table>
<tr><td rowspan="3">人员密集场所</td><td colspan="3">人员聚集的室内场所，包括公众聚集场所，医院的门诊楼、病房楼，学校的教学楼、图书馆、食堂和集体宿舍，养老院，福利院，托儿所，幼儿园，公共图书馆的阅览室，公共展览馆、博物馆的展示厅，劳动密集型企业的生产加工车间和员工集体宿舍，旅游、宗教活动场所等</td></tr>
<tr><td rowspan="2">公共聚集场所</td><td colspan="2">面对公众开放，具有商业经营性质的室内场所，包括宾馆、饭店、商场、集贸市场、客运车站候车室、客运码头候船厅、民用机场航站楼、体育场馆、会堂以及公共娱乐场所等</td></tr>
<tr><td>公共娱乐场所</td><td>具有文化娱乐、健身休闲功能并向公众开放的室内场所，包括影剧院、录像厅、礼堂等演出、放映场所，舞厅、卡拉 OK 等歌舞娱乐场所，具有娱乐功能的夜总会、音乐茶座、酒吧和餐饮场所，游艺、游乐场所和保龄球馆、旱冰场、足疗店、桑拿等娱乐、健身、休闲场所和互联网上网服务营业场所</td></tr>
</table>

不同建筑或同一建筑的不同场所对集中电源或应急照明配电箱的设置以及对疏散照明灯具的供电要求是不一样的。

第一节 灯具配电回路

一 回路功率及灯具数量要求

建筑室内正常环境工作生活照明灯具的配电回路电压常常是 AC220V，是一个常态固定值，保护断路器长延时整定电流一般不大于 16A，而消防疏散照明灯具和消防标志灯的配电回路电压是可以由设计人员根据实际工程项目具体情况确定，当由 A 型应急照明配电箱或 A 型集中电源供电时为 DC24V 或 DC36V，当由 B 型应急照明配电箱或 B 型集中电源供电时为 DC36V 或 AC36V 以上但不超过 DC220V 或 AC220V。

A 型应急照明配电箱或 A 型集中电源的每个输出回路电流不超过额定电流 6A 的 80%，即每路的计算电流不应大于 4.8A，当采用 DC24V 供电时，每路的计算功率不应大于 115.2W（$Pe=U \cdot I=24V \cdot 4.8A=115.2W$），当采用 DC36V 供电时，每路的计算功率不应大于 172.8W（$Pe=U \cdot I=36V \cdot 4.8A=172.8W$）。每个回路的 A 型灯具数不宜超过 60 盏，实际工程项目应用中每回路灯具的数量应按本回路实际连接各种灯具功率大小视情况确定。灯具总功率为本防火分区中每路所接的消防应急照明灯具和消防疏散指示标志的功率总和，表 2.1.1 为连接不同功率大小的灯具各回路所能连接的最大灯具数量。

表 2.1.1 不同功率灯具每回路最大灯具数量

供电电源电压等级	回路最大额定功率(W)	回路灯具最大数量			
		灯具功率为 1W	灯具功率为 3W	灯具功率为 5W	灯具功率为 10W
DC24V	115.2	60	38	23	11
DC36V	172.8	60	57	34	17

B 型应急照明配电箱或 B 型集中电源的每个输出回路电流不超过额定电流 10A 的 80%，即每路的额定电流不应大于 8A，每个回路的 B 型灯具数不宜超过 25 盏。

二 水平疏散区域的设计

建筑水平疏散区域灯具配电回路的设计必须满足下列要求：

（1）设置在地面上保持视觉连续的灯光疏散指示标志宜独立设置配电回路，主要是在地面上较容易被重物或外力损坏导致灯具防水防尘性能降低，一旦遇水造成线路短路仅是地面疏散标志灯熄灭而已不会影响其他疏散照明，提高了可靠性；此外同一集中电源或应急照明配电箱的各配电回路容量尽量平衡，即每个配电回路均有疏散照明灯具和标志灯如图 2.1.1，疏散照明灯具和标志灯不宜采用各自专用配电回路供电，如图 2.1.2。

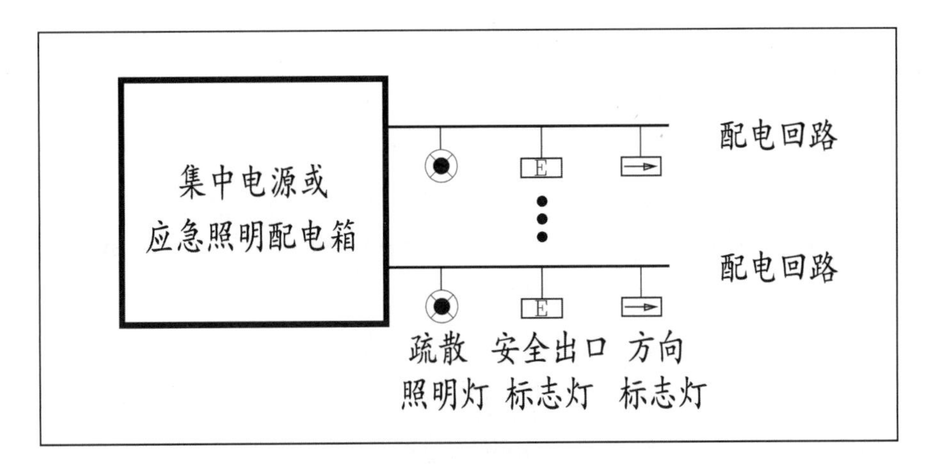

图例	说明
⊗	疏散照明灯（A型）
←	方向标志灯（A型）
E	安全出口标志灯（A型）

图 2.1.1　应急照明配电回路灯具配电示意图

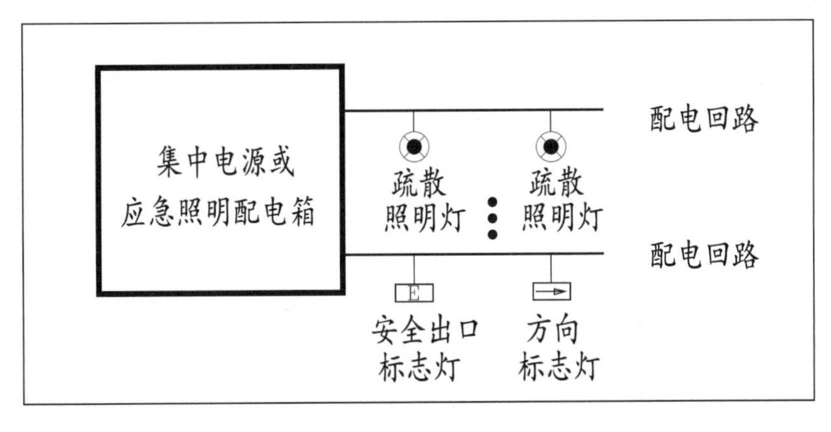

图例	说明
⊗	疏散照明灯（A型）
←	方向标志灯（A型）
E	安全出口标志灯（A型）

图 2.1.2　应急照明配电回路灯具配电示意图

（2）不同防火分区的灯具不应共用同一配电回路。

（3）避难走道应单独设置配电回路。

（4）防烟楼梯间前室及合用前室内设置的灯具必须由所在楼层走道的配电回路供电。

（5）避难层、配电室、消防控制室、消防水泵房、自备发电机房等必须单独设置配电回路。

（6）疏散通道（疏散走道、前室、合用前室和楼梯间）的疏散照明不能与功能房间共用同一配电回路。

三　竖向疏散区域的设计

建筑竖向疏散区域灯具配电回路的设计必须满足下列要求：

（1）封闭楼梯间、防烟楼梯间、室外疏散楼梯必须单独设置配电回路。

（2）敞开楼梯间内设置的灯具必须由灯具所在楼层或就近楼层走道的配电回路供电。

（3）高层公共建筑同一楼梯间相邻平台的应急照明必须由不同的配电回路供电。

（4）与避难层相邻的上部和下部楼梯间不能共用同一配电回路。

（5）封闭楼梯间和防烟楼梯间的疏散照明不应与疏散走道、前室、合用前室共用同一配电回路。

第二节　应急照明配电箱

应急照明配电箱是不带蓄电池的配电装置，其供电的灯具是自带蓄电池的，当市电停电时自带蓄电池的灯具自动点亮工作。

一　分类形式

根据是否具有通信功能可分为集中控制型应急照明配电箱和非集中控制型应急照明配电箱；根据供电回路电压等级可分为A型应急照明配电箱和B型应急照明配电箱。供电回路电压为DC36V及以下为A型应急照明配电箱，供电回路电压为DC36V或AC36V以上为B型应急照明配电箱。因此应急照明配电箱可分为集中控制型A型应急照明配电箱、集中控制型B型应急照明配电箱、非集中控制型A型应急照明配电箱和非集中控制型B型应急照明配电箱等四种类型，如图2.2.1。

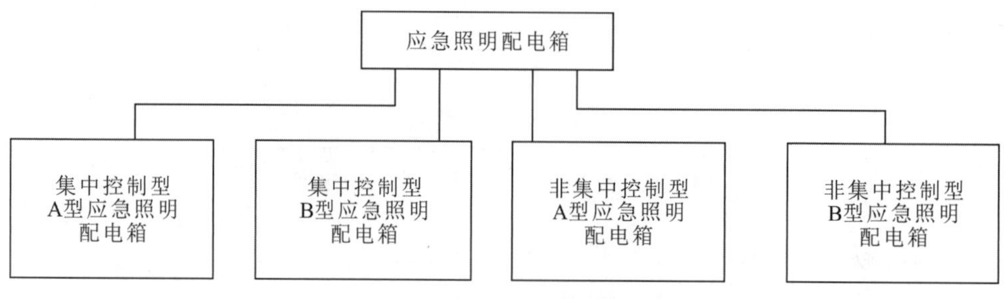

图2.2.1　应急照明配电箱分类示意图

集中控制型应急照明配电箱具有与应急照明控制器和灯具的通信功能，能够检测正常照明配电箱市电正常或失电的状态，能够监测灯具和线路的正常和故障状态并反馈给消防控制室的应急照明控制器，故障时发出声光报警信号，提醒值班人员及时处理和维护。

非集中控制型应急照明配电箱不设置应急照明控制器，与灯具没有通信功能，若灯具或应急照明配电箱故障时，无法发出声光报警信号，应加强现场巡查维护。

二　设置要求

A 型应急照明配电箱的输出回路不应超过 8 路；B 型应急照明配电箱的输出回路不应超过 12 路。

集中控制型应急照明配电箱输入及输出回路中不能装设剩余电流动作保护器，输出回路严禁接入系统以外的开关装置、插座及其他负载。

应急照明配电箱的设置需满足下列要求：

（1）集中控制型应急照明配电箱宜设置于值班室、设备机房、配电间或电气竖井内；非集中控制型应急照明配电箱可设置在使用场所的适当位置。

（2）人员密集场所，每个防火分区应设置独立的应急照明配电箱；非人员密集场所，多个相邻防火分区可设置一个共用的应急照明配电箱。

（3）防烟楼梯间应设置独立的应急照明配电箱，封闭楼梯间宜设置独立的应急照明配电箱。

（4）在隧道场所、潮湿场所，应选择防护等级不低于 IP65 的产品；在电气竖井内，应选择防护等级不低于 IP33 的产品。

第三节　集中电源

集中电源是自带蓄电池的配电装置，由其供电的灯具是不自带蓄电池的，当市电停电时系统自动点亮灯具。

一　分类形式

集中电源根据是否具有通信功能可分为集中控制型集中电源和非集中控制型集中电源，根据供电回路电压等级可分为 A 型集中电源和 B 型集中电源，供电回路电压为 DC36V 及以下称为 A 型集中电源，供电回路电压为 DC36V 或 AC36V 以上称为 B 型集中电源。因此集中电源可分为集中控制型 A 型集中电源、集中控制型 B 型集中电源、非集中控制型 A 型集中电源和非集中控制型 B 型集中电源等四种类型，如图 2.3.1。由于非集中控制型集中电源的设计较为简单，因此仅论述集中控制型集中电源的设计。

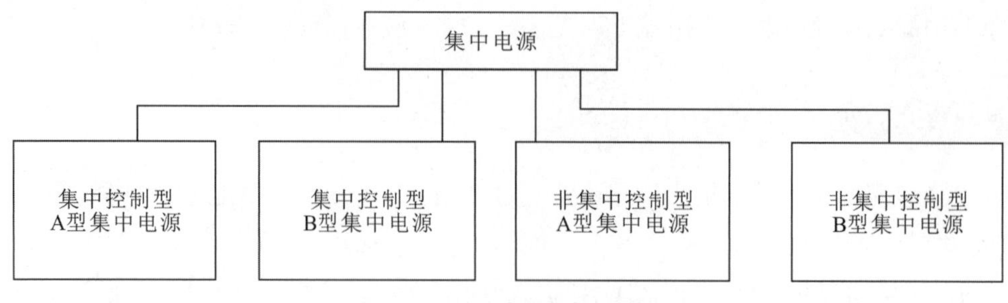

图 2.3.1 集中电源分类示意图

二 集中控制型集中电源的特点及设置要求

1）集中电源集中控制型系统由应急照明控制器、集中电源、应急灯具和标志灯具组成。集中电源集中控制型系统有下列优点：

（1）集中电源的蓄电池采用铅酸电池或锂电池，使用寿命长，产品稳定，蓄电池统一设置在集中电源柜内，电源柜内设置工业级监测电池模块，达到保护、控制蓄电池充放电周期等各个环节，实时监测电池状态，安全可靠。

（2）集中电源自带检测功能，具有与应急照明控制器和灯具的通信功能，能够检测正常照明配电箱市电正常或失电的状态，能够监测灯具和线路的正常和故障状态并反馈给消防控制室的应急照明控制器。在灯具发生故障、电源发生故障或电源将要耗尽时，发出声光报警信号，提醒值班人员及时处理和维护，通过系统来进行监视与管理，能准确判定故障的具体位置，从而大大降低了系统维护管理的工作量。

（3）集中电源内的电池组同时保障自身和连接的应急灯具在应急状态下工作，集中电源后续维护只需更换电池，灯具内的线路简单、拆卸方便，维护成本低。

2）集中电源的设置需满足下列要求：

（1）综合考虑配电线路的供电距离、导线截面、压降损耗等因素，按防火分区的划分情况设置集中电源。

（2）灯具总功率大于 5kW 的系统，应分散设置集中电源。

（3）应设置在消防控制室、低压配电室、配电间内或电气竖井内，也可设置在消防水泵房专用控制室内和大空间专用灯光控制室内，不可以设置在防排烟机房、走道、前室、楼梯间内，也不可以就地现场安装。

（4）集中电源的额定输出功率不大于 1kW（初装应急时间为 90 min）时，可设置在电气竖井内且数量不宜大于 2 台。

（5）设有火灾集中报警系统或控制中心报警系统的消防水泵房、消防控制室、变电所宜各自独立设置集中电源。

（6）集中电源的输出回路不能超过 8 路，输入及输出回路中不能装设剩余电流动作保护器，输出回路严禁接入系统以外的开关装置、插座及其他负载。

三　集中控制型集中电源蓄电池供电的持续工作时间

集中电源的蓄电池组达到使用寿命周期后标称的剩余容量，其放电时间除应满足火灾时建筑物规定的持续工作时间外，还应增加非火灾状态下系统主电源断电时设计文件规定的灯具持续应急点亮时间。平时持续工作时间是指在非火灾状态下，系统主电源断电后，集中电源点亮消防应急灯具的时间。由于疏散照明和标志灯不仅是火灾时点亮，而且平时非火灾状态下市电停电时也必须点亮，因此平时持续工作时间不可以为 0 min。若平时持续工作时间为 0 min，一旦市电停电系统点亮疏散照明和标志灯，将消耗部分蓄电池容量，且蓄电池的充电容量处在损耗状态，此时再突发火灾，将无法保证火灾状态下，系统应急启动后，蓄电池电源供电时的持续工作时间；在非火灾状态下，系统主电源正常，正常照明停电时，由于不是蓄电池供电，疏散照明和标志灯的点亮时间是不受限制的。在火灾状态下，系统主电源断电后由蓄电池供电时，疏散照明和标志灯的点亮最长时间为平时和火灾持续工作时间的总和，最短时间为火灾持续工作时间。

火灾状态下，系统应急启动后，建筑物蓄电池电源供电所需的持续工作时间设为 t_1【注解1】；平时非火灾状态下，主电源断电后的灯具持续应急点亮时间设为 t_2【注解2】；对于 t_1 的取值相关规范和标准均已做了明确的规定；而对于 t_2 的取值仅作了上限的规定，即不应超过 0.5 h，但对其下限并未有明确的要求，建筑物消防应急照明是保证人员疏散安全，一切的出发点都是以人为本，对于 t_2 的取值宜根据不同的建筑是否为人员密集场所加以确定。对于住宅建筑等非人员密集场所，疏散人员基本为本楼住户，熟悉疏散通道，在非火灾状态下，即使停电住户也一般不会离开住宅，因此时间 t_2 可以适当取小些，建议 t_2 下限值可取 10 min；当建筑物为人员密集场所时，由于人员多且不熟悉疏散通道，必将使疏散缓慢，一旦失去照明有可能引起恐慌情绪造成踩踏事故等严重后果，因此时间 t_2 可以适当取大些，建议 t_2 下限值不低于 20 min，蓄电池电源供电所需的持续工作时间为 t_1+t_2，如表 2.3.1。

表 2.3.1　蓄电池电源供电时的持续工作时间

<table>
<tr><td colspan="4">蓄电池电源供电时的持续工作时间 $t=t_1+t_2$</td></tr>
<tr><td>设置场所</td><td>火灾状态下，系统应急启动后主电源断电时，蓄电池电源供电所需的持续工作时间 t_1</td><td>设置场所</td><td>平时非火灾状态下，主电源断电时，灯具持续应急点亮时间 t_2</td></tr>
<tr><td>建筑高度大于 100 m 的民用建筑</td><td>≥ 1.5 h</td><td>非人员密集场所</td><td>≥ 10 min</td></tr>
<tr><td>医疗建筑、老年人照料设施、总建筑面积大于 10 万平方米的公共建筑和总建筑面积大于 2 万平方米的地下、半地下建筑</td><td>≥ 1.0 h</td><td rowspan="2">人员密集场所</td><td rowspan="2">≥ 20 min</td></tr>
<tr><td>其他建筑</td><td>≥ 0.5 h</td></tr>
</table>

注：t_2 为建议值且不应大于 30 min。

四 集中控制型A型集中电源容量（蓄电池组容量）的选择

设计消防应急照明系统时，集中电源容量的正确选择非常关键。集中电源容量不能简单地参照EPS装置的额定输出功率不应小于所连接的应急照明负荷总容量的1.3倍【注解3】来确定。集中电源蓄电池容量的配置不仅要考虑所连接的负荷总功率大小，还应考虑集中电源的蓄电池组达到使用寿命周期后标称的剩余容量应保证放电时间满足平时和火灾持续工作时间的总和。

集中电源蓄电池主要为镍氢蓄电池、锂离子蓄电池和铅酸蓄电池，影响蓄电池寿命的主要因素包括：蓄电池工作时的环境温度、电池的衰减系数、蓄电池的定期强制性充放电循环，蓄电池组的标称容量和实际后备时间为非线性关系。当采用镍氢、锂离子蓄电池的集中电源的容量在使用寿命期间内的最大衰减系数 d 一般为50%～60%，采用铅酸蓄电池的集中电源的容量在使用寿命期间内的最大衰减系数 d 一般为60%～70%【注解4】；在设计时应考虑最不利条件，铅酸蓄电池的衰减系数宜选择60%，锂离子蓄电池的衰减系数宜选择50%。

集中电源容量 P、蓄电池初装应急时间 T、蓄电池的衰减系数 d 和集中电源适配功率 P_2、蓄电池供电时的持续工作时间（t_1+t_2）等具有近似的等式关系，如式（1）：

$$P\times T\times(1-d)\approx P_2\times(t_1+t_2) \qquad \text{式（1）【注解5】}$$

集中电源的适配功率 P_2 与集中电源实际配接的各回路灯具总功率 P_1 关系，如式（2）：

$$P_2=\frac{P_1}{0.8}=1.25P_1 \qquad \text{式（2）【注解6】}$$

通过式（1）和（2）转换，可得：

$$P=\frac{1.25P_1\times(t_1+t_2)}{T\times(1-d)}=\frac{1.25(t_1+t_2)}{T\times(1-d)}P_1=n\times P_1 \qquad \text{式（3）}$$

为了简化计算公式，提高运算效率，在式（3）中，引入“集中电源额定功率比例系数 n”，即：

$$n=\frac{1.25(t_1+t_2)}{T\times(1-d)} \qquad \text{式（4）}$$

以上各式中：

n —— 集中电源额定功率比例系数；

T —— 集中电源初装应急时间1.5 h（小时）；

P —— 集中电源容量（额定功率），（W）；

P_1—— 集中电源实际配接的各回路灯具总功率，（W）；

P_2—— 集中电源适配功率，（W）；

t_1+t_2—— 集中电源蓄电池供电时的持续工作时间，h（小时）。

（1）当集中电源蓄电池采用铅酸电池时，其衰减系数 d 取 60%，集中电源初装应急时间 1.5 h，将数据带入式（4），可得表 2.3.2。

表 2.3.2　集中电源（铅酸电池）额定功率比例系数（n）

蓄电池的衰减系数 d=60%（铅酸电池），集中电源初装应急时间为 1.5 h					
火灾状态下，系统应急启动后主电源断电时，蓄电池电源供电所需的持续工作时间 t_1	非火灾状态下，主电源断电时，灯具持续应急点亮时间 t_2	蓄电池电源供电时的持续工作时间 $t=t_1+t_2$	集中电源所带消防应急灯具总功率 P_1 (W)	集中电源额定功率 $P=nP_1$ (W)，比例系数值 (n)	简化后比例系数 n
30 min (0.5 h)	10 min	40 min (0.667h)	P_1	1.39	
60 min (1.0 h)		70 min (1.167h)	P_1	2.43	
90 min (1.5 h)		100 min (1.667h)	P_1	3.47	
30 min (0.5 h)	20 min	50 min (0.883 h)	P_1	1.74	
60 min (1.0 h)		80 min (1.333 h)	P_1	2.78	
90 min (1.5 h)		110 min (1.833 h)	P_1	3.82	
30 min (0.5 h)	30 min	60 min (1.0 h)	P_1	2.08	2
60 min (1.0 h)		90 min (1.5 h)	P_1	3.12	3
90 min (1.5 h)		120 min (2.0 h)	P_1	4.17	4

注：t_2 为建议值且不应大于 30 min。

（2）当集中电源蓄电池采用锂离子电池时，其衰减系数 d 取 50%，集中电源初装应急时间 1.5 h，将数据带入式（4），可得表 2.3.3。

表 2.3.3　集中电源（锂电池）额定功率比例系数（n）

蓄电池的衰减系数 d=50%(锂离子电池)，集中电源初装应急时间为 1.5 h					
火灾状态下，系统应急启动后主电源断电时，蓄电池电源供电所需的持续工作时间 t_1	非火灾状态下，主电源断电时，灯具持续应急点亮时间 t_2	蓄电池电源供电时的持续工作时间 $t=t_1+t_2$	集中电源所带消防应急灯具总功率 P_1 (W)	集中电源额定功率 $P=nP_1$ (W)，比例系数值 (n)	简化后比例系数 n
30 min (0.5 h)	10 min	40 min (0.667h)	P_1	1.11	
60 min (1.0 h)		70 min (1.167h)	P_1	1.95	
90 min (1.5 h)		100 min (1.667h)	P_1	2.78	
30 min (0.5 h)	20 min	50 min (0.883 h)	P_1	1.39	
60 min (1.0 h)		80 min (1.333 h)	P_1	2.22	
90 min (1.5 h)		110 min (1.833 h)	P_1	3.06	
30 min (0.5 h)	30 min	60 min (1.0 h)	P_1	1.67	1.5
60 min (1.0 h)		90 min (1.5 h)	P_1	2.50	2.5
90 min (1.5 h)		120 min (2.0 h)	P_1	3.33	3.5

注：t_2 为建议值且不应大于 30 min。

由上表可知当引入集中电源额定功率比例系数 n 后，将繁琐的计算公式简化成一组容易记忆的常数，为设计带来极大的便利，同时提高工作效率及准确性。

例如：当蓄电池采用铅酸电池时，蓄电池电源供电时的持续工作时间（t_1+t_2）为 1.0 h 时，集中电源（铅酸电池）额定功率约为 2 倍的集中电源带载消防应急灯具总功率，即 1kW 的集中电源带载功率不大于 500W；当蓄电池电源供电时的持续工作时间（t_1+t_2）为 1.5 h 时，集中电源（铅酸电池）额定功率约为 3 倍的集中电源带载消防应急灯具总功率，即 1kW 的集中电源带载功率不大于 333W；当蓄电池电源供电时的持续工作时间（t_1+t_2）为 2h 时，集中电源（铅酸电池）额定功率约为 4 倍的集中电源带载消防应急灯具总功率，即 1kW 的集中电源带载功率不大于 250W。但是集中电源容量理论计算结果必须复核生产厂家提供的技术参数，不同消防应急照明产品的生产厂家所提供的集中电源设备参数存在一定的差异，蓄电池连续供电时间一致时，其输出功率也不一样，如某品牌提供集中电源（铅酸蓄电池）带载功率，如表 2.3.4。

表 2.3.4　某品牌集中电源（铅酸蓄电池）带载功率

初装应急时间（min）	90	90	90	90
连续供电时间（h）	0.5	1.0	1.5	2.0
转换系数（铅酸蓄电池）	1.00	0.59	0.36	0.31
1.0kW 集中电源带载功率（kW）	1.0	0.59	0.36	0.31

五　集中控制型集中电源直流配电线路的电压降计算

集中电源的设置应综合考虑配电线路的供电距离、导线截面、压降损耗等因素，按防火分区的划分情况设置集中电源，并应根据配电线路的供电距离、导线截面、压降损耗等因素核算每一个输出回路的末端电压，以确保每一盏灯具工作电压均满足其正常工作的需求。

消防配电线路的线缆均采用铜芯线缆，由集中电源至末端灯具之间配电线路的电压损失与供电线路的长度、线缆的截面积和接触电阻都有关系。电压降与供电线路的长度成正比，线路越长电压降越大，与线缆的截面积成反比，线缆截面积越大电压降越小。一般供电电压越低，光源输出的光通量越低，照度就越低，即使采用恒功率供电，当电压下降，电流增大到一定程度有可能造成线路的保护器件动作切断电源，从而失去照明，因此电压降不能过大，消防应急照明和疏散指示系统的用电设备端子处的电压偏差允许值（以标称系统电压的百分数表示）不宜低于 -10% 是比较合理的。当供电线路较长时必须进行电压降的计算。

单相负荷线路，当终端负荷且功率因数 cosΦ=1 或直流线路用负荷矩 $P \cdot L$（kW·km）表示时线路的电压降计算公式为式（1）：

$$\Delta u\% = \frac{2PL}{10U_{\mathrm{nph}}^{2}\gamma^{s}} = \frac{PL}{CS}$$　式（1）【注解 7】

其中：

$$C = 5\gamma U_{\text{nph}}^{2}$$ 式（2）【注解 8】

根据式（1）和（2）可得：

$$\Delta u\% = \left(\frac{1}{5U_{\text{nph}}^{2}\gamma^{s}}\right)PL = \left(\frac{1}{CS}\right)PL = n \times PL$$ 式（3）

在实际项目设计中，消防应急照明配电线路实际配接的各回路灯具功率及配电距离都可以获得，为了更简便地验算配电线路的电压损失值，简化计算公式，提高计算效率，在式（3）中，引入了“直流电压损失值计算系数 n”，即：

$$n = \frac{1}{5U_{\text{nph}}^{2}\gamma^{s}} = \frac{1}{CS}$$ 式（4）

以上各式中：

$\Delta u\%$ —— 线路电压损失百分数，（%）；

U_{nph} —— 标称相电压，（kV）；

γ —— 电导率，（s /μm）；

ρ_{θ} —— 电阻率，（Ω·μm）；

C —— 功率因数为 1 时的计算系数；

S —— 线芯标称截面，（mm²）；

P —— 有功负荷（配电线路功率），（kW）；

L —— 线路长度，（km）；

M —— 直流线路负荷矩，（kW·km）；

n —— 直流电压损失值计算系数。

由式（4）可知，直流电压损失值计算系数 n 的数值是与计算系数 C 及线芯标称截面 S 的乘积成反比，而计算系数 C 又与电导率 γ 和标称相电压成正比，若要明确 n 值，需要计算出相应环境温度下的线缆的电导率 γ，并确定标称相电压及线芯标称截面 S：

导线直流电阻率计算公式：

$$\rho_{\theta} = \rho_{20}\,[1+\alpha(\theta-20)]$$ 式（5）【注解 9】

式中：

ρ_{20} —— 导线温度为 20℃时的电阻率，铜线芯（包括铜电线、铜电缆、硬铜母线）为 0.0172 $(\Omega\cdot\text{mm}^2)/\text{m}$，(Ω·μm)；

ρ_{θ} —— 导线温度为 θ℃时的电阻率，$(\Omega\cdot\text{mm}^2)/\text{m}$，(Ω·μm)；

α —— 电阻温度系数，铜取 0.004；

θ —— 导线实际工作温度，（℃）。

由式（5）可得，当导线温度 θ=70℃时，铜导线电阻率：

$$\rho_{70} = \rho_{20}\,[1+\alpha(\theta-20)] = 0.0172[1+0.004(70-20)]=0.02064(\Omega\cdot\mu\text{m})$$

铜导线电导率：

$$\gamma_{70} = \frac{1}{\rho_{70}} = \frac{1}{0.02064} = 48.45(\text{s}/\mu\text{m})$$ 式（6）

当导线温度 θ=70℃，电压 U_{nph}=DC24V（0.024kV）时，由式（2）可得，直流线路电压降的计算系数 C 值为：

$$C_{24V}=5\gamma_{70}U_{nph}^2=5\times48.45\times0.024^2=0.139536$$

当导线温度 θ=70℃，电压 U_{nph}=DC36V（0.036kV）时，由式（2）可得，直流线路电压降的计算系数 C 值为：

$$C_{36V}=5\gamma_{70}U_{nph}^2=5\times48.45\times0.036^2=0.313956$$

同理，根据以上计算过程，引入不同环境温度（50℃～90℃），并带入式（4），可以计算获得直流电压损失值计算系数，如表 2.3.5。

表 2.3.5　直流电压损失值计算系数（n）

直流电压损失值计算系数 nx10^{-3} [1/(W·m)]							
直流导线工作温度 θ（℃）	电阻率 ρ_θ (Ω·μm)	电导率 γ (s/μm)	标称相电压 U_{nph}(V)	计算系数 C (kV)^2· s/μm	线芯标称截面 S（mm^2）		
					2.5	4	6
90	0.022016	45.42151163	DC24V	0.130813953	3.06	1.91	1.27
			DC36V	0.294331395	1.36	0.85	0.57
80	0.021328	46.88672168	DC24V	0.135033758	2.96	1.85	1.23
			DC36V	0.303825956	1.32	0.82	0.55
70	0.02064	48.4496124	DC24V	0.139534884	2.87	1.79	1.19
			DC36V	0.313953488	1.27	0.80	0.53
60	0.019952	50.12028869	DC24V	0.144346431	2.77	1.73	1.15
			DC36V	0.324779471	1.23	0.77	0.51
50	0.019264	51.910299	DC24V	0.149501661	2.68	1.67	1.11
			DC36V	0.336378738	1.19	0.74	0.50

铜导线的工作温度与导线线型选择有关，设计时，考虑到消防应急照明线路的耐火要求，消防应急照明配电箱或集中电源的配电线路一般采用阻燃耐火线缆，当采用聚氯乙烯绝缘线缆时，通常直流导线的最高运行温度为 70℃【注解 10】。

在实际工程设计时，已知直流线路所带灯具的总功率（P）和直流线路的配电距离（L），根据表 2.3.5 的直流电压损失值计算系数（n），并将以上数据代入式（3），即可快速计算出直流线路的电压损失值（Δu%）。引入直流电压损失值计算系数（n）后，其作为消防应急照明设计的简便计算数据，为设计时线路电压降的复核工作带来极大的便利，提高工作效率和设计准确性。

例如：当直流导线工作温度为 70℃，标称相电压为 DC24V，线芯标称截面 S 为 2.5 mm² 时，假设直流线路所带灯具的总功率 P=50W，直流线路的配电距离 L=50 m，同时根据以上数据，在表 2.3.5 选取直流电压损失值计算系数（n），并代入式（3），可得：

$$\Delta u\% = n\% \times PL = 2.87\% \times 10^{-3} \times 50 \times 50 = 7.2\%$$

此时复核消防应急照明和疏散指示系统的用电设备端子处的电压偏差允许值为 -7.2%，不低于 -10%，满足要求。

需要注意，计算公式中的配电距离 L，并非是配电线路出线端至配电线路最末端灯具的距离，而是将回路负荷等效为终端负荷后，集中电源至终端负荷等效点的有效距离。

导线直流电阻计算公式：

$$R_\theta=\rho_\theta C_j \frac{L}{S} \qquad \text{式（7）【注解 11】}$$

式中：

R_θ—— 导体实际工作温度时的直流电阻值，（Ω）；

L—— 线路长度，（m）；

S—— 导线截面，（mm^2）；

C_j—— 绞入系数，单股导线为 1，多股导线为 1.02；

ρ_θ—— 导线温度为 θ℃时的电阻率，（$\Omega \cdot mm^2$）/m。

因同一直流线路，导线实际工作温度为 θ ℃时的导线电阻率（ρ_θ）、绞入系数（C_j）和导线截面（S）均相等，可得导线直流电阻（R_θ）与导线的线路长度（L）成正比；线路电压损失计算公式：

$$U_{电压损失}=I \times R_\theta = I\times (\rho_\theta C_j \frac{L}{S}) \qquad 式（8）$$

假设集中电源某一配线线路上共有 n 盏灯具，从集中电源引出点至第 1 盏灯具的距离为 L_1（OA 段），线路电阻设为 R_1，线路电压损失 U_1，线路电流 I_1；第 1 盏灯具至第 n 盏的配电线路长度为 L_2（AG 段），直流线路等效电阻设为 R_X，等效长度为 L_X，线路电压损失 U_2，线路电流 I_1，如图 2.3.2 所示，假设灯具功率相同且均匀布置，每两盏灯具之间的距离均为 ΔL，线路电阻为 ΔR，图 2.3.2 为直流配电线路电压损失示意图。

线路段	第1段线路	第2段线路	第3段线路	•••	•••	第n-1段线路	第n段线路
U（线路电压损失）	U1	(n-1) ΔU	(n-2) ΔU	•••	•••	2ΔU	ΔU
I（线路电流）	I1	(n-1) I1/n	(n-2) I1/n	•••	•••	2I1/n	I1/n
R（直流导线电阻）	R1	ΔR	ΔR	•••	•••	ΔR	ΔR

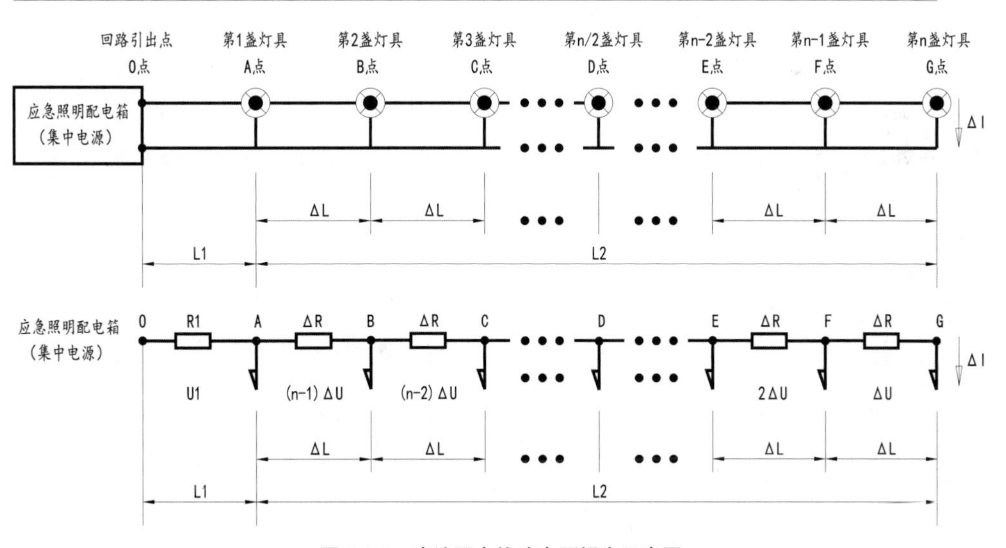

图 2.3.2　直流配电线路电压损失示意图

由图 2.3.2 可得：

$$\Delta L = \frac{L_2}{(n-1)} \qquad 式（9）$$

$$\Delta I=\frac{I_1}{n} \qquad 式（10）$$

把式（10）代入式（8），得出（11）：

$$\Delta U=\Delta I\times\Delta R=\frac{I_1}{n}\times\frac{\rho_\theta C_j\Delta L}{S} \qquad 式（11）$$

$$U_2=I_1\times R_X=I_1\times\frac{\rho_\theta C_j L_X}{S} \qquad 式（12）$$

导线线路电压损失为配电线路上的每段线路电压损失之和，可得：

$$\sum_{i=1}^{n}U=U_1+(n-1)\Delta U+(n-2)\Delta U+\cdots+2\Delta U+\Delta U$$
$$=U_1+\left[\frac{(n-1+1)(n-1)}{2}\right]\Delta U=U_1+\left[\frac{n(n-1)}{2}\right]\Delta U \qquad 式（13）$$

$$\sum_{i=1}^{n}U=U_1+U_2 \qquad 式（14）$$

由式（13）和式（14）可得：

$$U_2=\left[\frac{n(n-1)}{2}\right]\Delta U \qquad 式（15）$$

把式（11）和式（12）代入式（15）并化简，可得：

$$L_X=\frac{L_2}{2} \qquad 式（16）$$

综上可得：集中电源至终端负荷（消防应急灯具）等效点的有效距离：

$$L=L_1+L_X=L_1+\frac{L_2}{2} \qquad 式（17）$$

由此可见：集中电源至终端负荷等效点的有效距离 $(L_1+\frac{L_2}{2})$ 并不是配电线路出线端至配电线路最末端灯具的距离（L_1+L_2）。

因此当集中电源配电线路上所带的灯具功率相同，且均匀布置时，集中电源配电线路出线端至终端负荷（消防应急灯具）等效点的等效配电距离为集中电源引出点至第 1 盏灯具的距离与第 1 盏灯具至末端灯具的距离的一半之和，如图 2.3.3。

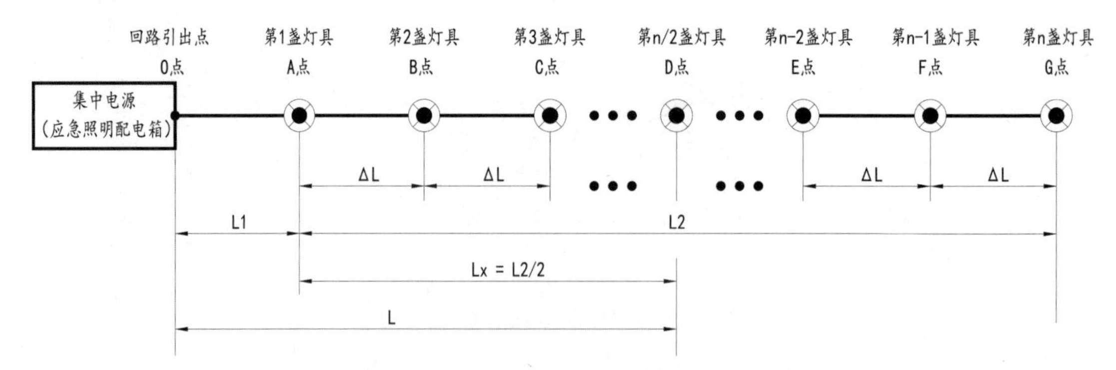

图 2.3.3　集中电源直流配电线路供电距离示意图

实际工程中应急照明灯具均匀布置在一条线路上且未出现分支仅是布置方式的一种情况，往往会出现配电线路分支的布置方式，因而应急照明配电线路电压损失还需要对灯具的接线布置方式进行分析，如图 2.3.4 ～图 2.3.5。

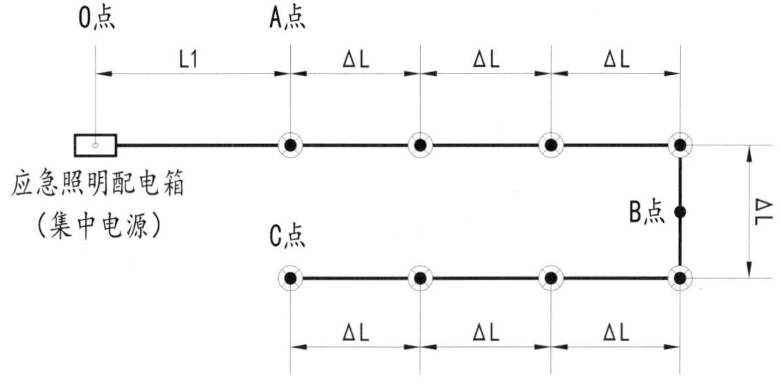

图 2.3.4　灯具接线布置示意图（方案一）

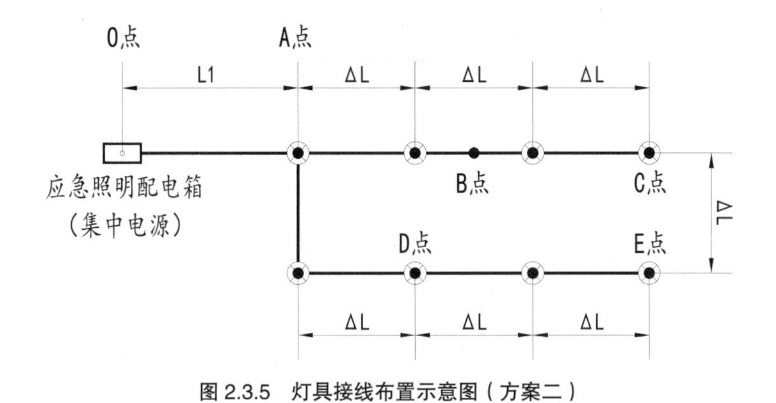

图 2.3.5　灯具接线布置示意图（方案二）

方案一中，集中电源配电线路到消防应急灯具的等效距离为（0B 段）：$L= L_1+L_X = L_1+3.5\Delta L$。

方案二中，线路在 A 点出现分支，需独立分析两条支路，（0C 段）集中电源配电线路到消防应急灯具的等效距离为：$L= L_1+L_X < L_1+1.5\Delta L$；（0E 段）集中电源配电线路到消防应急灯具的等效距离为：$L= L_1+L_X < L_1+2\Delta L$；在实际工程设计中配电线路等效距离可近似取值为 $L=L_1+2\Delta L$ 以简化计算，增强实用性。

不同的灯具连接方案，计算线路电压损失的配电线路等效距离不同。因此，数量及功率相同的应急照明灯具（负载），方案二中布置的两条支线线路的电压损失小于方案一线路的电压损失。因此接线时，线路布置应尽量减少灯具配电线路的总长度，并尽量在前端分支，这样相同负荷的线路可以减少线路电压损失。

注解：

（1）根据《建筑设计防火规范》GB 50016—2014（2018 年版）第 10.1.5 条，建筑物内消防应急照明和灯光疏散指示标志的备用电源的连续供电时间；《消防应急照明和疏散指示系统技术标准》GB 51309—2018 第 3.2.4 条，系统应急启动后，蓄电池电源供电时的持续工作时间；以上两本规范的条文内容是基于火灾状态下，系统应急启动后，建筑物蓄电池电源供电所需的持续工作时间，设为 t_1。

（2）根据《消防应急照明和疏散指示系统技术标准》GB 51309—2018 第 3.6.6 条，非火灾状态下，系统主电源断电后，集中电源或应急照明配电箱应连锁控制其配接的非持续型照明灯的光源应急点亮、持续型灯具的光源由节电点亮模式转入应急点亮模式，灯具持续应急点亮时间设为 t_2，其应符合设计文件的规定，且不应超过 0.5 h。

（3）根据《民用建筑电气设计标准》（GB 51348—2019）第 6.2.2 条第 3 款：EPS 的额定输出功率不应小于所连接的应急照明负荷总容量的 1.3 倍。

（4）根据《消防应急照明和疏散指示系统技术标准》配套实施指南《消防应急照明和疏散指示系统》第 3.7.1.4 条：现有采用镍氢、锂离子蓄电池的集中电源的容量在寿命期内的最大衰减系数 d 一般为 50% ～ 60%，采用铅酸蓄电池的集中电源的容量在寿命期内的最大衰减系数 d 一般为 60% ～ 70%。

（《消防应急照明和疏散指示系统》编委组编著；消防应急照明和疏散指示系统 [M]. 成都：四川科学技术出版社，2019.3）

（5）根据《消防应急照明和疏散指示系统技术标准》配套实施指南《消防应急照明和疏散指示系统》第 3.7.1.4 条，参照表 3.7-2。

（《消防应急照明和疏散指示系统》编委组编著；消防应急照明和疏散指示系统 [M]. 成都：四川科学技术出版社，2019.3）

（6）根据《消防应急照明和疏散指示系统技术标准》GB 51309—2018 第 3.3.6 条：配接灯具的额定功率总和不应大于配电回路额定功率的 80%。

（7）根据《工业与民用供配电设计手册（第四版）》（第 866 页）表 9.4-3，线路的电压降计算公式：接相电压的单相负荷线路，终端负荷且 $\cos\Phi=1$ 或直流线路用负荷矩 PL（kW · km）表示。

（8）根据《工业与民用供配电设计手册（第四版）》（第 866 页）表 9.4-4，线路电压降的计算系数 C，线路系统为单相及直流。

（9）根据《工业与民用供配电设计手册（第四版）》（第 861 页）式 9.4-2，导线直流电阻计算公式。

（10）根据《工业与民用供配电设计手册（第四版）》（第 812 页）表 9.3-1，塑料绝缘导线，裸铝、铜母线和绞线导体长期允许最高工作温度为 70℃，乙丙橡胶电力电缆导体长期允许最高工作温度为 90℃；根据《低压配电设计规范》（GB 50054—2011）（第 9 页），表 3.2.3，聚氯乙烯绝缘导体最高运行温度为 70℃，交联聚乙烯和乙丙橡胶绝缘导体最高运行温度为 90℃。

（11）根据《工业与民用供配电设计手册（第四版）》（第 861 页）式 9.4-1，导线直流电阻计算公式。

第四节　应急照明控制器

建筑室内正常环境的工作生活照明常常采用就地开关控制，只有当采用智能照明控制系统时才设置系统主机。而应急照明和疏散指示系统必须根据建筑是否设置火灾自动报警系统才能确定选择集中控制型系统还是非集中控制型系统，未设置火灾自动报警系统的建筑常常采用非集中控制型应急照明系统，除住宅建筑外应急照明灯具不得就地设置控制开关，一旦市电停电就由蓄电池自动点亮应急照明灯具，直至蓄电池放电结束，不需要配置应急照明控制器。设置集中或控制中心火灾自动报警系统的建筑必须采用集中控制型应急照明系统，应急照明灯具不得就地设置控制开关，平时市电停电时，若由蓄电池供电自动点亮应急照明灯具，蓄电池一旦达到必须保证的火灾连续供电时间则立即自动停止供电，集中控制型应急照明系统是智慧智能型系统，必须配置应急照明控制器。

一　选型要求

应急照明控制器的选型必须满足下列要求：

（1）应选择具有能接收火灾报警控制器或消防联动控制器干接点信号或 DC24V 信号接口的产品。

（2）应急照明控制器采用通信协议与消防联动控制器通信时，应选择与消防联动控制器的通信接口和通信协议的兼容性满足现行国家标准《火灾自动报警系统组件兼容性要求》GB 22134 有关规定的产品。

（3）在隧道场所、潮湿场所，应选择防护等级不低于 IP65 的产品；在电气竖井内，应选择防护等级不低于 IP33 的产品。

（4）控制器的蓄电池电源宜优先选择安全性高、不含重金属等对环境有害物质的蓄电池。

（5）任意一台应急照明控制器直接控制灯具的总数量不应大于 3200 盏。

二　控制和显示要求

应急照明控制器的控制、显示应具有下列功能：

（1）能接收、显示、保持火灾报警控制器的火灾报警输出信号。具有两种及以上疏散指示方案场所中设置的应急照明控制器还能接收、显示、保持消防联动控制器发出的火灾报警区域信号或联动控制信号。

（2）能接收、显示、保持其配接的灯具、集中电源或应急照明配电箱的工作状态信息。

（3）能按预设逻辑自动、手动控制系统的应急启动。

应急照明控制器接收到火灾报警控制器的火灾报警输出信号后，自动执行以下控制操作：①控制系统所有非持续型照明灯的光源应急点亮，持续型灯具的光源由节电点亮模式转入应急点亮模式；②控制 B 型集中电源转入蓄电池电源输出、B 型应急照明配电箱切断主电源输出；③ A 型集中电源应保持主电源输出，待接收到其主电源断电信号后，自动转入蓄电池电源输出；A 型应急照明配电箱应保持主电源输出，待接收到其主电源断电信号后，自动切断主电源输出。

应急照明控制器接收到被借用防火分区的火灾报警区域信号后，自动执行以下控制操作：①按对应的疏散指示方案，控制该区域内需要变换指示方向的方向标志灯改变箭头指示方向；②控制被借用防火分区入口处设置的出口标志灯的“出口指示标志”的光源熄灭、“禁止入内”指示标志的光源应急点亮；③该区域内其他标志灯的工作状态不应被改变。

应急照明控制器接收到代表相应疏散预案的消防联动控制信号后，应自动执行以下控制操作：①按对应的疏散指示方案，控制该区域内需要变换指示方向的方向标志灯，改变箭头指示方向；②控制该场所需要关闭的疏散出口处设置的出口标志灯的“出口指示标志”的光源熄灭、“禁止入内”指示标志的光源应急点亮；③该区域内其他标志灯的工作状态不应改变。

手动操作应急照明控制器控制系统的应急启动：①控制系统所有非持续型照明灯的光源应急点亮，持续型灯具的光源由节电点亮模式转入应急点亮模式；②控制集中电源转入蓄电池电源输出、应急照明配电箱切断主电源输出。

建（构）筑物中存在具有两种及以上疏散指示方案的场所时，所有区域的疏散指示方案、系统部件的工作状态应在应急照明控制器或专用消防控制室图形显示装置上以图形方式显示。

三 设置要求

应急照明控制器的设置需符合下列要求：

（1）应设置在消防控制室内或有人值班的场所；系统设置多台应急照明控制器时，起集中控制功能的应急照明控制器应设置在消防控制室内，其他应急照明控制器可设置在电气竖井、配电间等无人值班的场所。

（2）在消防控制室地面上设置时，需满足下列要求：①设备面盘前的操作距离，单列布置时不应小于 1.5 m；双列布置时不应小于 2 m；②在值班人员经常工作的一面，设备面盘至墙的距离不应小于 3 m；③设备面盘后的维修距离不宜小于 1 m；④设备面盘的排列长度大于 4 m 时，其两端应设置宽度不小于 1 m 的通道。

（3）在消防控制室墙面上设置时，需满足下列要求：①设备主显示屏高度宜为 1.5 ～ 1.8 m；②设备靠近门轴的侧面距墙不应小于 0.5 m；③设备正面操作距离不应小于 1.2 m。

（4）应急照明控制器的主电源应由消防电源供电；控制器的自带蓄电池电源应至少满足控制器在主电源中断后工作 3 h。

第三章

电源监测和供电主电源

DISANZHANG
DIANYUAN JIANCE HE
GONGDIAN ZHUDIANYUAN

第一节　集中控制型系统

建筑消防用电设备有消防水泵、防排烟风机、消防电梯、防火卷帘、消防稳压泵、电动防火门、电动挡烟垂壁、消防应急照明和疏散指示系统、火灾自动报警及其联动控制系统、自动灭火装置等。供电电源的可靠性和合理性直接关系消防用电设备在火灾发生时的可靠正常运行，起到保障人们生命财产安全的重要作用。

一　主电源的供电要求

消防用电设备应采用专用的供电回路，当建筑内的生产、生活用电被切断时，应仍能保证消防用电。按一、二级负荷供电的消防设备，其配电箱应独立设置；按三级负荷供电的消防设备，其配电箱宜独立设置；消防配电设备应设置明显标志。除按照三级负荷供电的消防用电设备外，消防控制室、消防水泵房的消防用电设备及消防电梯等的供电，应在其配电线路的最末一级配电箱内设置自动切换装置。防烟和排烟风机房的消防用电设备的供电，应在其配电线路的最末一级配电箱内或所在防火分区的配电箱内设置自动切换装置。防火卷帘、电动排烟窗、消防潜污泵、消防应急照明和疏散指示标志等的供电，应在所在防火分区的配电箱内设置自动切换装置。疏散照明应由主电源和蓄电池组供电，当疏散照明为二级负荷及以上时，主电源由双电源自动转换箱供给。集中控制型应急照明系统中，应急照明配电箱或分散设置的集中电源由所在防火分区、同一防火分区的楼层的消防电源配电箱供电。因此设置有火灾集中报警系统或控制中心报警系统的建筑物，二级负荷的应急照明配电箱或分散设置的集中电源由所在防火分区、同一防火分区的楼层的消防末端双电源自动切换配电箱供电。

二　对正常照明的电源监测要求

由于设置疏散照明场所的正常照明失电时分散设置的集中控制型集中电源或应急照明配电箱不论是火灾还是平时均要求自动点亮疏散照明和标志灯，因此对正常照明的电源状态进行监测是非常重要的。

1. 正常照明与主电源由同一配电箱供电

消防控制室以及服务设置有火灾集中报警系统或控制中心报警系统建筑物的变电所和消防水泵房，当其集中电源或应急照明配电箱各自独立设置，专为本设备用房的疏散照明供电时，由于消防设备用房正常照明就是消防备用照明，两者共用同一消防电源配电箱。因此集中电源的主电源也是正常照明的电源监测线，但是正常照明若只有单个配电回路供电，当配电回路发生短路或接地故障造成配电回路断路器保护动作跳闸，正常照明失电时，由于供电给集中电源或应急照明配电箱的主电源正常，由集中电源或应急照明配电箱供电的疏散照明无法自动点亮，因此正常照明需要两个配电回路供电（如图 3.1.1）或当采用单个配电回路供电时部分正常照明灯具自带蓄电池（如图 3.1.2）。由于在机房或消防控制中心等场所设置的备用照明，当电源满足负荷分级要求时，不应采用蓄电池组供电。因此消防控制室、变电所和消防水泵房的正常照明由设备用房双电源末端互投箱两个及以上配电回路供电将更加合理。

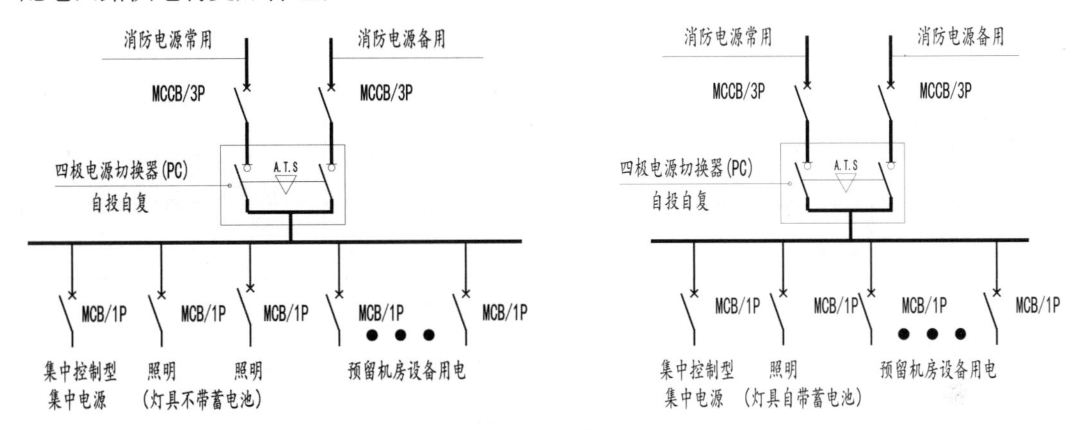

图 3.1.1　某消防控制室（两个照明回路）配电系统示意图　图 3.1.2　某消防控制室（单个照明回路）配电系统示意图

2. 正常照明与主电源由不同配电箱供电

正常照明除消防设备用房、变电所和配电间外，一般由非消防电源配电箱供电，疏散照明场所的正常照明失电时疏散照明和标志灯自动点亮必须是一致的，因此设置有火灾集中报警系统或控制中心报警系统建筑物，正常照明配电箱供电的楼层（包括楼梯间）必须与分散设置的集中控制型集中电源或应急照明配电箱所供电的疏散照明楼层（包括楼梯间）一致，且集中电源或应急照明配电箱必须监测正常照明配电箱是否有电，一旦正常照明配电箱停电，集中电源或应急照明配电箱就自动点亮疏散照明和标志灯，如图 3.1.3。

当正常照明由两个配电箱供电时，集中电源或应急照明配电箱必须同时监测两个配电箱是否有电，不论哪个配电箱失电，集中电源均应自动点亮疏散照明和标志灯，如图 3.1.4。而对于室内步行街商店，当每个商店设置独立电能计量时，由于商店往往需要二次装修，常常会重新设计更换原先设计的配电箱，而且业主是不允许配电箱有对外引接线路，因此集中电源无法监测商店配电箱的电源状态，即使商店配电箱发生故障失电，正常照明不亮，其疏散照明也无法自动点亮。为保证商店的正常秩序不出现混乱和失控，可采用正常照明部分灯具自带蓄电池或设置平时不亮停电时自动点亮的 AC220V 自带蓄电池灯具，蓄电池连续供电时间不小于 30 min。因此，一旦平时商店配电箱故障进线断路器或上级计量配电箱出线断路器跳闸，造成商店停电时，其自带蓄电池的灯具自动点亮，可以理解为是市电供电的延续，疏散照明就可以不点亮，如图 3.1.5。

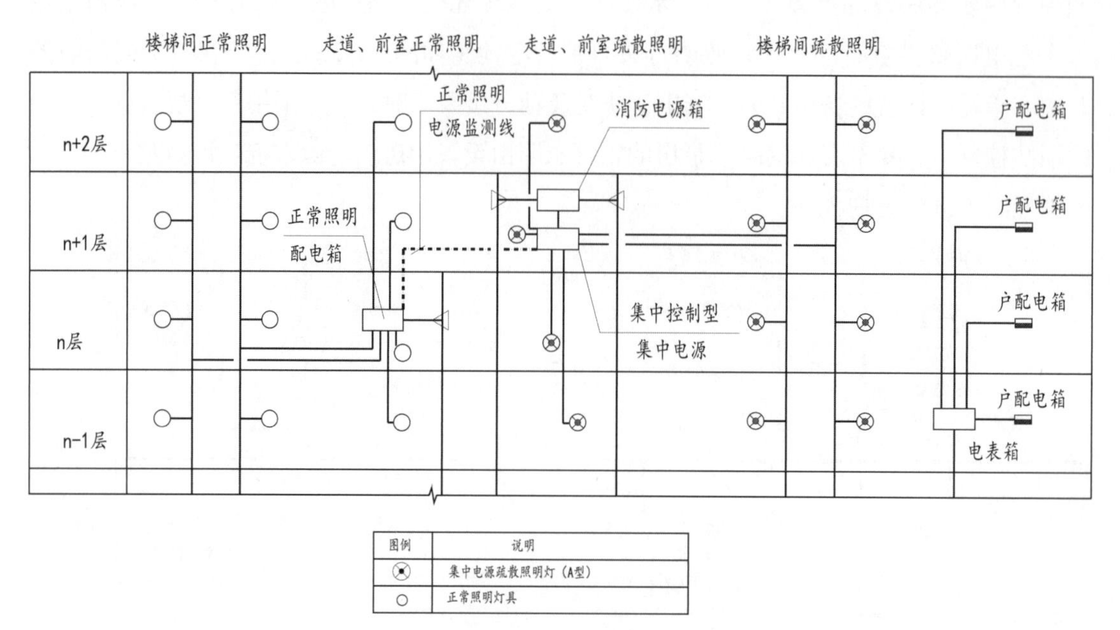

图例	说明
⊗	集中电源疏散照明灯（A型）
○	正常照明灯具

图 3.1.3　某一类高层住宅配电干线示意图

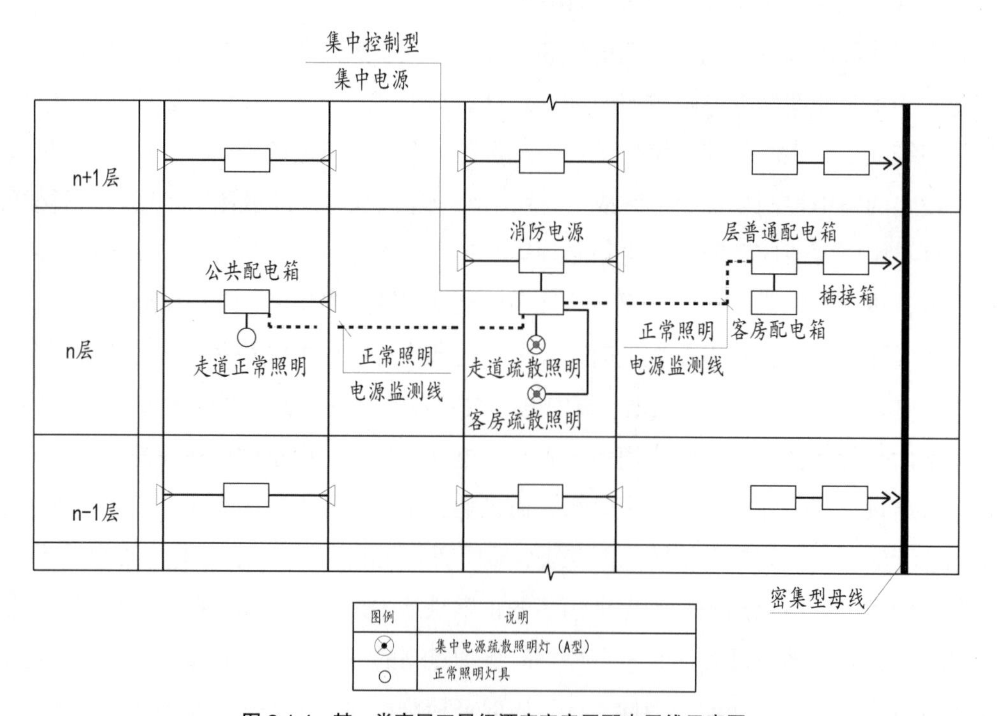

图例	说明
⊗	集中电源疏散照明灯（A型）
○	正常照明灯具

图 3.1.4　某一类高层五星级酒店客房层配电干线示意图

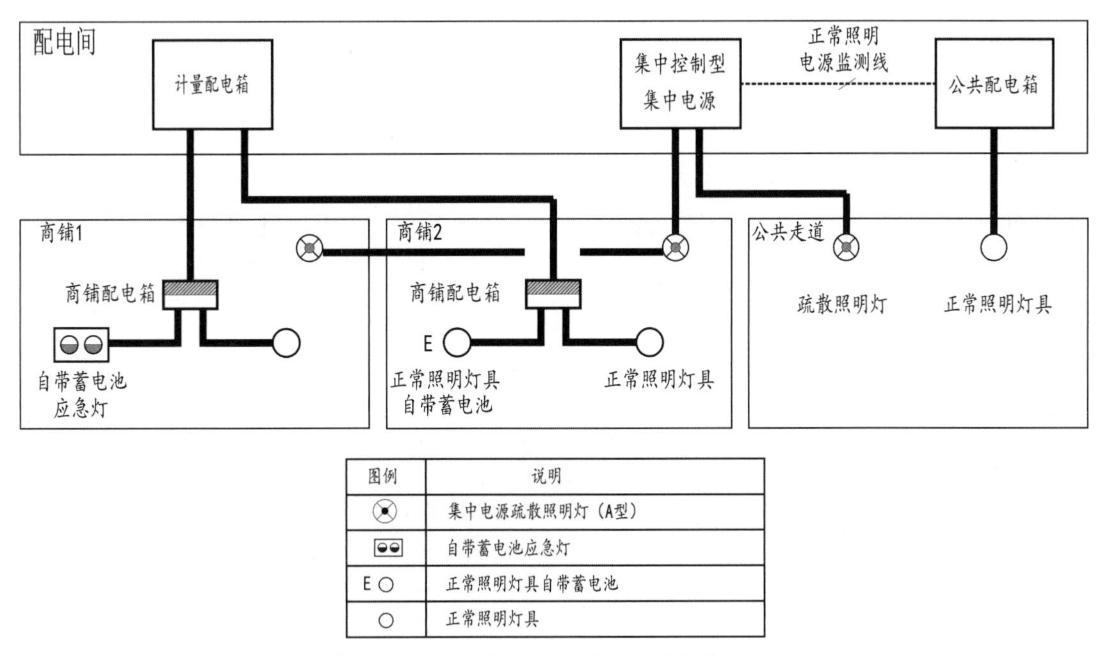

图 3.1.5　某室内步行街电气示意图

第二节　非集中控制型系统

疏散照明和标志灯在市电停电时均必须自动应急点亮。由于非集中控制型应急照明系统没有检测、通信等智能监控功能，只能是市电停电由集中电源或灯具自带的蓄电池自动点亮疏散照明和标志灯，因此要求正常照明和非集中控制型的应急照明配电箱或集中电源供电保持一致性，只有如此方能保证正常照明失电时，对应区域内的疏散照明和标志灯自动点亮。所以在非集中控制型应急照明系统中，应急照明配电箱或集中电源必须由所在防火分区、同一防火分区的楼层的正常照明配电箱供电，正常照明与非集中控制型应急照明配电箱或集中电源不可以由不同的电源配电箱供电。若非集中控制型应急照明配电箱或集中电源由消防电源供电，当正常照明由非消防电源配电箱供电，而非集中控制型应急照明配电箱或集中电源由消防电源配电箱供电时，将造成正常照明配电箱失电，但由于消防电源正常，疏散照明无法应急点亮的严重后果，不得利用切除非集中控制型应急照明配电箱或集中电源的消防供电电源点亮应急照明灯具。正常照明配电箱根据使用场所不同可为消防配电箱或非消防配电箱，未设置火灾自动报警系统的消防水泵房、变电所等的正常照明配电箱属于消防配电箱，除消防电梯机房和防排烟机房外其他场所的正常照明配电箱一般属于非消防配电箱，只有所服务建筑未设置火灾自动报警系统的消防水泵房、变电所等，由于其正常照明就是消防备用照明，非集中控制型应急照明配电箱才由消防电源配电箱供电，但正常照明和非集中控制型应急照明配电箱或集中电源也是共用同一电源配电箱。

未设置消防控制室的住宅建筑，当应急照明采用非集中控制型 B 型应急照明配电箱系统时，其疏散走道、楼梯间等场所可选择自带蓄电池的B型灯具，此时消防应急照明可以兼用日常照明，平时在主电供电时可由人体感应、声控感应等方式感应点亮非持续型照明灯。因此未设置火灾自动报警系统的住宅建筑，其敞开楼梯间可采用非集中控制型自带蓄电池AC220V应急照明灯具作为正常照明，并由楼梯间专用非集中控制型AC220V应急照明配电箱供电，虽然二类高层住宅的非集中控制型应急照明配电箱属于消防二级负荷，但是可不用消防专用电源供电，可由二级负荷的普通电源总配电箱专路供电。

第四章
灯具

DISIZHANG
DENGJU

第一节　灯具应用

自 GB 51309—2018《消防应急照明和疏散指示系统技术标准》开始实施以来，应急照明设计与传统设计相比有了很大的变化。除未设置火灾自动报警系统的住宅建筑且安装高度大于 2.5 m 外，要求安装高度在 8 m 及以下的消防应急照明灯具和应急疏散指示标志灯采用 DC36V 及以下的电源供电，即 A 型灯具；安装高度在 8 m 以上的消防应急照明灯具可采用 DC36V 或 AC36V 以上的电源供电，即 B 型灯具，从而避免了平时普通人员或火灾时消防人员受到触电的风险。

一　灯具的分类

灯具可分为疏散照明灯具和标志灯，标志灯按使用功能又可分为疏散出口标志灯、安全出口标志灯、多信息复合标志灯、“禁止入内”标志灯、楼层标志灯和方向标志灯。

（1）根据标志符号的大小可分为特大型、大型、中型和小型，如表 4.1.1。

表 4.1.1　标志灯尺寸

类别	安全出口指示标志边长（*W*）		疏散方向指示标志边长（*C*）		楼层显示标志文字的高度（*H*）	
	下限	上限	下限	上限	下限	上限
	mm		mm		mm	
特大型	＞300	—	＞300	—	＞300	—
大型	＞200	≤300	＞200	≤300	＞200	≤300
中型	＞150	≤200	＞150	≤200	＞150	≤200
小型	—	≤150	—	≤150	—	≤150

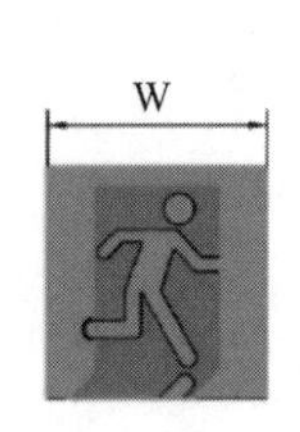

安全（疏散）出口指示标志

C
C/4
80~86°
C/7
3C/7

疏散方向指示标志

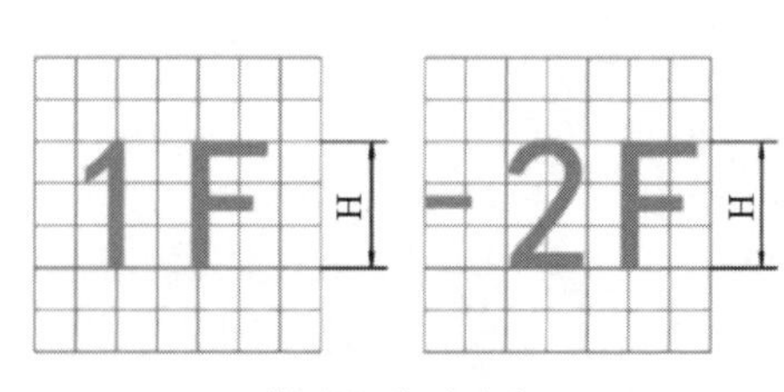

楼层显示标志文字

（2）根据工作方式可分为持续型灯具和非持续型灯具，持续型灯具平时保持节电点亮状态，非持续型灯具平时保持熄灭状态，疏散照明灯具一般为非持续型灯具，只有在未设置火灾自动报警系统的住宅建筑；当采用非集中控制型 B 型应急照明配电箱系统且疏散照明兼用日常照明时，疏散照明灯具既不是非持续型灯具也不是持续型灯具，标志灯一般为持续型灯具。

（3）根据供电回路电压等级可分为 A 型灯具和 B 型灯具，供电回路电压为 DC36V

及以下称为 A 型灯具，供电回路电压大于 DC36V 或 AC36V 称为 B 型灯具，A 型灯具由 A 型集中电源或 A 型应急照明配电箱供电，B 型灯具由 B 型集中电源或 B 型应急照明配电箱供电。

（4）根据灯具是否自带蓄电池可分为自带蓄电池灯具和不带蓄电池灯具，自带蓄电池灯具由应急照明配电箱供电，不带蓄电池灯具由集中电源供电。

（5）根据是否具有通信功能可分为集中控制型灯具和非集中控制型灯具，集中控制型灯具应用于集中控制型应急照明系统，非集中控制型灯具应用于非集中控制型应急照明系统。

集中控制型灯具具有与集中控制型集中电源或集中控制型应急照明配电箱通信的功能，灯具和线路的正常和故障状态可反馈给集中控制型集中电源或集中控制型应急照明配电箱以及消防控制室的应急照明控制器，一旦灯具和线路发生故障就发出声光警报信号，提醒值班人员及时处理和维护。

集中控制型自带蓄电池灯具中的蓄电池在使用寿命周期后标称的剩余容量应保证放电时间满足平时和火灾持续工作时间的总和。平时持续工作时间是指在非火灾状态下，系统主电源断电后，蓄电池点亮非持续型照明灯的光源和持续型灯具的光源时间，由于疏散照明和标志灯不仅是火灾时点亮，而且平时正常照明失电时也必须点亮，因此平时持续工作时间不可以为 0 min，0 min 即平时正常照明失电时无法点亮疏散照明和标志灯，平时持续工作时间对于人员密集场所为不小于 20 min 且不超过 30 min，非人员密集场所为不小于 10 min 且不超过 30 min。

因此灯具可分为集中控制型 A 型不带蓄电池灯具、集中控制型 A 型自带蓄电池灯具、集中控制型 B 型不带蓄电池灯具、集中控制型 B 型自带蓄电池灯具、非集中控制型 A 型不带蓄电池灯具、非集中控制型 A 型自带蓄电池灯具、非集中控制型 B 型不带蓄电池灯具、非集中控制型 B 型自带蓄电池灯具等八种类型。

二 灯具选择的要求

1. 灯具的选择必须满足下列要求

（1）应选择采用节能光源的灯具，消防应急照明灯具的光源色温不应低于 2700K。

（2）不应采用蓄光型指示标志替代消防应急标志灯具。

（3）除地面上设置的标志灯的面板可以采用厚度 4 mm 及以上的钢化玻璃外，灯具的面板或灯罩不应采用易碎材料或玻璃材质。

（4）标志灯应选择持续型灯具。

（5）标志灯的规格必须符合下列要求：①室内高度大于 4.5 m 的场所，应选择特大型或大型标志灯；②室内高度为 3.5 ～ 4.5 m 的场所，应选择大型或中型标志灯；③室内高度小于 3.5 m 的场所，应选择中型或小型标志灯。

2. 建筑物疏散照明灯具和方向标志灯的选择必须满足下列要求

（1）层高不大于 8 m 的工业建筑和民用建筑中的公共建筑，与建筑物是否设置了火灾自动报警系统无关，应选择 A 型灯具。

（2）设置火灾集中报警系统或控制中心报警系统的高层住宅建筑，一般为 12 层及以上高层住宅建筑，应选择 A 型灯具。

（3）地面上设置的标志灯必须选择集中电源 A 型灯具，不得选择自带蓄电池的灯具，不得选择 B 型灯具。

（4）未设置火灾集中报警系统或控制中心报警系统或消防控制室的住宅建筑，其疏散走道、楼梯间等场所当安装高度大于 2.5 m 时可选择自带电源 B 型灯具。

（5）层高大于 8 m 的工业建筑和民用建筑中的公共建筑（体育建筑、展览建筑、剧场、电影院、车站、候机厅等），当疏散照明灯具设置在距地面 8 m 及以下时应选择 A 型灯具，当疏散照明灯具设置在距地面 8 m 以上时可选择 B 型灯具。

第二节　灯具设置场所

建筑室内均需设置正常照明，以保障人们的工作和生活需求，而疏散照明和标志灯并不是各种场所均设置，一般设置在走道、前室、合用前室、楼梯间等人们疏散的路线，观众厅、展览厅、多功能厅等避免人们因市电非正常停电或火灾造成恐慌发生意外的人员密集场所，避难间、避难走道、避难层的避难区域等避免人们因黑暗造成心理恐惧的避难场所，以及消防控制室、消防水泵房、发电机房、配电房等发生火灾时需要坚持工作的场所。

一　疏散照明灯设置部位的要求

（1）除筒仓、散装粮食仓库和火灾发展缓慢的场所外，厂房、丙类仓库、民用建筑、平时使用的人民防空工程等建筑中的下列部位应设置疏散照明：①安全出口、室外疏散楼梯间、敞开疏散楼梯间、封闭疏散楼梯间、防烟疏散楼梯间及其前室、消防电梯间的前室或合用前室、避难走道及其前室、避难层、避难间、消防专用通道、兼作人员疏散的天桥和连廊；②观众厅、展览厅、多功能厅及其疏散口；③建筑面积大于 200 m^2 的营业厅、餐厅、演播室、售票厅、候车（机、船）厅等人员密集的场所及其疏散口；④建筑面积大于 100 m^2 的地下或半地下公共活动场所；⑤地铁工程中的车站公共区，自动扶梯、自动人行道，楼梯，连接通道和换乘通道，车辆基地，地下区间内的纵向疏散平台；⑥城市交通隧道两侧，人行横通道或人行疏散通道；⑦城市综合管廊的人行道及人员出入口；⑧城市地下人行通道。

（2）逃生辅助装置存放处等特殊区域。

（3）寄宿制幼儿园和小学的寝室、医院手术室及重症监护室等病人行动不便的病房等需要救援人员协助疏散的区域。

（4）建筑面积超过 400 m^2 的办公大厅、会议室等人员密集场所。

（5）宾馆、酒店的客房。

（6）自动扶梯上方或侧上方。

（7）安全出口外面及附近区域、连廊的连接处两端。

（8）进入屋顶直升机停机坪的途径。

（9）室内步行街及其两侧的商铺。

（10）配电室、消防控制室、消防水泵房、自备发电机房等发生火灾时仍需工作、值守的区域。

（11）气体灭火防护区内的疏散通道。

（12）疏散走道。

二　疏散标志灯设置部位的要求

（1）除筒仓、散装粮食仓库和火灾发展缓慢的场所外，下列建筑应设置灯光疏散指示标志，疏散指示标志及其设置间距、照度应保证疏散路线指示明确、方向指示正确清晰、视觉连续：①甲、乙、丙类厂房，高层丁、戊类厂房；②丙类仓库，高层仓库；③公共建筑；④建筑高度大于 27 m 的住宅建筑；⑤除室内无车道且无人员停留的汽车库外的其他汽车库和修车库；⑥平时使用的人民防空工程；⑦地铁工程中的车站、换乘通道或连接通道、车辆基地、地下区间内的纵向疏散平台；⑧城市交通隧道、城市综合管廊；⑨城市的地下人行通道；⑩其他地下或半地下室。

（2）下列建筑或场所应在疏散走道和主要疏散路径的地面上增设能保持视觉连续的灯光疏散指示标志或蓄光疏散指示标志：①总建筑面积大于 8000 m^2 的展览建筑；②总建筑面积大于 5000 m^2 的地上商店；③总建筑面积大于 500 m^2 的地下或半地下商店；④歌舞娱乐放映游艺场所；⑤座位数超过 1500 个的电影院、剧场，座位数超过 3000 个的体育馆、会堂或礼堂；⑥车站、码头建筑和民用机场航站楼中建筑面积大于 3000 m^2 的候车、候船厅和航站楼的公共区。

（3）灯光疏散指示标志的设置应符合下列规定：①应设置在安全出口和人员密集的场所的疏散门的正上方，当安全出口或疏散门在疏散走道侧边时，应在疏散走道上方增设指向安全出口或疏散门的方向标志灯；②应设置在疏散走道及其转角处距地面高度 1 m 以下的墙面或地面上。

（4）楼梯间每层应设置指示该楼层的标志灯。

（5）人员密集场所的疏散出口、安全出口附近应增设多信息复合标志灯具。

（6）气体灭火防护区内的疏散出口。

三 灯具安装的要求

（1）消防水泵房、消防控制室、柴油发电机房以及距离疏散口小于 20 m 的大会议室和大办公室等可以不设置距地面高度 1 m 以下的疏散照明标志灯。

（2）游泳池可以不设置距地面高度 1 m 以下的疏散照明标志灯。室内游泳池在墙面上设置距地面高度 1 m 以下的疏散标志灯是存在安全隐患的，游泳池属于潮湿场所，不仅有成年人而且还有儿童，一旦灯具绝缘损坏，人体很容易在不经意间接触到带电部分，甚至儿童由于好奇心还刻意去触碰，虽然是 DC36V 及以下电源，但由于人体阻抗差异性也存在受到电击后发生心室纤维颤动的风险。

（3）消防应急（疏散）照明灯应设置在墙面或顶棚上，设置在顶棚上的疏散照明灯不应采用嵌入式安装方式。

（4）疏散标志灯不得设置在消防水池的侧壁上。

（5）疏散照明灯具不应布置在消防控制室、消防水泵房、柴油发电机房、配电室等设备的正上方，如图 4.2.1 ～图 4.2.4。

（6）疏散照明灯具不应布置风管、水管、电缆桥架等正上方。

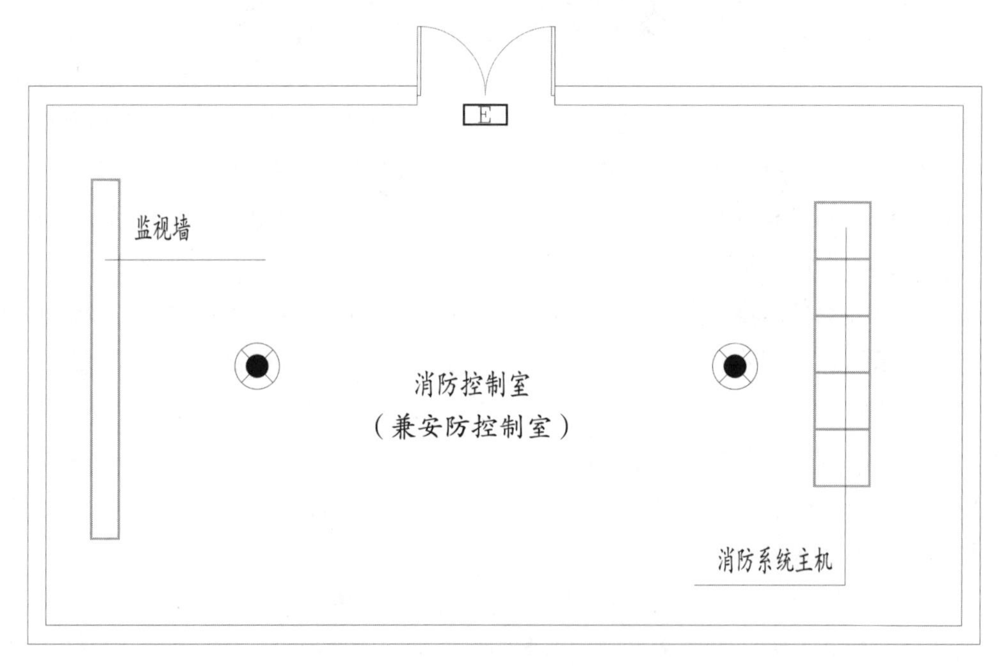

图例	说明
⊙	集中电源疏散照明灯（A型）
E	安全出口标志灯（A型）

图 4.2.1 消防控制室疏散照明灯具布置示意图

注：疏散照明灯具不应布置在消防系统主机设备正上方。

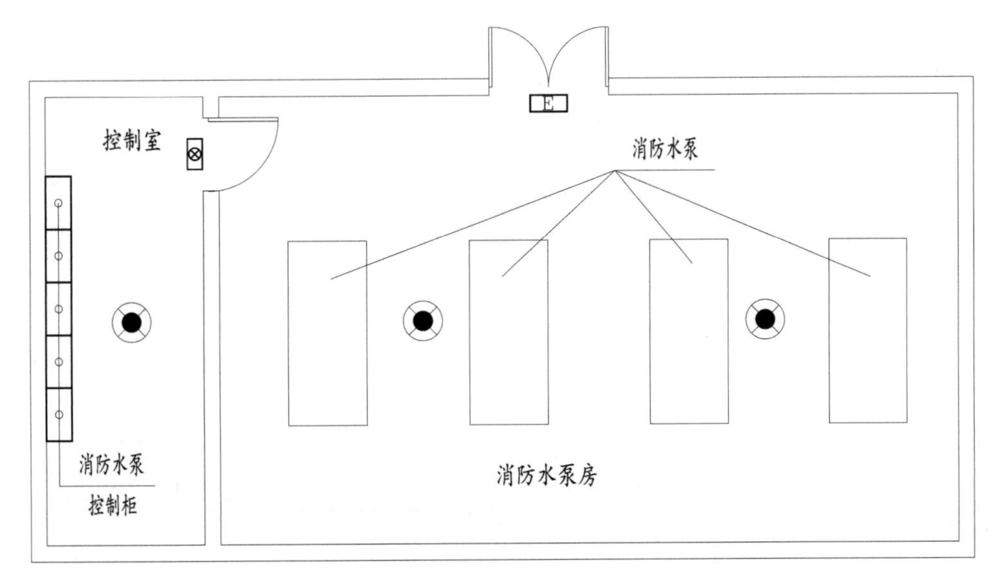

图例	说明
⊙	集中电源疏散照明灯（A型）
E	安全出口标志灯（A型）
⊗	疏散出口标志灯（A型）

图 4.2.2　消防水泵房疏散照明灯具布置示意图

注：疏散照明灯具不应布置在消防水泵的正上方。

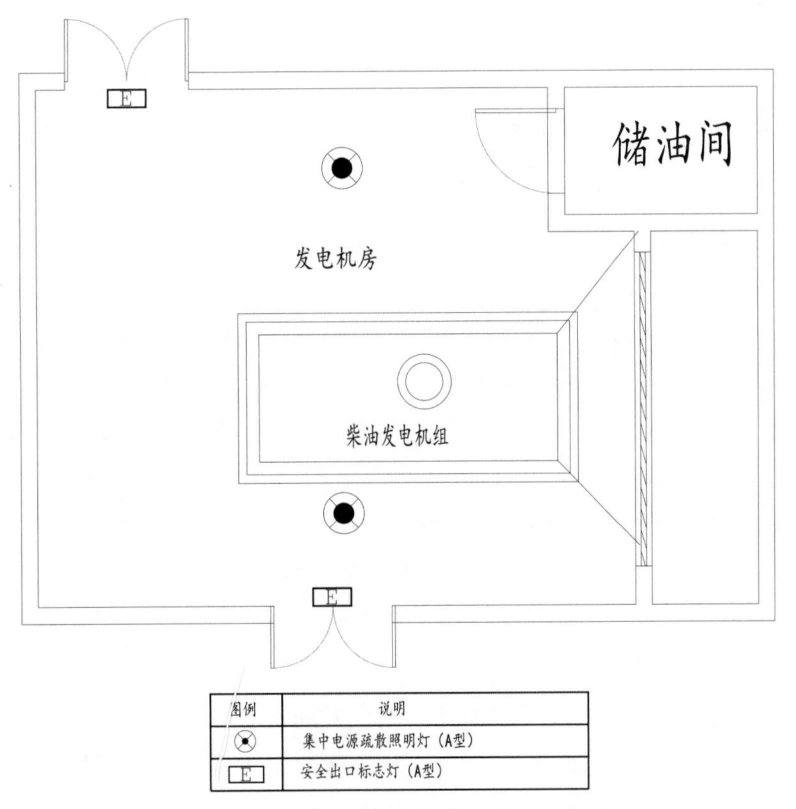

图 4.2.3　柴油发电机房疏散照明灯具布置示意图

注：疏散照明灯具不应布置在柴油发电机组的正上方。

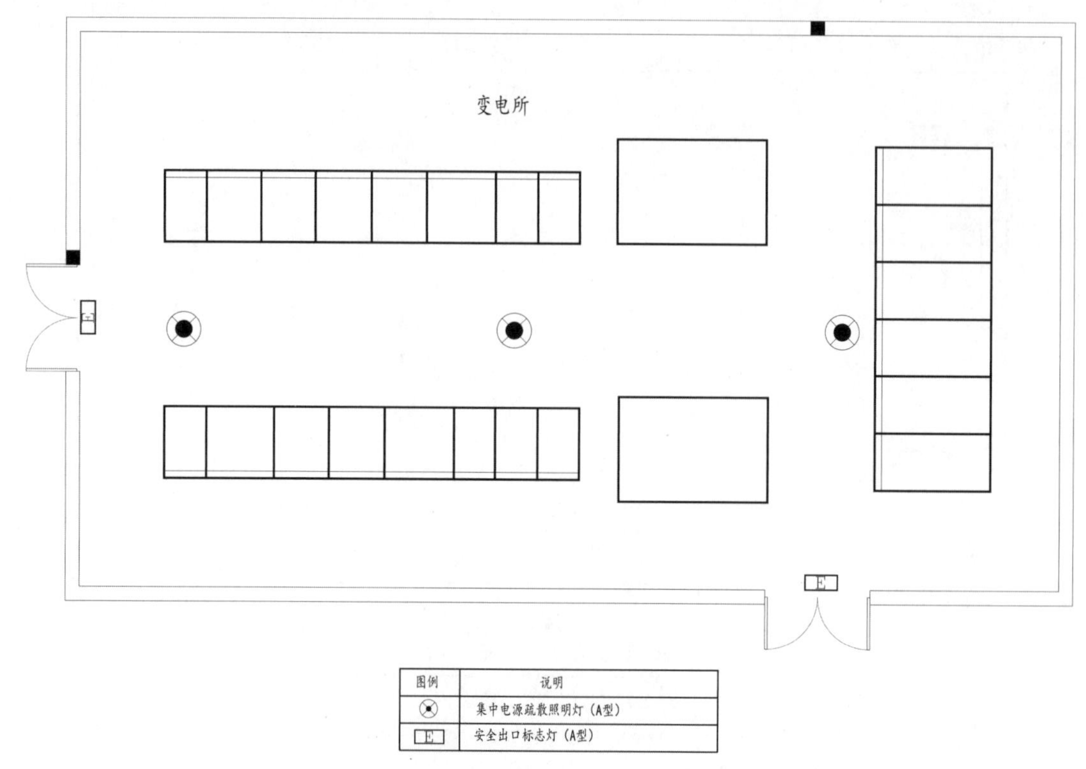

图 4.2.4　配电室疏散照明灯具布置示意图

注：疏散照明灯具不应布置在高压柜、变压器、低压柜的正上方。

第三节　疏散方向标志灯安装间距

现代建筑内部功能多，布局复杂，建筑标识非常重要。科学合理的标识给人们的生活和工作提供便利，疏散方向标志灯虽然属于建筑标识的一种，但是它的设计要求高，必须由具有消防设计资质的专业人员设计，而且还常常需要通过施工图审查单位的审查，只有审查通过方能交付具有施工资质的单位施工。

疏散方向标志灯的设计有严格的规定，当疏散方向标志灯安装在距地面高度 1 m 以下的墙面或地面上时，其安装间距必须满足下列要求：

（1）对于袋形走道，灯具的设置间距不应大于 10 m，末端灯具距端墙不宜大于 5 m。

（2）在走道转角区，方向标志灯的中心与墙边水平距离不应大于 1 m，当方向标志灯的标志面与疏散方向垂直时可在转角的一面墙上设置；当方向标志灯的标志面与疏散方向平行时应在转角的二面墙上设置。

（3）疏散指示标志灯之间有出口标志灯时，其间距为不大于 20 m。

（4）除袋形走道外方向标志灯的标志面与疏散方向垂直时，灯具的设置间距不应大于 20 m；方向标志灯的标志面与疏散方向平行时，方向标志灯的设置间距不应大于 10 m，如图 4.3.1。

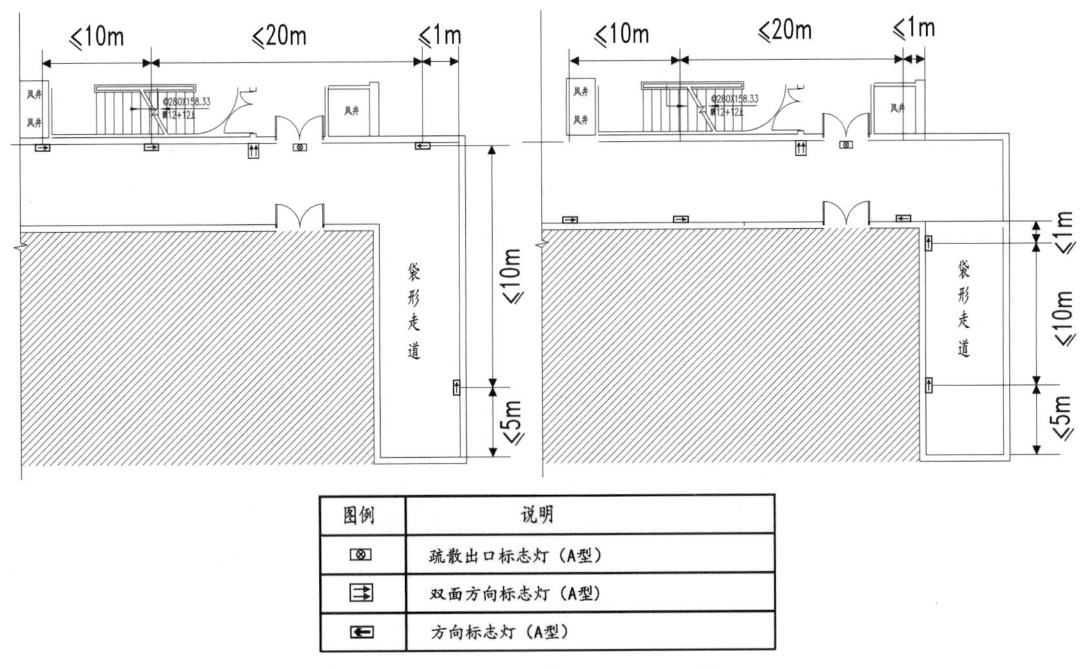

图 4.3.1　疏散方向标志灯平面布置示意图

（5）展览厅、商店、候车（船）室、民航候机厅、营业厅等开敞空间场所的疏散通道必须符合下列要求：①当疏散通道两侧设置了墙、柱等结构时，方向标志灯必须设置在距地面高度 1 m 以下的墙面、柱面上；当疏散通道两侧无墙、柱等结构时，方向标志灯可设置在疏散通道的上方；②方向标志灯的标志面与疏散方向垂直时，特大型或大型方向标志灯的设置间距不应大于 30 m，中型或小型方向标志灯的设置间距不应大于 20 m；方向标志灯的标志面与疏散方向平行时，特大型或大型方向标志灯的设置间距不应大于 15 m，中型或小型方向标志灯的设置间距不应大于 10 m。

（6）保持视觉连续的方向标志灯必须设置在疏散走道、疏散通道地面的中心位置，间距不应大于 3 m。

第四节　疏散照明照度

疏散场所的疏散照明照度是指正常照明灯熄灭仅由疏散照明灯具提供的照度，不包括方向标志灯。人们只有在一定的照度下方能辨识方向和物体，才能不会被绊倒，避免发生踩踏事故。虽然疏散场所照度越高人们疏散的速度和效率越高，但高照度必然要增加投资成本，在满足人们疏散安全的前提下，确定疏散场所的最低照度要求是非常有必要的。因此建筑内疏散照明的地面最低水平照度必须符合下列要求：①疏散楼梯间、疏散楼梯间的前室或合用前室、避难走道及其前室、避难层、避难间、消防专用通道，不应低于 10.0 lx；②疏散走道、人员密集场所，不应低于 3.0 lx；③除①和②条上述规定场所外的其他场所，不应低于 1.0 lx。

一 疏散照明照度有效地面的计算

疏散照明照度不是所有地面均应满足最低水平照度要求，也不是地面平均水平照度，而是指有效地面最低水平照度，有效地面必须根据工程实际情况确定，对于疏散走道和楼梯间为中性线两侧，宽度是疏散走道和楼梯间宽度的一半，对于前室、合用前室、多功能厅、幼儿园活动室兼寝室、室内步行街商店、避难间等场所是扣除四周宽度距墙 0.5 m 的部分，对于宾馆客房是入口走道部分，如图 4.4.1。

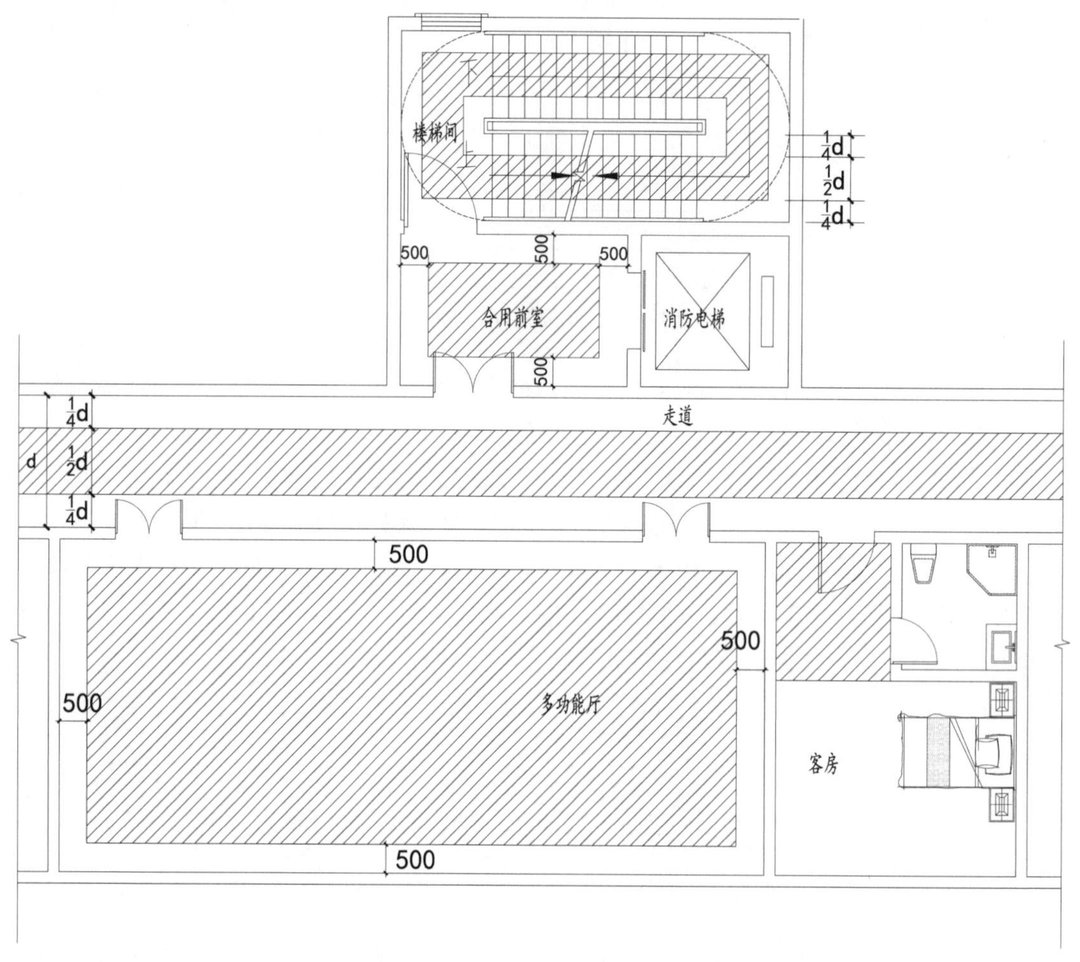

图 4.4.1 楼梯间、前室、走道、功能房间有效地面示意图

注：图中阴影部分为有效地面，尺寸单位为 mm。

二 疏散照明照度的计算

设置疏散照明有效区域的点照度值必须采用点照度值计算方法，不考虑房间表面相互反射的影响，仅考虑来自疏散灯具的直射光，点照度值计算水平照度的基本公式为：

$$Eh=K\times\frac{l_{\theta}\times\cos^{3}\theta}{h^{2}}$$

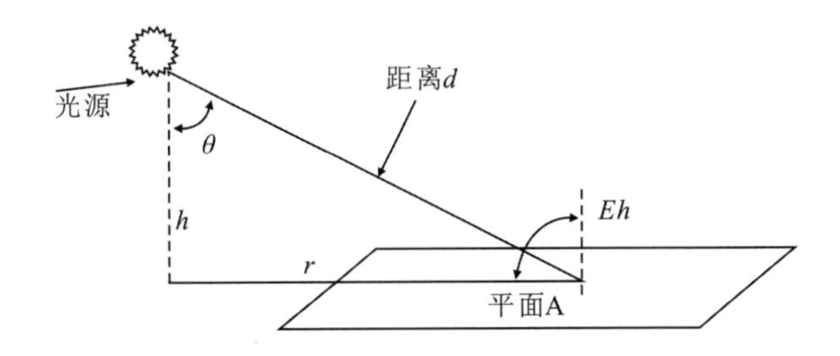

式中：Eh—— 点光源产生的水平照度，（lx）；

l_{θ}—— 点光源在 θ 角度照射方向的光强（cd），一般由灯具生产厂家提供，参照附录 A ～ C；

h—— 光源的安装高度（或计算高度），（m）；

$\cos\theta$—— 地面通过光源的法线与入射光线的夹角的余弦；

K—— 灯具的维护系数，其值见表 4.4.1。

表 4.4.1　灯具的维护系数

环境污染特征		房间或场所举例	灯具最少擦拭次数（次 / 年）	维护系数值
室内	清洁	卧室、办公室、餐厅、阅览室、教室、病房、客房、仪器仪表装配间、电子元器件装配间	2	0.8
	一般	商业营业厅、候车室、影剧院、机械加工车间、机械装配车间、体育馆等	2	0.7
	污染严重	厨房、锻工车间、铸工车间、水泥车间等	3	0.6
室外		雨篷、站台	2	0.65

第五章
线缆选择及敷设

DIWUZHANG
XIANLAN XUANZE JI
FUSHE

配电线系统里的线缆就像人体内的各个血管，将电气系统内部的各个元器件可靠有效地联系在一起，消防应急照明和疏散指示系统不能采用无线通信和供电，必须采用铜芯线缆将应急照明控制器、集中电源或应急照明配电箱、疏散照明灯具和标志灯等进行可靠的物理连接。因此选择合适合理合规的线缆尤为重要。系统线路属于消防线路，必须保证在火灾发生时系统在一定时间内可靠持续地工作，其线缆防火性能等级采用阻燃耐火是非常有必要的，但并不是在所有场所采用的各种消防应急照明和疏散指示系统都一定要选用同一类型规格线缆，具体工程必须具体分析确定。虽然正确选择线缆是非常重要的，但若没有合理恰当的敷设保护方式同样会对整个系统产生致命的危险。不同场所，系统线路的敷设方式也是不一样的，不能一概而论。因此正确合理选择线缆及其敷设方式是消防应急照明和疏散指示系统设计中不可忽视的一个关键环节。

第一节　线缆选择

一　线缆的选用基本原则

线缆一般由导体、绝缘层和护套层组成，消防应急照明和疏散指示系统线路的线芯截面选择，不仅要满足线路计算电流的需要，而且还应满足机械强度的要求。考虑到直流配电线路的电压降，配电线路铜芯绝缘导线和铜芯电缆线芯的最小截面面积不小于 2.5 mm²；控制线路最小截面面积不小于 1.5 mm²。消防应急照明和疏散指示系统 50 V 以下供电和控制线路应采用电压等级不低于交流 300/500 V 的阻燃耐火铜芯绝缘导线或铜芯电缆；采用交流 220 V 的供电和控制线路应采用电压等级不低于交流 450/750 V 的阻燃耐火铜芯绝缘导线或铜芯电缆。此外，地面上设置的标志灯的配电线路和通信线路应选择耐腐蚀橡胶线缆。

二　线缆的燃烧性能选择

消防应急照明和疏散指示系统线缆的绝缘层和护套层不仅要满足耐压的需要，而且根据建筑物的不同类别还应符合耐火、阻燃、产烟毒性、燃烧滴落物 / 微粒的要求。

阻燃性能是指试样在规定条件下被燃烧，在撤去火源后火焰在试样上的蔓延仅在限定范围内，具有阻止或延缓火焰发生或蔓延能力的特性；一般线缆的燃烧性能分级为 A 级（不燃电缆）、B_1 级（阻燃 1 级）、B_2 级（阻燃 2 级）、B_3 级（普通）；烟气毒性是指烟气中的有毒有害物质引起损伤或伤害的程度，电缆燃烧时的烟气释放的毒性指标分为：t0 级、t1 级、t2 级，其中 t0 级烟气释放的毒性最小；燃烧滴落物 / 微粒是指在燃烧试验过程中，从式样上分离的物质或微粒，电缆燃烧时有机物的滴落指标分为：d0 级、d1 级、d2 级，其中 d0 级电缆燃烧时的滴落物最少。耐火性能是指试样在规定火源和时间下被燃烧时能持续地在指定条件下运行的特性。

供电给集中电源或应急照明配电箱的回路为输入供电回路，由集中电源或应急照明配电箱引至消防灯具的回路为输出配电回路。非集中控制型系统的输入供电回路引自正常照明配电箱回路，其线缆的防火性能可与正常照明配电箱回路一致。灯具自带蓄电池的非集中控制型应急照明配电箱的输出配电回路应选择阻燃或耐火线缆；灯具不带蓄电池的非集中控制型集中电源的输出配电回路应选择耐火线缆。集中控制型系统的输入供电回路必须引自消防电源箱，其线缆防火性能应采用阻燃耐火等级。集中控制型系统的输出配电回路应选择耐火线缆，耐火线缆除要求耐火外燃烧性能为 B_1 级或 A 级不燃型，而且应满足消防用电设备火灾时持续运行时间的要求。集中控制型系统中不仅系统的配电线路应选择耐火线缆，而且系统的通信线路应选择耐火线缆或耐火光纤。

第二节　导管及槽盒选择

一　常用导管的种类

消防应急照明和疏散指示系统通常采用导管或槽盒对系统线缆进行物理机械保护，线路敷设在安全可靠的保护环境中整个系统才能最大限度地发挥消防保障作用。不同场所选择的导管与槽盒的材质规格也是不一样的。常用电气导管的材质一般分为：SC—— 低压流体输送用焊接钢管；JDG—— 套接紧定式钢管；KJG—— 可弯曲金属导管。每种管材的特性如下：

1. JDG 管

管材表面有明显不脱落的产品标识。管材连接套管及其金属附件内外壁表面光洁无毛刺、飞边、砂眼、气泡、裂纹、变形等缺陷。管材连接套管及其金属附件壁厚均匀，管口边缘平整光滑，螺纹整齐光滑，配合良好。

2. SC 管

钢导管无压扁，内壁光滑、焊缝均匀，无劈裂、砂眼、棱刺和凹扁现象、导管无严重锈蚀、锁紧螺母外形完好无损，丝扣清晰，无翘曲变形、导管的管径、壁厚及均匀度。

3. KJG 管

只需用手施以适当的力即可弯曲，但不预期被频繁弯曲的金属导管。节能节材，整体综合成本等同于 JDG 管价格。产品本身及连接过程中，均不会有毛刺产生，避免划伤导线。操作条件宽泛，利于安全施工。内外防腐，使用寿命长。施工简单方便，用手微弯，降低施工难度和强度，有效保障工期。不用频繁裁剪连接，材料利用率高，基本可达 99%。成卷包装，单卷米数多，可减少辅助工序，省时高效。管材交叉使用时，可保护楼板强度，内壁光滑，穿线方便，具有伸缩特性，可避免使用过程中对管材的破坏。

二 导管的选用原则

实际工程设计中，消防应急照明和疏散指示系统敷设采用的导管一般选用 SC 管或 JDG 管，并且必须满足下列要求：

1）金属导管在室外埋地敷设时，应采用壁厚不小于 2 mm 的热镀锌钢导管，并采取防水、防腐蚀措施，引出地（楼）面的管路应采取防止机械损伤的措施。

2）导管在地下室各层、首层底板、屋面板、出屋面的墙体和潮湿场所暗敷及直埋于素土时，应采用管壁厚度不小于 2 mm 的热镀锌钢导管，或采用重型防水可弯曲金属导管；导管在屋内二层底板及以上各层钢筋混凝土楼板、墙体内暗敷设时，可采用管壁厚度不小于 1.5 mm 的热镀锌钢导管，或采用不低于中型可弯曲金属导管。

3）导管在墙体内暗敷设时，其导管外径不宜大于墙体厚度的 1/3。

4）线路暗敷设时，除非人员密集场所系统可采用 B_1 级及以上的刚性塑料管保护外，其余场所应采用金属管或可挠 (金属) 电气导管，并应敷设在不燃烧体的结构层内，且保护层厚度不宜小于 30 mm；线路明敷设时，应采用金属管、可挠 (金属) 电气导管或金属封闭槽盒保护并采取防火保护措施。

5）可弯曲金属导管的选择应符合下列要求：

（1）明敷于室内外场所时，宜采用中型可弯曲金属导管；

（2）暗敷于墙体、混凝土地面、楼板垫层或现浇钢筋混凝土楼板内时，应采用重型可弯曲金属导管；

（3）暗埋于室外地下或室内潮湿场所时，应采用重型防水可弯曲金属导管。

6）穿金属导管的绝缘电线总截面积（包括外护层）不应超过导管内截面积的 40%。

7）室内潮湿场所明敷导管，原则上优先选用防潮防腐材料制造的导管，如不锈钢导管、燃烧性能分级为 B_1 级的刚性塑料导管。

三 槽盒的选用原则

消防应急照明和疏散指示系统线路还有一种敷设形式是采用槽盒敷设。电气桥架一般分为槽式、托盘式和梯架式等结构，各类电气桥架由支架、托臂和安装附件等组成。建筑物内桥架可以独立架设，也可以敷设在各种建（构）筑物和管廊支架上，具有结构简单，造型美观、配置灵活和维修方便等特点。

槽式电缆桥架是一种全封闭型电缆桥架。它最适用于敷设计算机电缆、通信电缆、热电偶电缆及其他高灵敏系统的控制电缆等。它对控制电缆的屏蔽干扰和重腐蚀环境中电缆的防护都有较好的效果。电气线路敷设在有可燃物的闷顶、吊顶内时必须采用封闭式金属槽盒。槽盒内电缆的总截面积（包括外护层）不应超过槽盒内截面积的 40%，且电缆根数不宜超过 30 根。

室内潮湿场所明敷电缆桥架，原则上优先选用防潮防腐材料制造的电缆桥架，如不锈钢电缆桥架、燃烧性能分级为 B_1 级的高分子合金电缆桥架、晶须改性塑料电缆桥架。

此外，在实际电气工程设计中，当为消防应急照明和疏散指示系统供电的主干线缆采用矿物绝缘电缆时，可敷设在梯级式电缆桥架内；当主干线缆采用耐火电缆且在无吊顶场所敷设时，也可采用封闭式防火金属槽盒进行保护。

第三节　线路敷设

一　线路敷设的基本原则

消防应急照明和疏散指示系统线缆的敷设方式一般采用导管明敷，预埋混凝土中暗敷设或槽盒敷设。实际工程设计中，通常在一次施工阶段，系统线缆采用的是在楼板中穿导管暗敷设，在二次装修阶段，线路通常在吊顶内穿金属槽盒或金属管明敷设。不同的敷设方式有着不同的工艺施工安装要求。导管与槽盒一般必须满足下列要求：

（1）电压等级超过交流 50 V 以上的消防配电线路在吊顶内或室内接驳时，应采用防火防水接线盒，不应采用普通接线盒接线。

（2）楼层导管及槽盒不宜穿越建筑结构变形缝（伸缩缝、沉降缝、抗震缝），当必须穿越时，应采取防止伸缩、抗震或沉降的补偿措施。

（3）应急照明管线穿越人防地下室围护结构处和人防区域内的外墙、临空墙、防护密闭隔墙、密闭隔墙和密闭楼板时，应符合人防标准的有关规定。

（4）A 型应急照明灯具配电线路的供电电压为 DC24V 时可与消防火灾报警系统线缆共槽盒敷设，当采用 DC36V 时，可与火灾报警系统共槽敷设，中间要加金属隔板分隔。A 型应急照明灯具配电线路不应与强电 220 V 或 380 V 线路共槽盒敷设，可沿强电槽盒独立穿管。AC220V 的 B 型应急照明灯具配电线路可与强电消防线路 220 V 或 380 V 线路共防火槽盒敷设，但其通信线路应独立穿管敷设。

二　导管敷设的基本要求

1）不同回路的应急照明线路不宜穿同一根管道敷设。

2）不同电压等级的线缆不应穿入同一根保护管内，A 型应急照明灯具配电线路与 B 型应急照明灯具配电线路不应共管敷设，B 型应急照明灯具配电线路和通信线路不应共管敷设。

3）系统的供电线路和传输线路设置在室外时，应穿管敷设。

4）系统的配电线路应穿热镀锌金属管保护敷设在不燃烧体内，在吊顶内敷设的线路应穿采取防火措施的金属导管保护。

5）采用穿管水平敷设时，不同防火分区的线路不应穿入同一根管内。

6）从接线盒、槽盒等处引到灯具底座盒的线路，均应加金属保护管保护。

7）导管穿越外墙时应设置防水套管，且应做好防水处理。

8）除埋设于混凝土内的钢导管内壁应防腐处理，外壁可不防腐处理外，其余场所敷设的钢导管内、外壁均应做防腐处理。

9）当金属导管布线的管路较长或转弯较多时，宜加装拉线盒（箱），也可加大管径。

10）金属导管暗敷布线时，应符合下列规定：

（1）不应穿过设备基础；

（2）当穿过建筑物基础时，应加防水套管保护；

（3）当穿过建筑物变形缝时，应设补偿装置。

11）当金属导管与热水管、蒸汽管同侧敷设时，宜敷设在热水管、蒸汽管的下方；当有困难时，可敷设在其上方。相互间的净距宜符合下列规定：

（1）当金属导管平行敷设在热水管下方时，净距不宜小于 200 mm；当金属导管平行敷设在热水管上方时，净距不宜小于 300 mm；交叉敷设时，净距不宜小于 100 mm；

（2）当电线管路敷设在蒸汽管下方时净距不宜小于 500 mm；当电线管路敷设在蒸汽管上方时，净距不宜小于 1000 mm；交叉敷设时，净距不宜小于 300 mm；

（3）当不能符合上述要求时，应采取隔热措施；当蒸汽管有保温措施时，金属导管与蒸汽管间的净距可减至 200 mm；

（4）金属导管与其他管道（不包括可燃气体及易燃、可燃液体管道）的平行净距不应小于 100 mm；交叉净距不应小于 50 mm。

12）建筑物顶棚内、墙体及顶棚的抹灰层、保温层及装饰面板内或在易受机械损伤的场所不应采用直敷布线。

13）楼层金属导管在直线段或弯曲段暗敷或明敷设时，应符合下列规定：

（1）导管直线段敷设时，应在导管长度不大于 30 m 处加装过路盒（箱）；

（2）导管弯曲敷设时，其管道间的夹角不得小于 90°；

（3）导管 L 形弯曲敷设时，其导管长度超过 20 m 时，其弯曲点处应加装过路盒（箱）；

（4）导管 U 形弯曲敷设时，其弯曲点应靠近导管的两端，且中间直线导管长度应小于 15 m；

（5）导管 S 形弯曲敷设时，其弯曲点处应加装过路盒（箱）；

（6）导管弯曲半径不得小于该管外径的 10 倍；当敷设导管外径不大于 25 mm 时，其导管弯曲半径不得小于该管外径的 6 倍。

三 槽盒敷设的基本要求

1）金属槽盒应与保护联结导体可靠连接，且全长不应少于2处接地。可采用直径10 mm圆钢通常焊通连接。

2）不同电压等级的线缆不应共用同一槽盒，当合用同一槽盒时，槽盒内应有隔板分隔；A型应急照明灯具配电线路与B型应急照明灯具配电线路不应共用同一槽盒敷设；B型应急照明灯具配电线路和通信线路不应共用同一槽盒敷设。

3）金属槽盒直线长度大于30 m时，设置伸缩节。跨越建筑物变形缝时，设置补偿装置。金属槽盒水平安装时，支架间距不大于1.5 m；垂直安装时，支架间距不大于2 m；首端、终端、进出接线盒、转角处0.5 m内设置支架。

4）槽盒安装应与其他工种密切配合，水平敷设时的距地高度不宜低于2.2 m。安装时需根据现场情况，若上部无设备应尽量往上抬高，但应满足安装电缆所需空间。

5）敷设在电气竖井内穿楼板处和穿越不同防火区的槽盒，应有防火隔堵措施。

6）金属槽盒应采用热镀锌钢板。

7）金属槽盒水平敷设时，底边距地高度不宜低于2.2 m。除敷设在配电间或竖井内，垂直敷设的线路1.8 m以下应加防护措施。

8）金属槽盒多层敷设时，其层间距离应符合下列规定：

（1）控制电缆间不应小于0.2 m；

（2）电力电缆间不应小于0.3 m；

（3）非电力电缆与电力电缆间不应小于0.5 m；当有屏蔽盖板时，可为0.3 m；

（4）金属槽盒上部距顶棚或其他障碍物不宜小于0.15 m。

9）金属槽盒安装应符合下列规定：

（1）宜安装在水管的上方，宜敷设在热水、蒸汽管道的下方；

（2）与有保温的热水、蒸汽管道最小净距不小于0.2 m；

（3）与其他工艺管道（除可燃及易燃易爆气体管道外）最小净距不小于0.1 m。

10）槽盒明敷设时，在经过横梁、侧墙或其他障碍物处的间距宜不小于100 mm。

11）槽盒不宜与热水管、蒸汽管、给水管和消防压力水管同侧敷设。

实际工程设计中应根据不同的建筑环境选用各自相应的线缆敷设方式，必须按照规范及实际施工要求，认真细心，才能让电气系统安全可靠地运行。

第六章 高层住宅

DILIUZHANG
GAOCENG ZHUZHAI

住宅建筑是供人们家庭生活居住的建筑，一般由门厅、走道、前室、合用前室、楼梯间等公共空间和起居室（厅）、卧室、书房、厨房、卫生间、阳台等住宅套内单元私人空间组成，别墅虽然名称不同但也属于住宅建筑，需要特别指出的是教育建筑的学生宿舍和工厂的员工宿舍等不属于住宅建筑，是属于公共建筑。

住宅建筑根据建筑高度可分为一、二类高层和单、多层住宅建筑：建筑高度大于 54 m（包括设置商业服务网点）的住宅建筑为一类高层住宅建筑，其中建筑高度大于 100 m（包括设置商业服务网点）的住宅建筑又称为超高层住宅建筑；建筑高度大于 27 m 但不大于 54 m（包括设置商业服务网点）的住宅为二类高层住宅建筑；建筑高度不大于 27 m（包括设置商业服务网点）的住宅建筑为单、多层住宅建筑。

住宅套内单元无须设置消防应急照明，一类高层住宅建筑中每户套内单元设有一间可开启外窗和乙级防火门的避难房间，由于该房间不同于医疗建筑和老人照料设施的避难间，因此也无须设置消防应急照明，只有住宅的走道、前室、合用前室、楼梯间、避难层等公共空间才需要设置消防应急照明。

一 系统形式的确定

消防应急照明和疏散指示系统的形式由住宅建筑是否设置火灾自动报警系统确定：未设置火灾自动报警系统的住宅建筑可采用自带蓄电池 B 型灯具 B 型应急照明配电箱非集中控制型系统；设置火灾自动报警系统的高层住宅建筑不得采用非集中控制型系统，通常采用分散设置的 A 型集中电源集中控制型系统。

结合铅酸蓄电池电源供电时的持续工作时间和集中电源额定功率的相关要求，住宅建筑消防应急照明和疏散指示系统的形式如表 6.0.1。

表 6.0.1　高层住宅建筑消防应急照明和疏散指示系统形式

<table>
<tr><th rowspan="2">名称</th><th rowspan="2">分类</th><th rowspan="2">建筑高度
（层数）</th><th rowspan="2">消防照明负荷等级/正常照明负荷等级</th><th rowspan="2">火灾自动报警形式</th><th rowspan="2">应急照明系统形式</th><th colspan="3">蓄电池电源供电时的持续工作时间</th><th>集中电源额定功率</th></tr>
<tr><th>t_1(h)</th><th>t_2（min）</th><th>$t=t_1+t_2$</th><th>P(W)</th></tr>
<tr><td rowspan="5">高层住宅建筑</td><td rowspan="2">超高层住宅建筑</td><td>建筑高度大于 150 m（包括设置商业服务网点）的住宅建筑</td><td>特级 / 二级</td><td rowspan="4">集中（或控制中心）火灾自动报警系统</td><td rowspan="4">集中控制型 A 型集中电源系统</td><td rowspan="2">≥ 1.5 h</td><td rowspan="2">10 min</td><td rowspan="2">100 min
(1.67h)</td><td rowspan="2">$3.47P_1$</td></tr>
<tr><td>建筑高度大于 100 m 但不大于 150 m（包括设置商业服务网点）的住宅建筑</td><td>一级 / 二级</td></tr>
<tr><td>一类高层住宅建筑</td><td>建筑高度大于 54 m 但不大于 100 m（包括设置商业服务网点）的住宅建筑（一般为 19 ～ 33 层）</td><td>一级 / 二级</td><td rowspan="2">≥ 0.5 h</td><td rowspan="2">10 min</td><td rowspan="2">40 min
(0.67h)</td><td rowspan="2">$1.39P_1$</td></tr>
<tr><td rowspan="2">二类高层住宅建筑</td><td>建筑高度大于 33 m 但不大于 54 m（包括设置商业服务网点）的住宅建筑（一般为 12 ～ 18 层）</td><td rowspan="2">二级 / 二级</td></tr>
<tr><td>建筑高度大于 27m 但不大于 33 m（包括设置商业服务网点）的住宅建筑（一般为 10 ～ 11 层）</td><td>未设置</td><td>非集中控制型 B 型应急照明配电箱系统</td><td>≥ 0.5 h</td><td>—</td><td>30 min
(0.5 h)</td><td>—</td></tr>
</table>

注：1　t：蓄电池电源供电时的持续工作时间；t_1：火灾状态下，系统应急启动后，主电源断电时，蓄电池电源供电所需的持续工作时间；t_2：非火灾状态下，主电源断电时，灯具持续应急点亮时间，$t_2 \leqslant 0.5$ h。

2　P：集中电源额定功率，P_1：集中电源所带消防应急灯具总功率。

二　疏散照明照度的要求

由于住宅建筑属于非人员密集场所，因此住宅建筑内相关部位或场所疏散照明的地面最低水平照度值如表 6.0.2。

表 6.0.2　住宅建筑照明灯的部位或场所及其地面水平最低照度值

<table>
<tr><th>序号</th><th>设置部位或场所</th><th>地面水平最低照度</th></tr>
<tr><td>1</td><td>敞开式楼梯间、封闭楼梯间、防烟楼梯间及其前室、室外楼梯</td><td rowspan="3">10.0 lx</td></tr>
<tr><td>2</td><td>消防电梯间的前室或合用前室</td></tr>
<tr><td>3</td><td>避难层</td></tr>
<tr><td>4</td><td>建筑面积大于 100 m² 的地下或半地下公共活动场所</td><td rowspan="3">3.0 lx</td></tr>
<tr><td>5</td><td>疏散走道、疏散通道</td></tr>
<tr><td>6</td><td>安全出口外面及附近区域、连廊的连接处两端；</td></tr>
<tr><td>7</td><td>配电室、消防控制室、消防水泵房、自备发电机房等发生火灾仍需工作、值守的区域</td><td>1.0 lx</td></tr>
</table>

第一节 非集中控制型系统应用

建筑高度大于 27 m 但不大于 33 m 的二类高层住宅建筑（建筑层数一般为 10 层和 11 层），因为可不设置消防电梯，且当住户单元户门采用乙级防火门时，其疏散楼梯可采用敞开楼梯间，所以住宅建筑内不需要设置与火灾自动报警系统联动控制的消防设施，可以不设置火灾自动报警系统。由于二类高层住宅建筑楼梯间可不设置安装高度距地 1m 以下的疏散标志灯，只需要设置消防疏散照明灯具、楼层标志灯及疏散出口标志灯，消防疏散照明灯具一般为吸顶安装，疏散出口标志灯和楼层标志灯为壁装，安装高度一般大于 2.5 m。消防应急照明和疏散指示系统通常采用 B 型应急照明配电箱非集中控制型系统，灯具选用 AC220V 自带蓄电池 B 型应急照明灯具，灯具蓄电池的持续供电时间不小于 30 min，蓄电池初装应急时间不小于 90 min。

非集中控制型系统中，应急照明配电箱应由同一防火分区或同一防火分区相应楼层的正常电源配电箱供电，为满足消防照明负荷等级为二级负荷的要求，消防应急照明配电箱（AE 箱）的供电主电源可由电梯双电源互投箱（DTAT 箱）直接供电，如图 6.1.1。

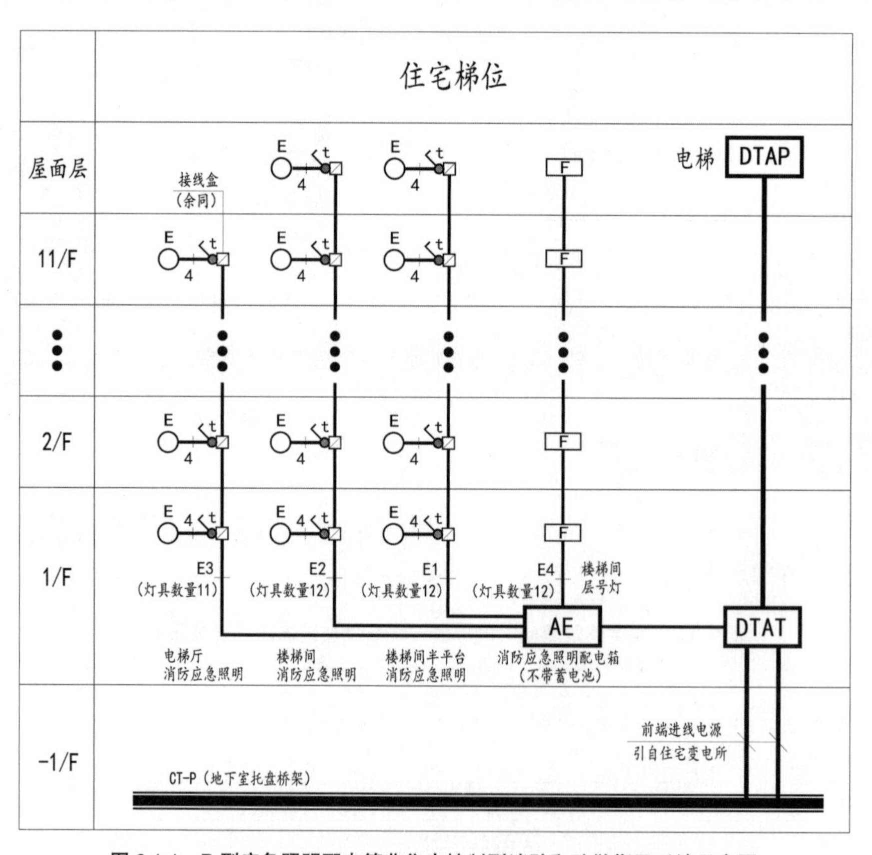

图 6.1.1 B 型应急照明配电箱非集中控制型消防和疏散指示系统示意图

平时状态下，消防应急照明可兼作日常照明，采用人体红外感应、声控感应、触摸感应等延时开关点亮消防应急照明灯具；在火灾状态下，由于灯具自带蓄电池，当市电停电时所有消防应急照明灯具自动应急点亮。

B 型消防应急照明配电箱（AE 箱）可就近设置在 1 层楼梯间或 1 层电梯厅，B 型应急照明灯具由 B 型消防应急照明配电箱（AE 箱）供电，1 层至屋面层竖向楼梯间和楼梯间平台分别设置 1 个回路，1 ～ 11 层电梯厅设置 1 个回路，每个回路均采用穿管沿墙暗敷设垂直供电，灯具数量为 11 ～ 12 盏，如图 6.1.2；AE 箱及 DTAT 箱配电系统，如图 6.1.3 所示。

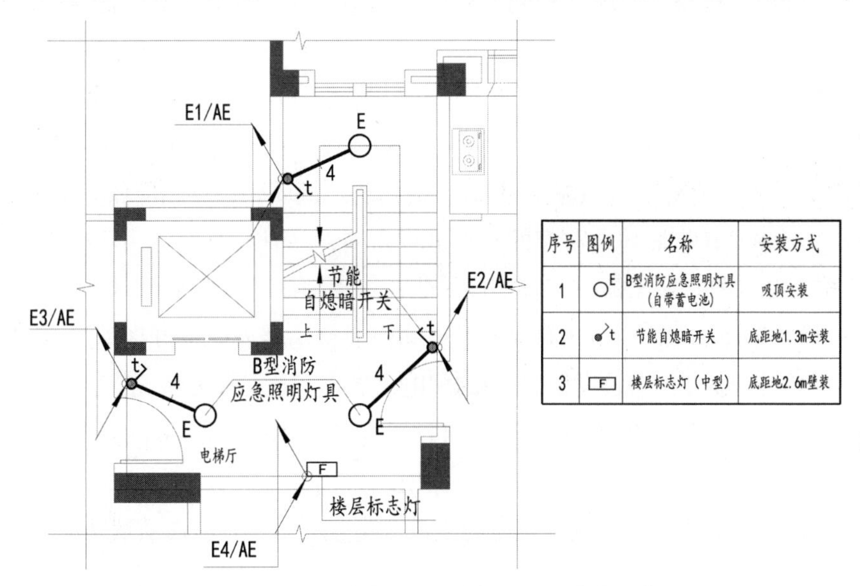

序号	图例	名称	安装方式
1	○E	B型消防应急照明灯具（自带蓄电池）	吸顶安装
2	t	节能自熄暗开关	底距地1.3m安装
3	F	楼层标志灯（中型）	底距地2.6m壁装

图 6.1.2 住宅公共部分消防应急照明平面布置示意图

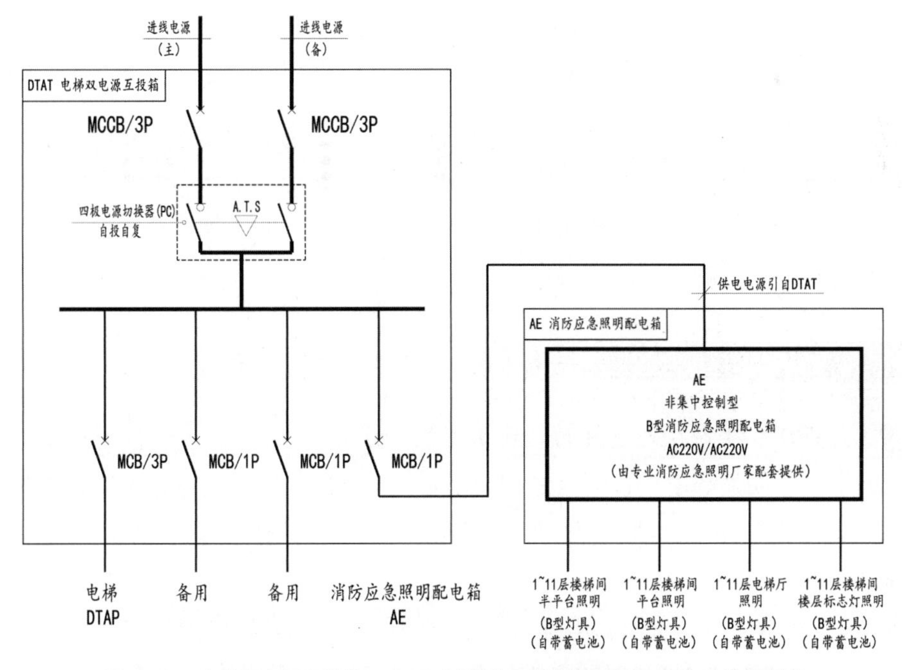

图 6.1.3 电梯双电源互投箱 (DTAT) 及消防应急照明箱 (AE) 配电系统示意图

当建筑高度大于 27m 但不大于 33 m 的二类高层住宅建筑设置了集中或控制中心火灾自动报警系统时，其消防应急照明和疏散指示系统需采用集中控制型系统。

第二节 集中控制型系统应用

建筑高度大于 33 m 的一、二类高层住宅建筑，其公共区域一般由疏散走道、消防电梯、消防电梯合用前室、前室、封闭楼梯间或防烟楼梯间组成，通常需要设置需联动控制的消防设施，如常开防火门、正压送风机、消防电梯等，需要设置集中或控制中心火灾自动报警系统，其消防应急照明和疏散指示系统可采用分散设置的 A 型集中电源集中控制型系统，供电电压为 DC24V 或 DC36V，集中电源蓄电池的持续供电时间不小于 40 min。灯具选用 DC24V 或 DC36V 不带蓄电池 A 型应急照明灯具，消防疏散照明灯具不应作为日常照明使用。

集中电源必须对正常照明电源箱的状态进行监测，平时状态下，一旦正常照明电源箱失电，相应的集中电源立即连锁控制其配接的非持续型消防应急照明灯具的光源应急点亮，持续型消防疏散指示标志灯具的光源由节电点亮模式自动转入应急点亮模式，因此集中电源与为其提供检测电源的正常照明配电箱的配电区域应相同；火灾情况下，当火灾确认后，集中控制型系统应急启动，控制系统所有非持续型消防应急照明灯具的光源应急点亮，持续型消防疏散指示标志灯具的光源由节电点亮模式自动转入应急点亮模式，集中电源保持由消防应急电源输出，待接收到其消防应急电源断电信号后，自动切断消防应急电源输出，由集中电源蓄电池供电。

建筑高度大于 150 m 的一类高层住宅建筑的消防应急照明负荷等级为特级负荷，建筑高度不大于 150 m 的一类高层住宅建筑的消防应急照明负荷等级为一级负荷，一类高层住宅建筑走道照明负荷等级为二级负荷；二类高层住宅建筑的消防应急照明和走道照明负荷等级均为二级负荷，为分散设置的集中控制型集中电源供电的消防电源箱需设置双电源末端自动切换装置。

由于住宅建筑设计方案多，限于篇幅限制，无法对所有方案加以论述，仅针对采用集中控制型应急照明系统的住宅建筑典型设计方案进行论述。

一 未设置走道且仅设置一部疏散楼梯的二类高层住宅建筑

未设置走道的二类高层住宅建筑，建筑层数一般为 12 层以上，18 层及以下，其公共部分一般只设置一间消防电梯合用前室和一部防烟楼梯间。因此公共部分需设置集中或控制中心火灾自动报警系统，消防应急照明和疏散指示系统采用分散设置的 A 型集中电源集中控制型系统。

如图 6.2.3 所示，在各层消防电梯合用前室设置 1 盏消防疏散照明灯具，在疏散门上方设置 1 盏安全出口标志灯，每个标准层的应急照明灯具数量少，只有 2 盏，即使是 18 层住宅，应急照明灯具数量约为 36 盏，可采用一路集中电源输出回路供电。

以 17 层住宅为例，如图 6.2.1 ～图 6.2.4 所示，在住宅一层强电竖井内设置一个双电源末端互投消防电源箱 ALE、一个集中电源 FAE 和一个公共部分正常照明电源箱 GAL，集中电源 FAE 由消防电源箱 ALE 供电，并对正常照明电源箱 GAL 的电源状态进行监测；住宅上部各层消防电梯合用前室和楼梯间的消防应急照明引自一层集中电源 FAE，穿管沿电气竖井垂直供电。封闭楼梯间平台与半平台的消防应急照明为单独供电回路且相邻平台不共用回路，公共部分正常照明电源引自一层正常照明电源箱 GAL，FAE 与 GAL 箱供电楼层、楼梯间范围相同，平时状态下，一旦公共部分正常照明失电，疏散照明立刻点亮。集中电源 FAE 共有 4 个出线回路，灯具总功率 P_1=303W，根据表 6.0.1，集中电源额定功率 P=1.39P_1=421W，可选择集中电源规格为 0.6kVA。

住宅一层、标准层及屋面层公共部分普通照明及消防应急照明平面布置示意图如图 6.2.2 ～图 6.2.4；消防照明电源箱 ALE 及正常照明电源箱 GAL 配电系统如图 6.2.5 所示。

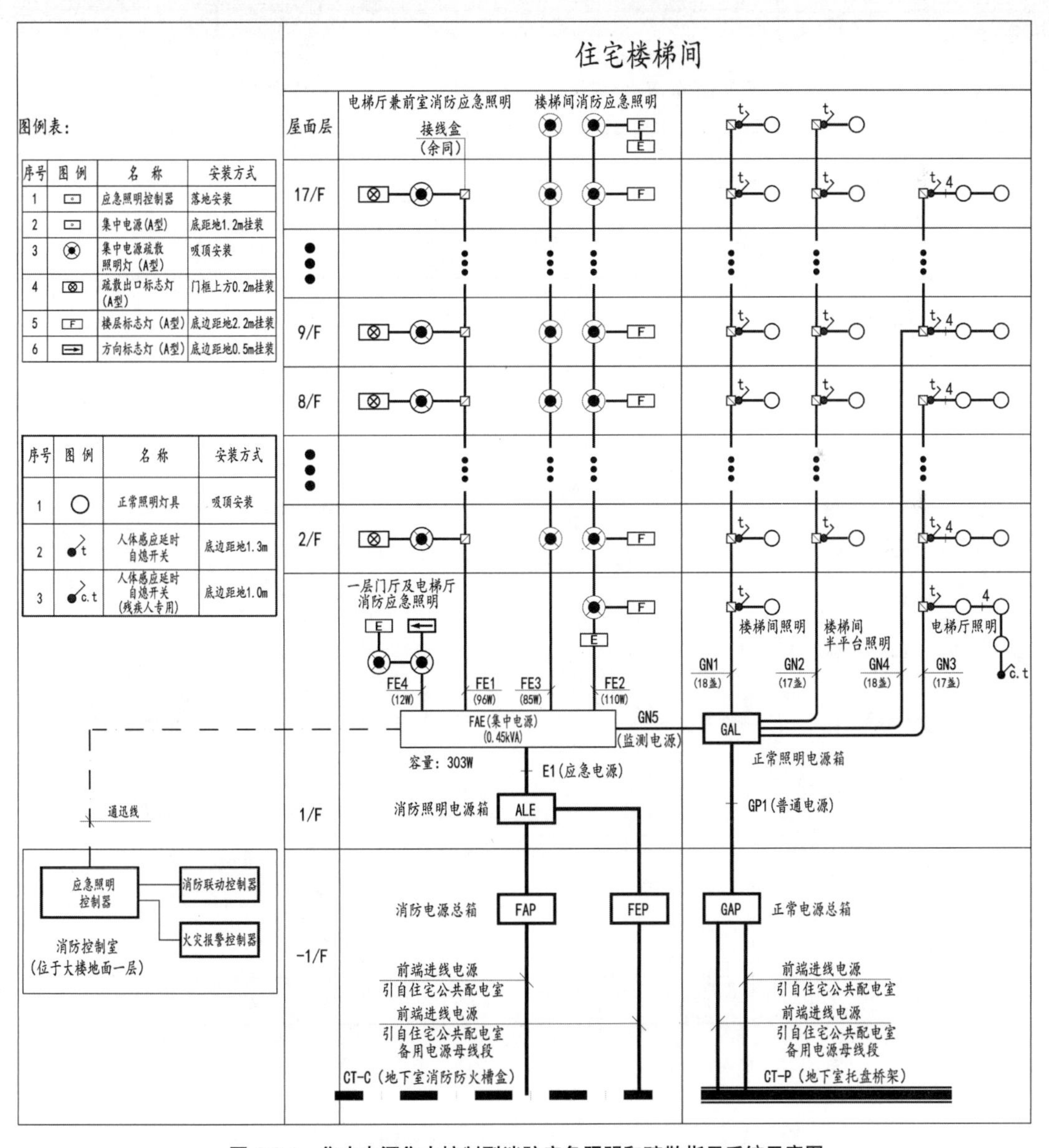

图 6.2.1　集中电源集中控制型消防应急照明和疏散指示系统示意图

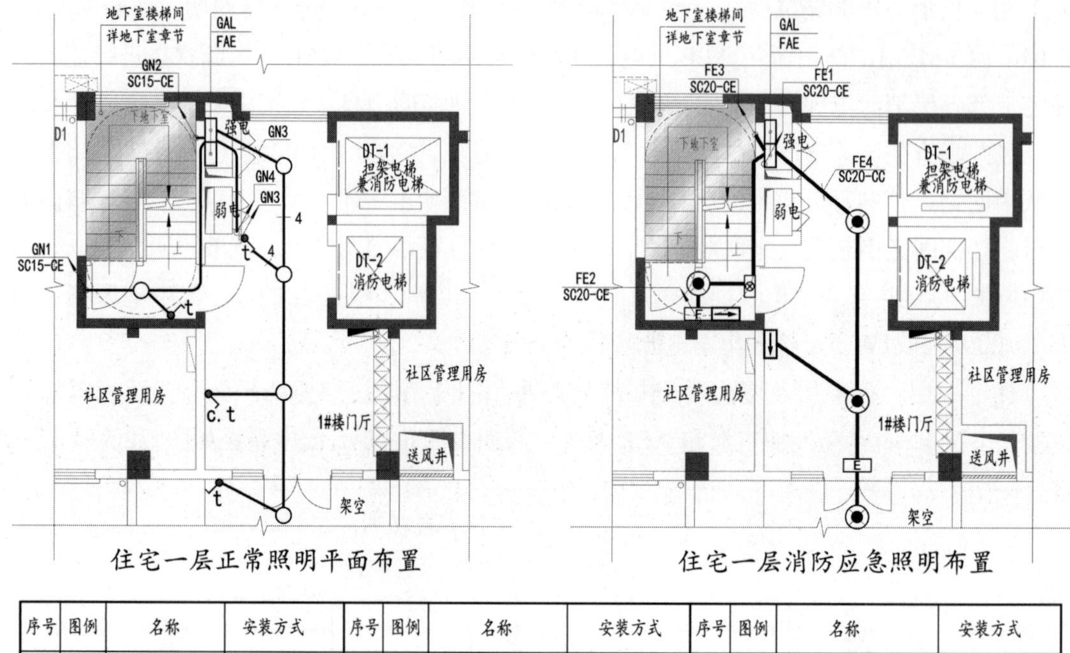

序号	图例	名称	安装方式	序号	图例	名称	安装方式	序号	图例	名称	安装方式
1	○	正常照明灯具	吸顶安装	4	F	楼层标志灯（A型）	底边距地2.6m壁装	7	→	方向标志灯（A型）	底边距地0.5m
2	t	节能自熄暗开关	底边距地1.3m	5	E	安全出口标志灯（A型）	门框上方0.2m壁装	8	⊙	集中电源疏散照明灯（A型）	吸顶安装
3	c.t	人体感应延时自熄开关	底边距地1.0m	6	⊗	疏散出口标志灯（A型）	门框上方0.2m壁装	9	▭	集中电源(A型)(FAE)	底距地1.2m挂装

图 6.2.2　住宅一层公共部分正常照明及消防应急照明平面布置示意图

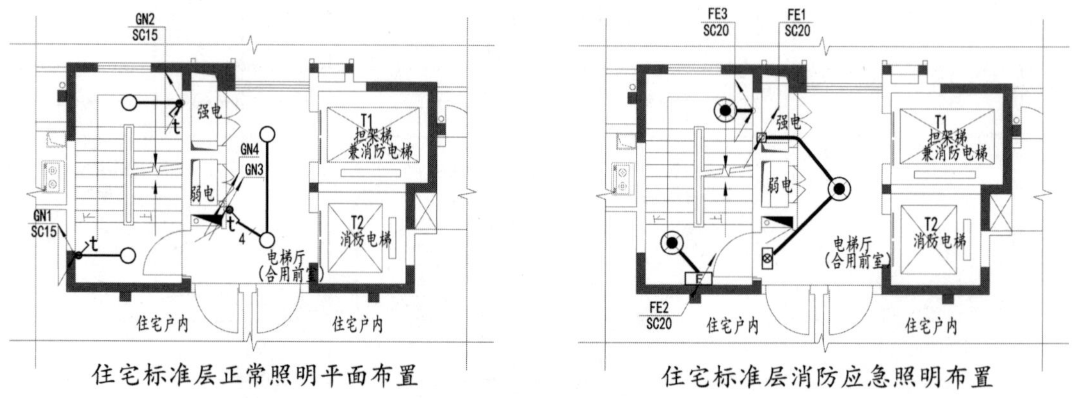

序号	图例	名称	安装方式	序号	图例	名称	安装方式
1	○	正常照明灯具	吸顶安装	4	⊙	集中电源疏散照明灯（A型）	吸顶安装
2	t	节能自熄暗开关	底边距地1.3m	5	⊗	疏散出口标志灯（A型）	门框上方0.2m壁装
3	F	楼层标志灯（A型）	底边距地2.6m壁装	6	→	方向标志灯（A型）	底边距地0.5m

图 6.2.3　住宅标准层公共部分正常照明及消防应急照明平面布置示意图

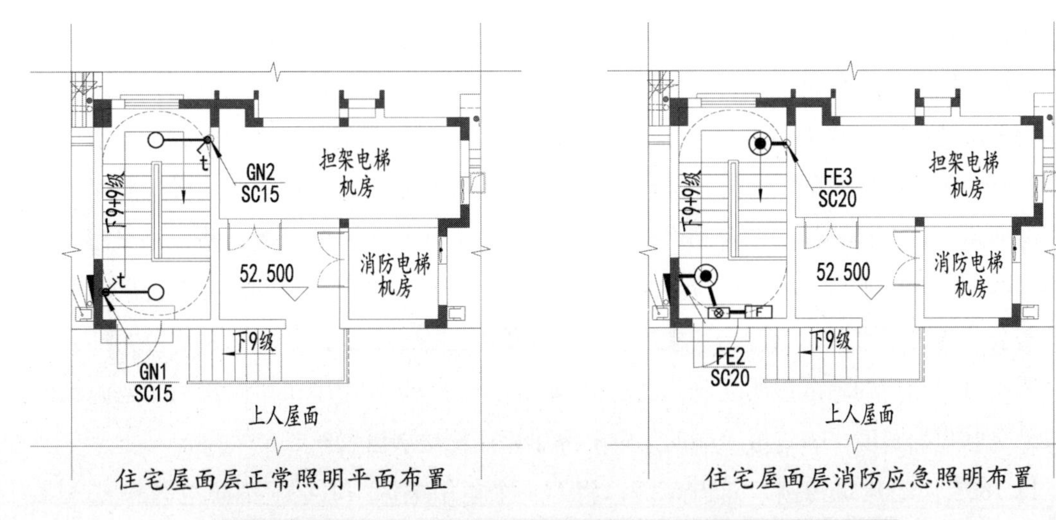

序号	图例	名称	安装方式	序号	图例	名称	安装方式
1	○	正常照明灯具	吸顶安装	4	⊙	集中电源疏散照明灯（A型）	吸顶安装
2	t	节能自熄暗开关	底边距地1.3m	5	⊗	疏散出口标志灯（A型）	门框上方0.2m壁装
3	F	楼层标志灯（A型）	底边距地2.6m壁装	6	→	方向标志灯（A型）	底边距地0.5m

图 6.2.4 住宅屋面层公共部分正常照明及消防应急照明平面布置示意图

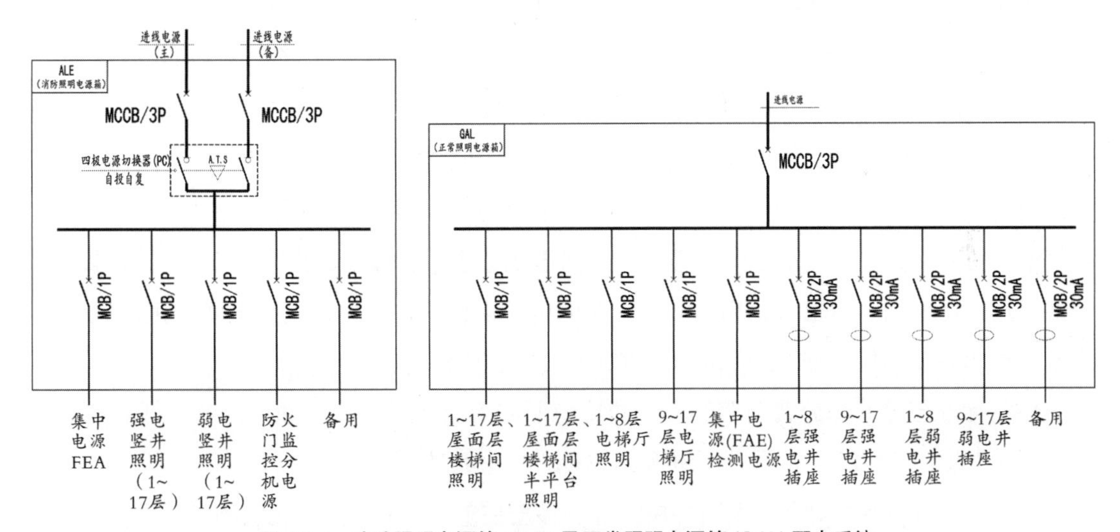

图 6.2.5 消防照明电源箱 (ALE) 及正常照明电源箱 (GAL) 配电系统

二 同一疏散走道设置多部疏散楼梯的二类高层住宅建筑

同一疏散走道设置多部疏散楼梯的二类高层住宅建筑，其建筑层数一般为 18 层及以下，住宅单元的公共部分一般有疏散走道、消防电梯合用前室、电梯厅和多部楼梯间（以设置两部楼梯间为例分析）。由于设置有集中或控制中心火灾自动报警系统，因此应急照明采用分散设置的 A 型集中电源集中控制型系统。

疏散走道、消防电梯合用前室、前室等公共部分均应设置应急照明，每个标准层公共部分的应急照明灯具数量多，容量大，采用每层一路集中电源输出回路供电比较合理，每个集中电源的输出回路最多为8路，按每个楼层1路，可供8层；当集中电源有供给楼梯间时，每个集中电源只能供6层标准层公共部分的应急照明，楼梯间的消防应急照明为单独供电回路，每个楼梯间的平台和半平台竖向分别设置1路，共需设置2路，每路需同时分别为两个楼梯间平台或半平台应急照明灯具供电；集中电源必须合理设置在楼层配电间内并与公共部分正常照明电源箱的楼层和楼梯间供电范围一致，满足平时一旦公共部分正常照明失电，相应的疏散照明立刻点亮的要求。同时为节省双电源末端互投消防电源箱树干式配电电缆的长度，需将最上端的集中电源尽量往低楼层设置。

以18层住宅建筑为例，如图6.2.6，将第一个集中电源13FAE、消防电源箱13ALE设置在13层，其中集中电源的1路出线回路13FE1，为13屋至屋面层楼梯间（一）的平台和楼梯间（二）的半平台应急照明灯具供电，1路出线回路13FE2，为13屋至屋面层楼梯间（一）的半平台和楼梯间（二）的平台应急照明灯具供电，6路出线回路分别为13～18层的住宅公共部分消防应急照明灯具供电，集中电源13FAE同时对正常照明电源箱14GAL的电源状态进行监测；第二个集中电源7FAE、消防电源箱7ALE均设置在7层，其中集中电源7FAE的2路出线回路7FE1～7FE2分别为7～12层楼梯间应急照明灯具供电，6路出线回路分别供电给7～12层的住宅公共部分应急照明灯具，并对正常照明电源箱8GAL的电源状态进行监测；第三个集中电源1FAE、消防电源箱1ALE均设置在1层，其中集中电源1FAE的2路出线回路分别为1～6层楼梯间应急照明灯具供电，6路出线回路分别供电给1～6层的住宅公共部分应急照明灯具，并对正常照明电源箱2GAL的电源状态进行监测；集中电源由同一楼层的消防电源箱供电，即nALE箱与nFAE同层设置，公共走道、楼梯间、前室和合用前室正常照明电源由设置在各层住宅强电间的正常照明电源配电箱nGAL提供，nFAE与nGAL箱供电楼层、楼梯间范围相同。

住宅标准层公共部分普通照明及消防应急照明平面布置示意图如图6.2.7～图6.2.8；消防照明电源箱7ALE及正常照明电源箱8GAL配电系统如图6.2.9所示。

部分一类高层住宅建筑，因同一层设置有多套住宅，当单一筒心无法满足布局要求时，会采用由外廊连接的方式，并将外廊作为疏散通道连接多部疏散楼梯，这种情况下的一类高层住宅建筑同样适用本方案。

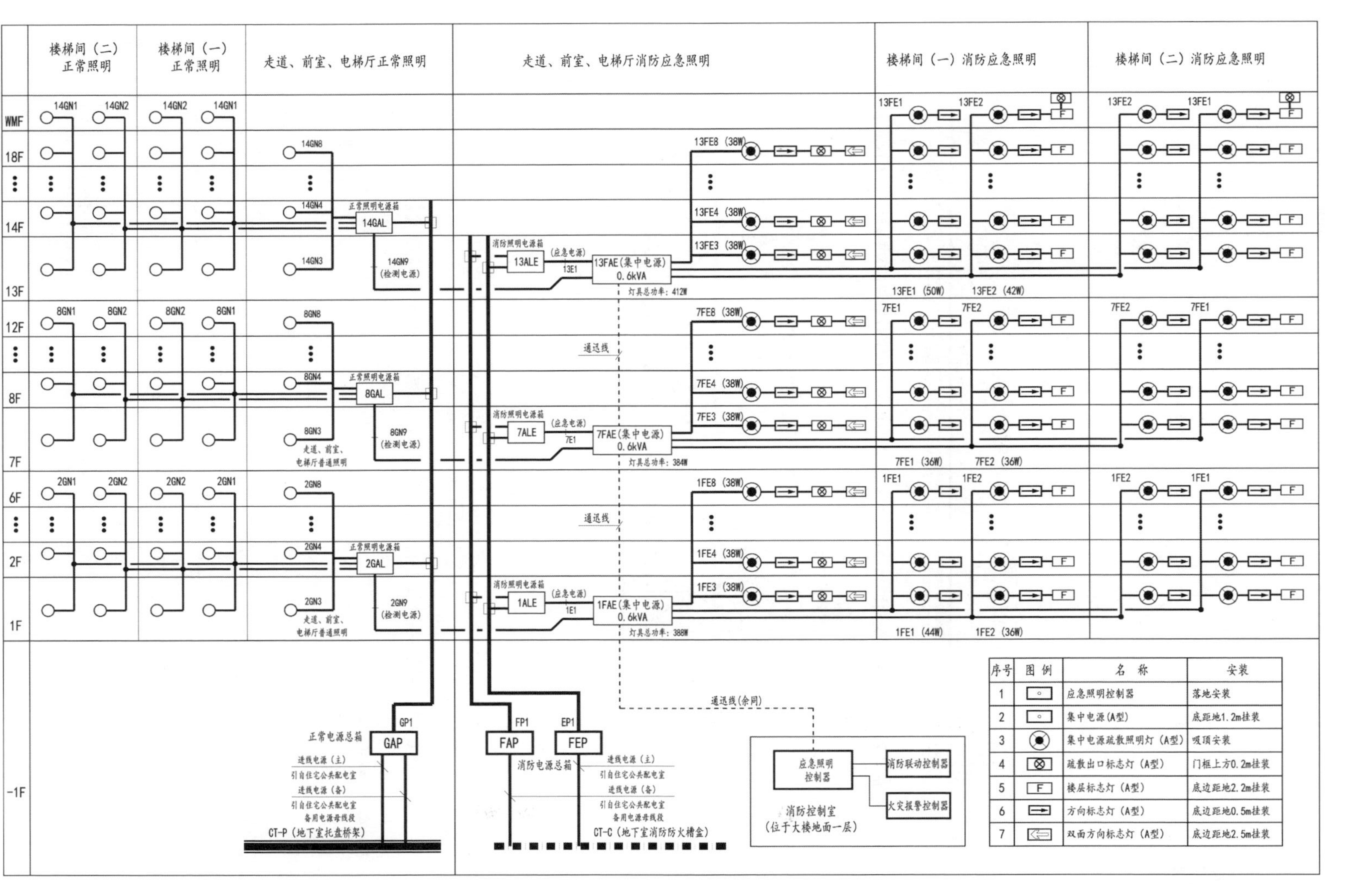

序号	图例	名称	安装
1		应急照明控制器	落地安装
2		集中电源（A型）	底距地1.2m挂装
3		集中电源疏散照明灯（A型）	吸顶安装
4		疏散出口标志灯（A型）	门框上方0.2m挂装
5	F	楼层标志灯（A型）	底边距地2.2m挂装
6		方向标志灯（A型）	底边距地0.5m挂装
7		双面方向标志灯（A型）	底边距地2.5m挂装

图 6.2.6　集中电源集中控制型消防应急照明和疏散指示系统示意图

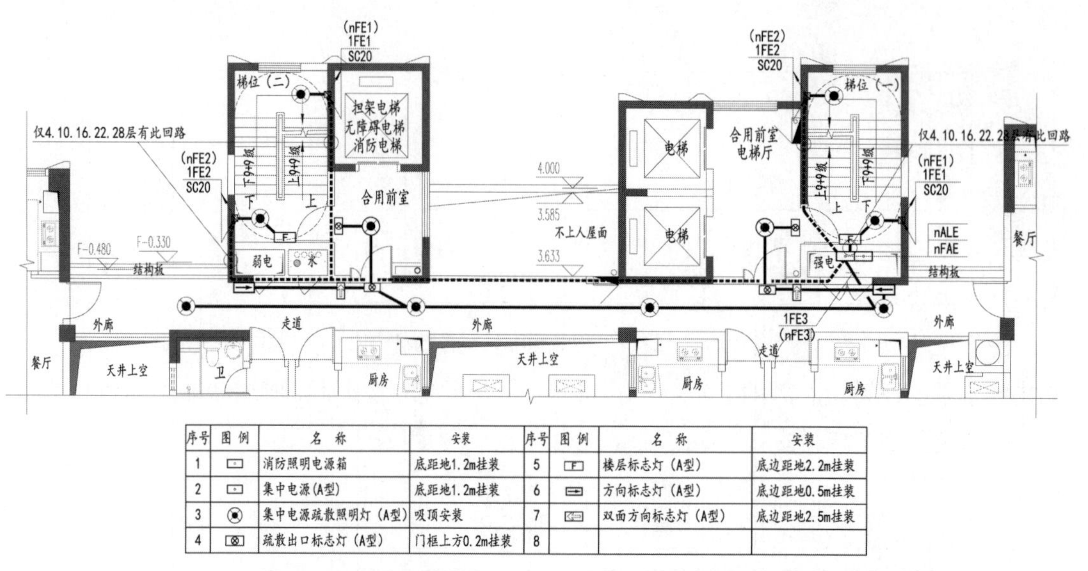

序号	图 例	名 称	安装	序号	图 例	名 称	安装
1		消防照明电源箱	底距地1.2m挂装	5		楼层标志灯（A型）	底边距地2.2m挂装
2		集中电源（A型）	底距地1.2m挂装	6		方向标志灯（A型）	底边距地0.5m挂装
3		集中电源疏散照明灯（A型）	吸顶安装	7		双面方向标志灯（A型）	底边距地2.5m挂装
4		疏散出口标志灯（A型）	门框上方0.2m挂装	8			

图 6.2.7　设置两组疏散楼梯的高层住宅建筑公共部分消防应急照明平面布置示意图

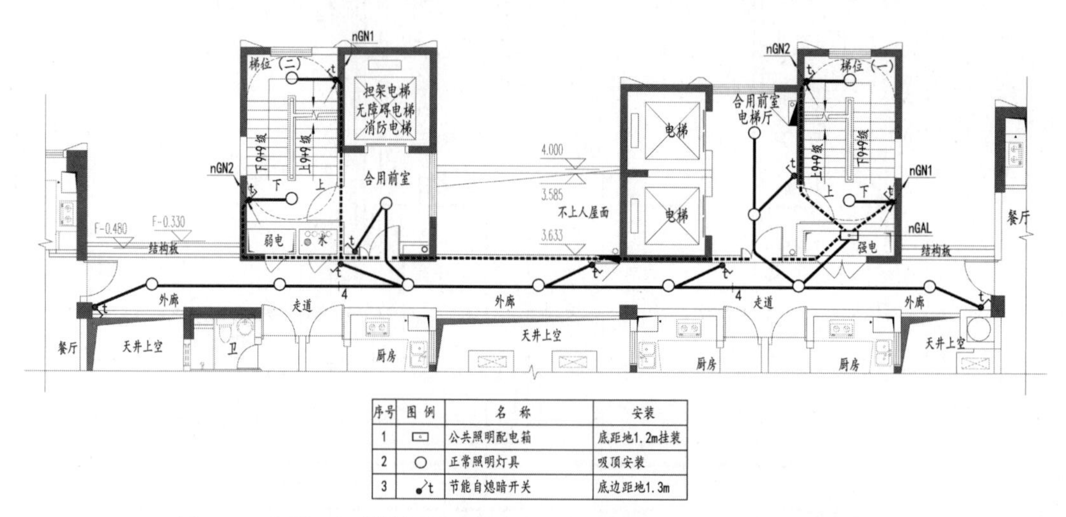

序号	图 例	名 称	安装
1		公共照明配电箱	底距地1.2m挂装
2		正常照明灯具	吸顶安装
3		节能自熄暗开关	底边距地1.3m

图 6.2.8　设置两组疏散楼梯的高层住宅建筑公共部分正常照明平面布置示意图

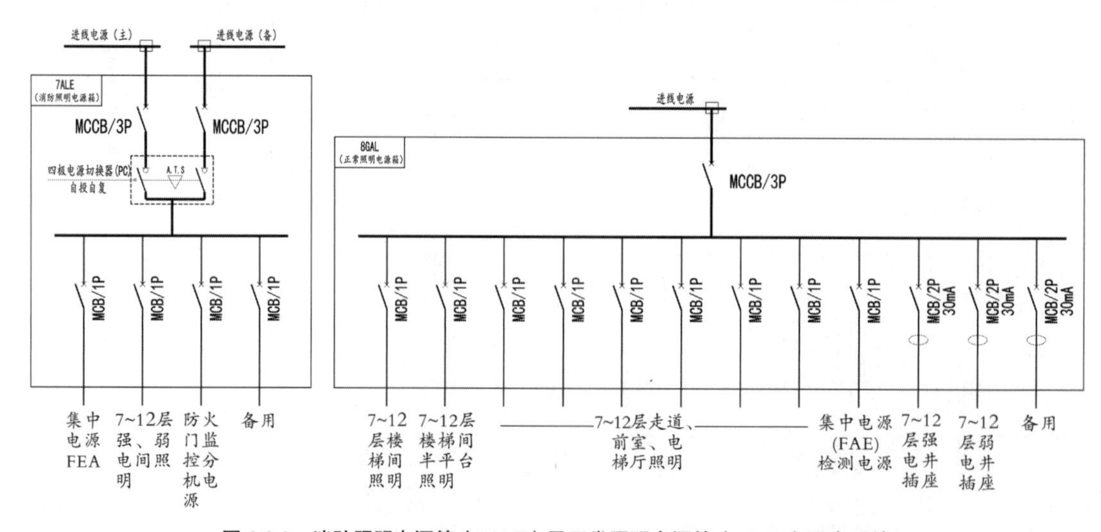

图 6.2.9　消防照明电源箱（7ALE）及正常照明电源箱（8GAL）配电系统

三　设置独立剪刀梯的一类高层住宅建筑

一类高层住宅建筑，其建筑高度大于 54 米，建筑层数一般为 19 层及以上，住宅单元的公共部分一般有疏散走道、一间消防电梯合用前室、一间前室和二部防烟楼梯间，单筒心或无外廊连接的独立筒心的疏散楼梯间一般设计为剪刀梯。由于设置有集中或控制中心火灾自动报警系统，因此应急照明采用分散设置的 A 型集中电源集中控制型系统。

防烟楼梯间的消防应急照明为单独供电回路，疏散走道、消防电梯合用前室、前室等公共部分均应设置应急照明，每个标准层公共部分的应急照明灯具数量多，容量大，特别是一类高层住宅建筑防火要求高，为了保证应急照明系统的可靠性，采用每层 1 路集中电源输出回路供电比较合理，每个集中电源的输出回路最多为 8 路，按每个楼层 1 路，可供 8 层，当集中电源有供给楼梯间时，每个集中电源只能供 6 层，当楼梯间为剪刀梯时需设置 2 路，每路最多可供 18 层；集中电源必须合理设置在楼层配电间内以及与公共部分正常照明电源箱供电楼层、楼梯间范围一致，满足平时一旦公共部分正常照明失电，相应的疏散照明立刻点亮的要求。同时为节省双电源末端互投消防电源箱树干式配电电缆的长度，将最上端的集中电源尽量往低楼层设置。

以 33 层住宅为例，如图 6.2.10 所示，每个集中电源最多能输出 8 路，将第一个集中电源 26FAE、消防电源箱 26ALE 设置在 26 层，集中电源 26FAE 分别为 26 ～ 33 层的住宅公共部分消防应急照明供电，并对正常照明电源箱 27GAL 的电源状态进行监测；第二个集中电源 20FAE、消防电源箱 20ALE 设置在 20 层，其中集中电源 20FAE 的 2 路出线回路分别为 20 至屋面层楼梯间应急照明回路供电，6 路出线回路分别为 20 ～ 25 层的住宅公共部分应急照明供电，并对正常照明电源箱 21GAL 的电源状态进行监测；以此类推，在 1、6、12、20、26 层分别设置双电源末端互投消防电源箱 1ALE、6ALE、12ALE、20ALE、26ALE 和集中电源 1FAE、6FAE、12FAE、20FAE、26FAE，集中电源由同一楼层的消防电源箱供电，即 nALE 箱与 nFAE 同层设置；公共走道、楼梯间、前室和合用前室正常照明电源由设置在各层住宅强电间的正常照明电源配电箱 nGAL 提供，nFAE 与 nGAL 箱供电楼层、楼梯间范围相同。

集中电源 26FAE 共有 8 个出线回路，灯具总功率为 P_1=264W，根据表 6.0.1，集中电源额定功率 P=1.39P_1=367W，可选择集中电源规格为 0.6kVA。

为保障楼梯间消防应急照明和疏散指示标志供电的可靠性，同一楼梯间相邻平台的应急照明采用不同的配电回路供电，若同一区段（几层）楼梯间的应急照明只有一路配电回路供电，一旦配电回路故障，将造成几层内的楼梯间照明不亮，降低了可靠性，影响疏散。

住宅标准层公共部分普通照明及消防应急照明平面布置示意图如图 6.2.11 ～图 6.2.12；消防照明电源箱 6ALE 及正常照明电源箱 7GAL 配电系统如图 6.2.13 所示。

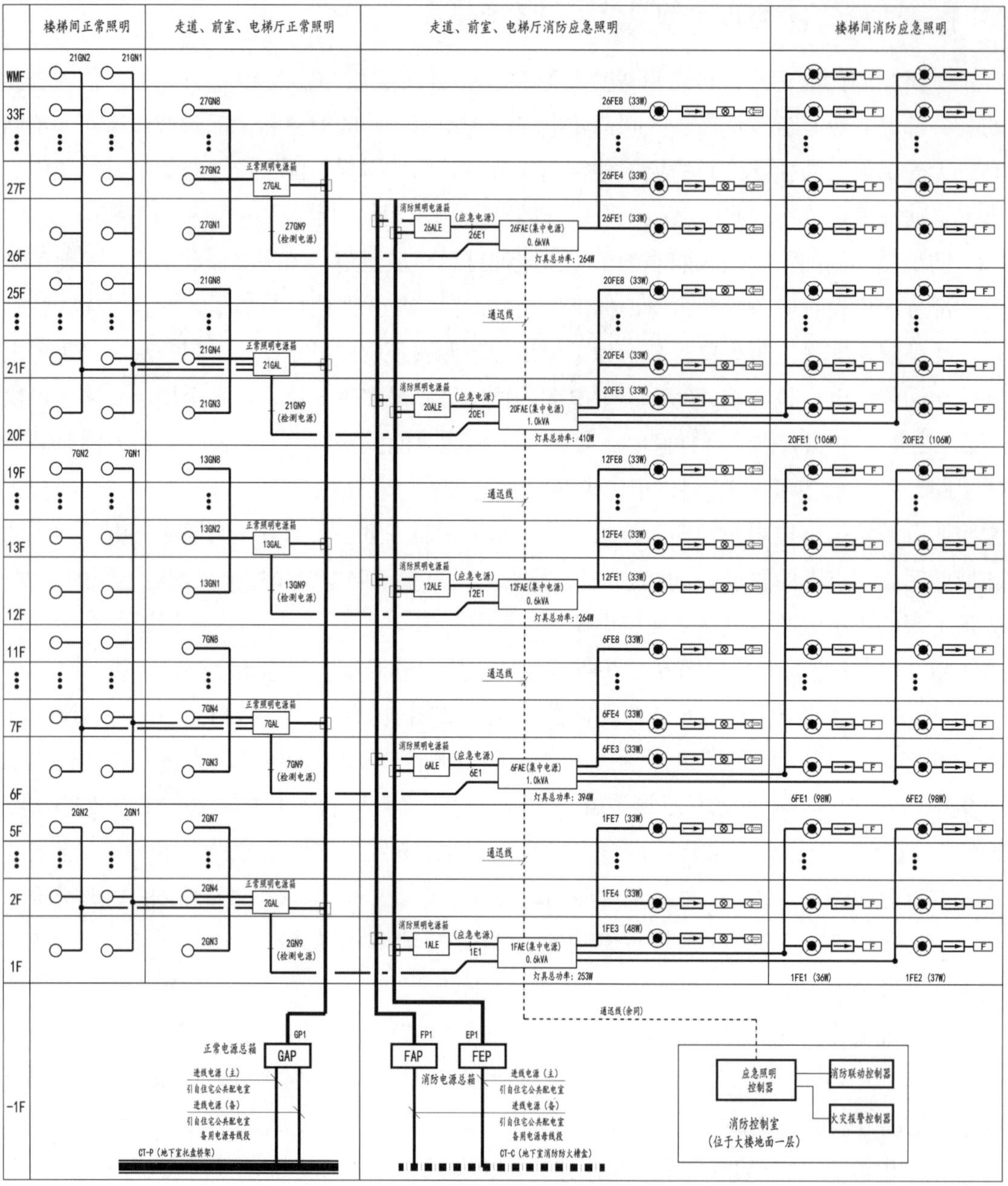

序号	图例	名称	安装	序号	图例	名称	安装
1		应急照明控制器	落地安装	5		楼层标志灯（A型）	底边距地2.2m挂装
2		集中电源（A型）	底距地1.2m挂装	6		方向标志灯（A型）	底边距地0.5m挂装
3		集中电源疏散照明灯（A型）	吸顶安装	7		双面方向标志灯（A型）	底边距地2.5m挂装
4		疏散出口标志灯（A型）	门框上方0.2m挂装	8			

图 6.2.10　集中电源集中控制型消防应急照明和疏散指示系统示意图

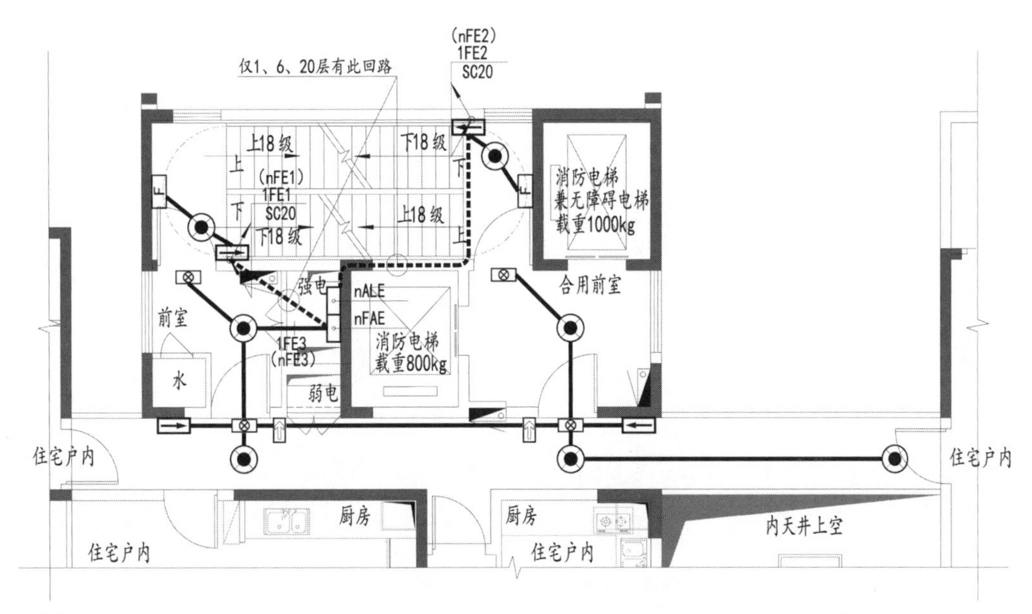

序号	图例	名称	安装	序号	图例	名称	安装
1	▭	消防照明电源箱	底距地1.2m挂装	5	F	楼层标志灯（A型）	底边距地2.2m挂装
2	▭	集中电源(A型)	底距地1.2m挂装	6	→	方向标志灯（A型）	底边距地0.5m挂装
3	⊙	集中电源疏散照明灯（A型）	吸顶安装	7	⇦	双面方向标志灯（A型）	底边距地2.5m挂装
4	⊗	疏散出口标志灯（A型）	门框上方0.2m挂装	8			

图 6.2.11　设置剪刀梯的高层住宅建筑公共部分消防应急照明平面布置示意图

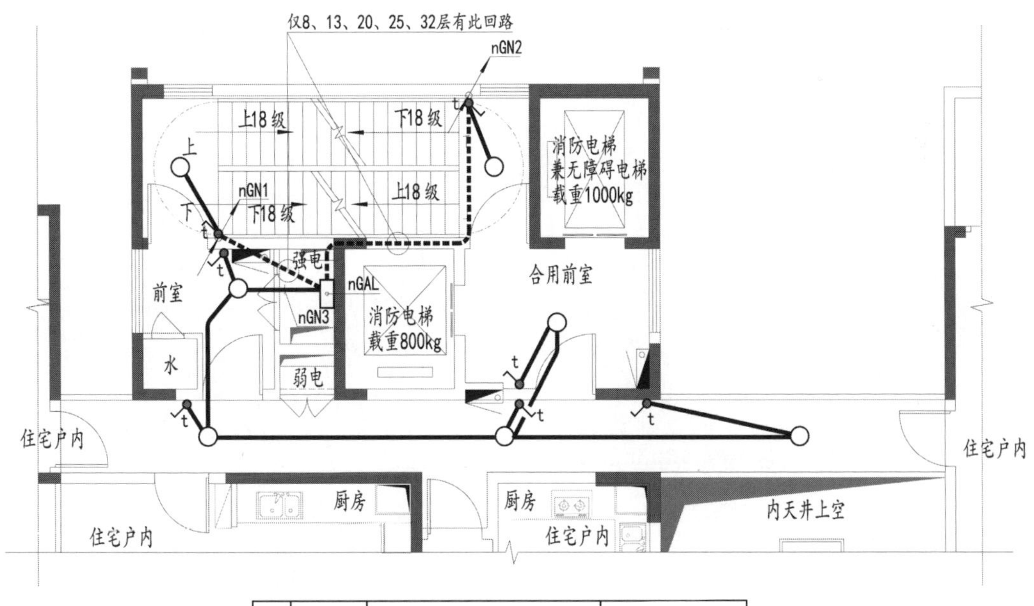

序号	图例	名称	安装
1	▭	公共照明配电箱	底距地1.2m挂装
2	○	正常照明灯具	吸顶安装
3	↗t	节能自熄暗开关	底边距地1.3m

图 6.2.12　设置剪刀梯的高层住宅建筑公共部分正常照明平面布置示意图

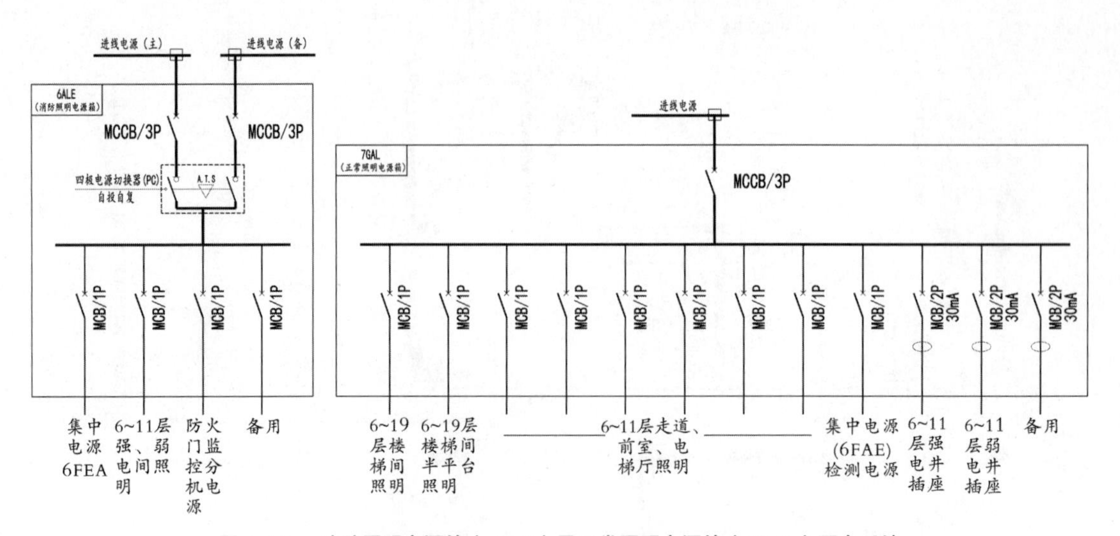

图 6.2.13　消防照明电源箱（6ALE）及正常照明电源箱（7GAL）配电系统

第七章 公共建筑

DIQIZHANG
GONGGONG JIANZHU

公共建筑是除住宅建筑外的民用建筑，可分为宿舍建筑、旅馆建筑、老年人照料设施、办公建筑、商店建筑、医疗建筑、观演建筑、教育建筑、博览建筑、会展建筑、金融建筑、体育建筑等，种类繁多，限于篇幅，不能一一介绍论述，只能针对老年人照料设施和步行街等设计难度较大以及办公建筑、教育建筑、医疗建筑、旅馆建筑等常见的典型设计加以介绍论述。

第一节　老年人照料设施

一　老年人照料设施的形式和功能分类

老年人照料设施属于人员密集场所的公共建筑，是指床位总数（可容纳老年人总数）大于或等于 20 床（人），为老年人提供集中照料服务的公共建筑，包括老年人全日照料设施和老年人日间照料设施。其他专供老年人使用的、非集中照料的设施或场所，如老年大学、老年活动中心等不属于老年人照料设施。根据建造形式的不同，包括 3 种形式，如表 7.1.1 所示。对于规模大的老年人照料设施内部场所功能齐全，包括配套用房、文娱与健身用房、生活用房、康复与医疗用房、管理服务用房等，各用房的配置如表 7.1.2 所示。

表 7.1.1　老年人照料设施的形式

序号	老年人照料设施形式
1	独立建造的整栋大楼
2	与其他建筑组合建造的部分建筑
3	设置在其他建筑内的老年人照料设施

表 7.1.2　规模较大的老年人照料设施内部场所分类

配套用房	文娱与健身用房	生活用房	康复与医疗用房	管理服务用房
消防控制室、消防水泵房、生活水泵房、空调机房、电梯机房、变配电房、配电小间等	活动室、棋牌室、健身房等	居室、休息室等	医务室、心理咨询室、治疗室等	洗衣房、厨房、办公室等

二　疏散照明照度的要求

对于规模大的老年人照料设施，所有场所疏散照明地面水平最低照度不应低于 10.0 lx 的要求是不合理的。管理服务用房属于工作人员的场所，而老年人不涉及，因此不设置疏散照明是合理的。配套用房的消防控制室、消防水泵房、变配电室等，为了保证火灾时能坚持工作，设置疏散照明地面水平最低照度不低于 1.0 lx。生活泵房、配电小间等可不设置疏散照明。老年人照料设施在下列场所的疏散照明地面水平最低照度不低于 10.0 lx：避难间、楼梯间、前室或合用前室、避难走道。

对于规模小的老年人照料设施，要求所有场所疏散照明地面水平最低照度不应低于10.0 lx。由于老年人视力下降、身体机能下降等原因导致逃生能力下降，因此有必要适当提高疏散照度。老年人照料设施的疏散照明设置在建筑的各部位且疏散照明场所的地面水平最低照度可按表 7.1.3 设置。

表 7.1.3　各场所疏散照明照度值

场所	地面水平最低照度
疏散走道、过道	10.0 lx
前室、合用前室、楼梯间、避难间	
卫生间、健身房、公共休息室、棋牌室、阅览或网络室、书画室、公共餐厅等	
变配电房、消防水泵房、消防控制室	1.0 lx

三　集中电源容量的确定

由于老年人照料设施必须设置火灾自动报警系统，因此应急照明系统常常采用分散设置的 A 型集中电源集中控制型系统，当集中电源采用铅酸蓄电池时，其容量计算和持续供电时间的确定如表 7.1.4。

表 7.1.4　集中电源供电持续工作时间及容量计算

火灾状态下，系统应急启动后，主电源断电时，蓄电池电源供电所需的持续工作时间 t_1	非火灾状态下，主电源断电时，灯具持续应急点亮时间 t_2	蓄电池电源供电时的持续工作时间 $t=t_1+t_2$	集中电源额定功率 P（W）
60 min (1.0 h)	30 min（0.5 h）	90 min (1.5 h)	$P=3.12P_1$

注：1　P_1 为消防应急灯具总功率（W）。
　　2　t_2 为建议值且不应大于 30 min。

四　工程案例分析

常见的设计方案为独立建造的建筑高度大于 24 m 的老年人照料设施，属于一类高层公共建筑。以 9 层老年人照料设施为例，标准层为 32 间自带卫生间的居室，当居室过道和卫生间均设置一盏 5W 的疏散照明灯时，居室的疏散照明总功率为 320W，由于分散设置的集中电源容量不应大于 1kW，因此设置一台集中电源已经无法满足一个标准层疏散照明的需求。需要设置 2 台集中电源，当一台集中电源仅服务于居室的疏散照明，另一台集中电源服务于公共走道、前室、合用前室、避难间的疏散照明时，集中电源可检测各自正常照明层配电箱的电源状态，平面及系统如图 7.1.1 ～图 7.1.4。当两台集中电源既有供电给居室疏散照明，又有供电给公共部分的疏散照明时，每台集中电源均应检测居室用电

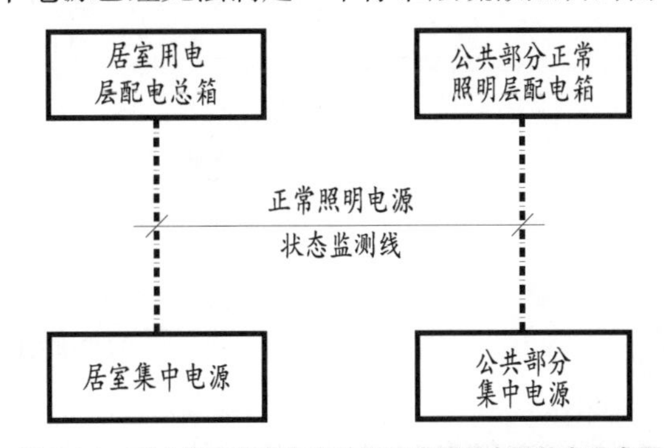

图 7.1.1　两台集中电源各自监测正常照明电源状态示意图

层配电总箱和公共部分正常照明层配电箱，平面及系统如图 7.1.5 ～图 7.1.8。

为了提高避难间疏散照明的可靠性，避免居室、疏散走道等疏散照明线路发生故障影响避难间的疏散照明，避难间的疏散照明宜采用单独回路供电。同时为了避免多功能厅、餐厅、居室等任何一个功能房间疏散照明的回路故障影响疏散走道的应急照明，疏散走道的应急照明采用单独供电回路是非常有必要的。某层局部应急照明平面示意图如图 7.1.9，各配电箱之间关系框图如图 7.1.10。

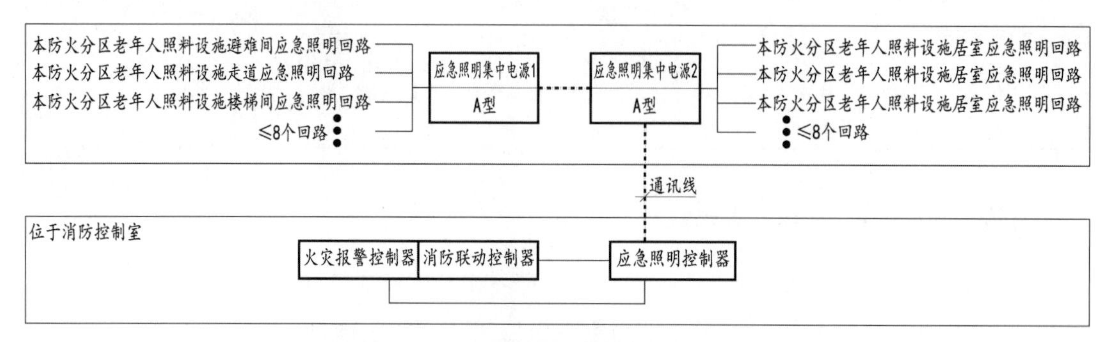

图 7.1.2 集中电源输出配电回路示意图（一）

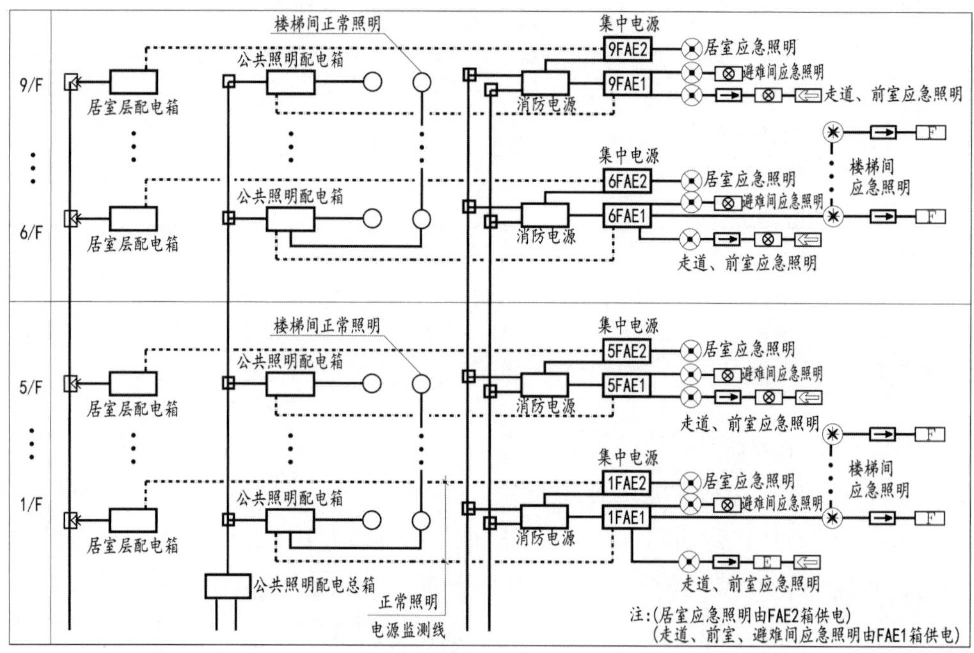

图例	说明
	集中电源疏散照明灯（A型）
	集中电源疏散照明灯（A型）（楼梯间）
	方向标志灯（A型）
	安全出口标志灯（A型）
	疏散出口标志灯（A型）
	多信息复合标志灯（A型）
	楼层标志灯
○	正常照明灯具

图 7.1.3 正常照明和应急照明的供电系统示意图（一）

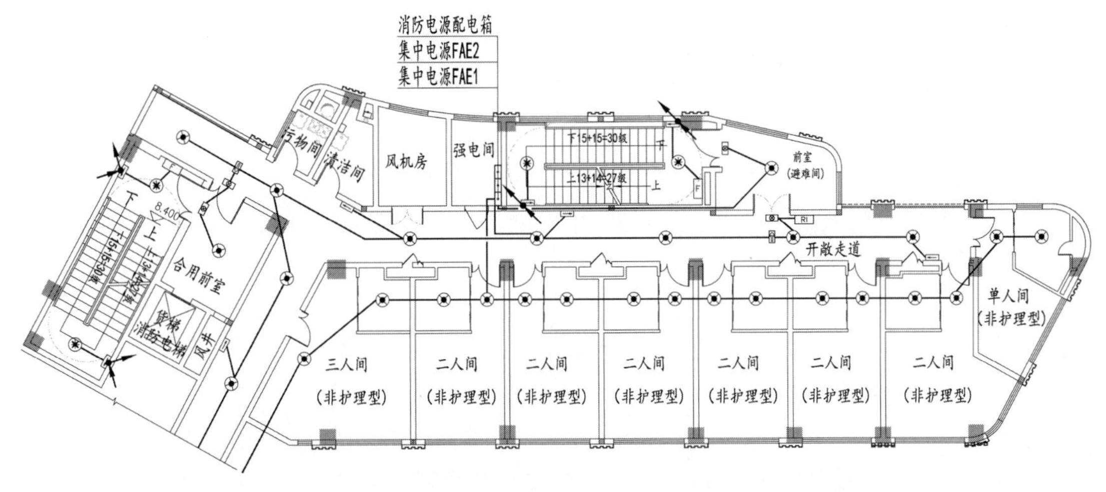

图例	说明
⊗	集中电源疏散照明灯（A型）
⊛	集中电源疏散照明灯（A型）（楼梯间）
←	方向标志灯（A型）
E	安全出口标志灯（A型）
⊙	疏散出口标志灯（A型）
⊏	多信息复合标志灯（A型）
F	楼层标志灯
RI	避难间入口标志

图 7.1.4　应急照明平面示意图（一）

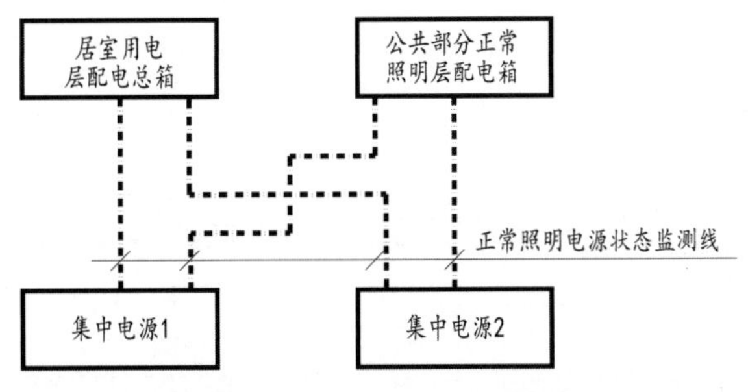

图 7.1.5　两台集中电源均监测层正常照明电源状态示意图

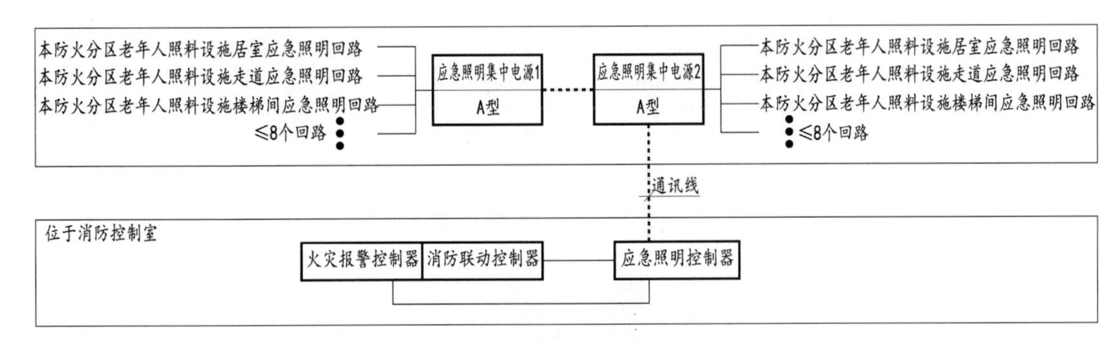

图 7.1.6　集中电源输出配电回路示意图（二）

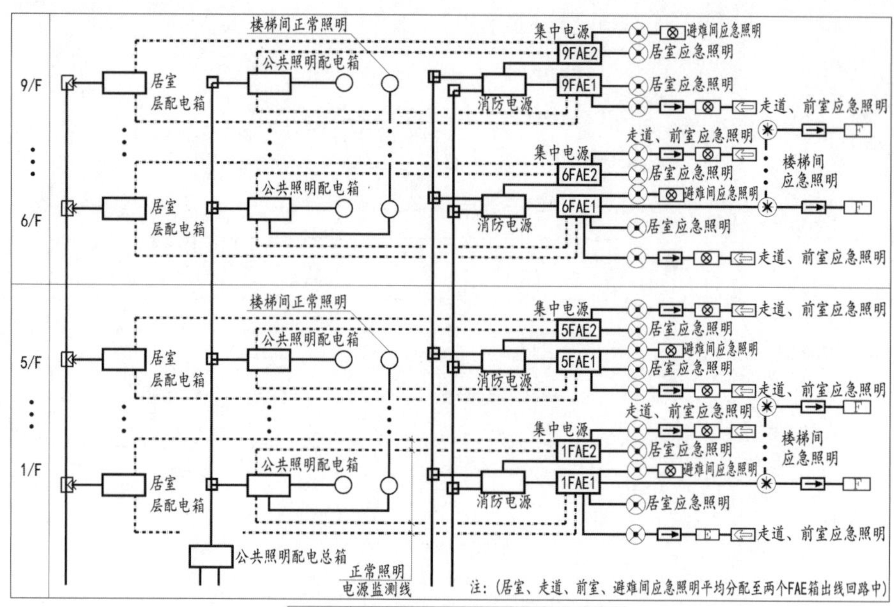

图例	说明
	集中电源疏散照明灯(A型)
	集中电源疏散照明灯(A型)(楼梯间)
	方向标志灯(A型)
	安全出口标志灯(A型)
	疏散出口标志灯(A型)
	多信息复合标志灯(A型)
	楼层标志灯
	正常照明灯具

图 7.1.7 正常照明和应急照明的供电系统示意图(二)

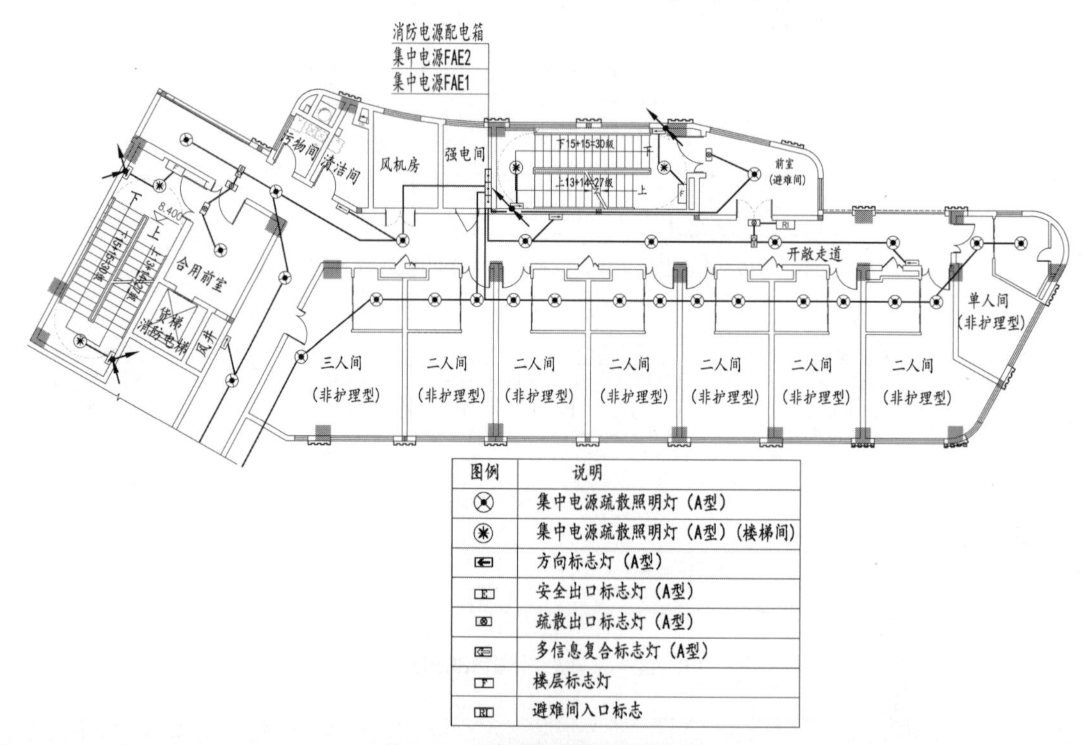

图例	说明
	集中电源疏散照明灯(A型)
	集中电源疏散照明灯(A型)(楼梯间)
	方向标志灯(A型)
	安全出口标志灯(A型)
	疏散出口标志灯(A型)
	多信息复合标志灯(A型)
	楼层标志灯
	避难间入口标志

图 7.1.8 应急照明平面示意图(二)

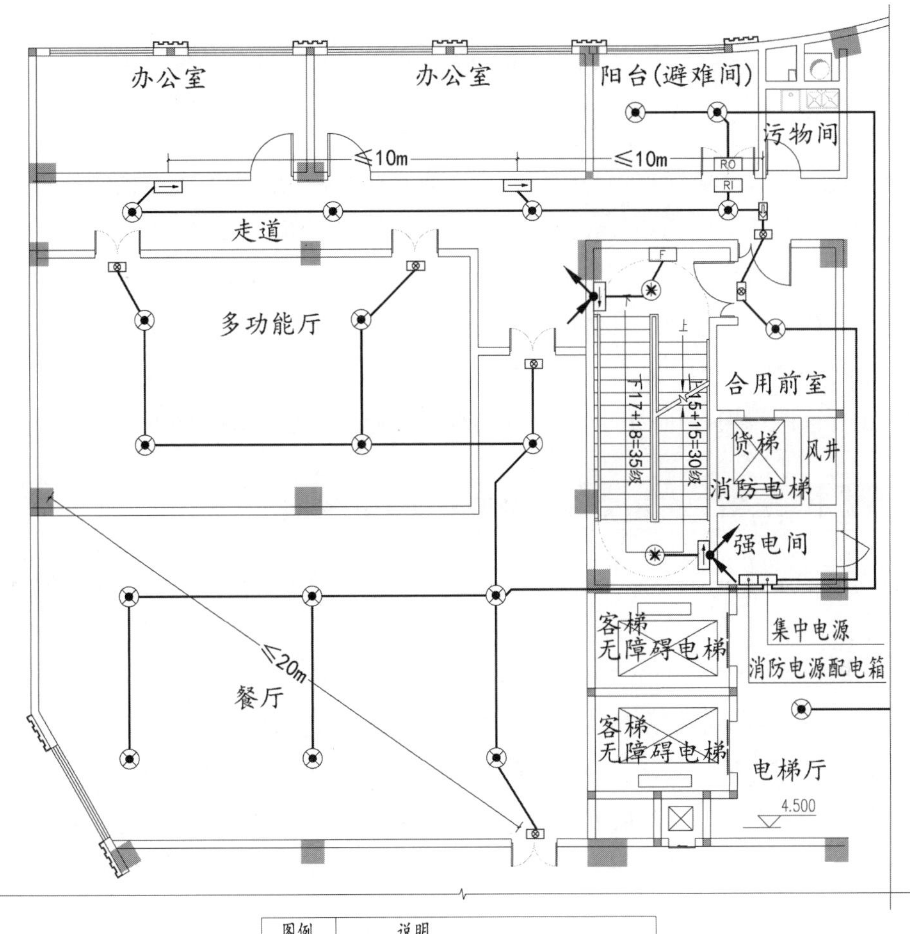

图例	说明
⊗	集中电源疏散照明灯（A型）
⊛	集中电源疏散照明灯（A型）（楼梯间）
←	方向标志灯（A型）
E	安全出口标志灯（A型）
⊗	疏散出口标志灯（A型）
⇐	多信息复合标志灯（A型）
F	楼层标志灯
RI	避难间入口标志
RO	避难间出口标志

图 7.1.9　应急照明平面示意图（三）

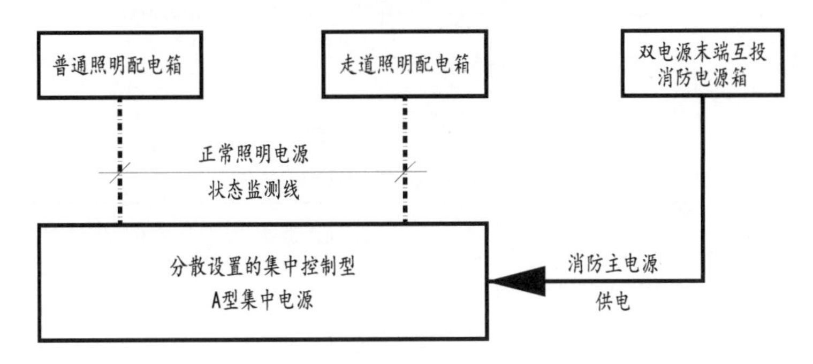

图 7.1.10　集中电源、普通照明配电箱、走道照明配电箱、双电源末端互投消防电源箱之间关系框图

第二节　室内商业步行街

室内商业步行街常常简称为步行街，由布置在步行街街道及其上空两侧且直接面向共享空间、建筑面积不大于 500 m^2 的餐饮场所（厨房）或建筑面积不大于 300 m^2 的其他商业经营场所，以及设置在步行街街道顶部的连续采光顶棚所构成的建筑空间，一般位于大型商业综合体内，用于连通综合体内购物、餐饮、娱乐等商业经营场所，并形成大型室内共享空间。其主要特征为：零售、餐饮和娱乐等中小型商业设施或商铺通过有顶棚的步行街连接，步行街两端均有开放的出入口并具有良好的自然通风或排烟条件。

一　集中电源容量的确定和疏散照明照度的要求

步行街常常是建筑面积大、由多个防火分区组成，每个防火分区均设置有配电间，配电间内一般设置有商铺配电计量箱、公共场所用电配电箱、空调用电配电箱、自动扶梯用电配电箱、双电源末端互投消防电源箱、集中电源等，双电源末端互投消防电源箱主要为集中电源、防火卷帘等消防设备供电；商铺配电计量箱主要为每间商铺配电箱供电，每间商铺均设置有专用商铺配电箱，公共场所用电配电箱主要为除商铺外的楼梯间、前室、走道、步行街街道等公共场所的照明等供电。步行街属于人员密集场所，当集中电源采用铅酸蓄电池时，其容量计算和持续供电时间的确定如表 7.2.1，各场所疏散照明地面最低水平照度值的确定如表 7.2.2。

表 7.2.1　集中电源供电持续时间及容量计算

场所	火灾状态下，系统应急启动后，主电源断电时，蓄电池电源供电所需的持续工作时间 t_1	非火灾状态下，主电源断电时，灯具持续应急点亮时间 t_2	蓄电池电源供电时的持续工作时间 $t=t_1+t_2$	集中电源功率 P(W)
总建筑面积＞10 万平方米的商业建筑	60 min (1.0 h)	30 min（0.5 h)	90 min (1.5 h)	$P=3.12P_1$
总建筑面积≤10 万平方米的商业建筑	30 min (0.5 h)		60 min (1.0 h)	$P=2.08P_1$

注：1　P_1 为消防应急灯具总功率（W）。
　　2　t_2 为建议值且不应大于 30 min。

表 7.2.2　各场所疏散照明照度值

场所	地面水平最低照度
步行街街道及商铺内	3.0 lx
楼梯间、前室或合用前室、避难走道	10.0 lx

二　应急照明的点亮方式

步行街正常设置有集中或控制中心火灾自动报警系统，常常采用分散设置的 A 型集中电源集中控制型应急照明系统，在非火灾状态下，商铺的正常照明电源断电后非持续型照明灯的光源必须应急点亮、持续型灯具的光源必须由节电点亮模式转入应急点亮模式，即使集中电源的主电源没有断电，正常照明电源因线路发生短路等故障断电也应连锁控制非持续型照明灯的光源应急点亮、持续型灯具的光源由节电点亮模式转入应急点亮模式。集中控制型集中电源不仅要对公共场所用电配电箱电源状态进行监测，而且还要对商铺正常照明电源状态进行监测，一旦正常照明失电，应急照明必须自动点亮，对于公共场所正常照明电源状态的监测，只要监测公共场所用电配电箱电源状态即可，一旦公共场所用电配电箱失电，相应的集中电源自动点亮其供电范围内的商铺和步行街街道等所有疏散照明灯具以及标志灯。对商铺正常照明电源状态的监测，由于商铺多，一般有三种监测方案，第一种方案是集中控制型集中电源监测商铺配电计量箱电源状态，一旦商铺配电计量箱失电，相应的集中电源自动点亮其供电范围内的商铺和步行街街道等所有疏散照明灯具以及标志灯，但是无法解决单个商铺因线路发生短路等故障造成商铺配电箱断电，正常照明失电无法自动点亮应急照明的问题如图 7.2.1。第二种方案是集中控制型集中电源监测所有商铺配电箱的电源状态，只要任何一个商铺配电箱失电，相应的集中电源就自动点亮其供电范围内的商铺和步行街街道等所有疏散照明灯具以及标志灯，由于集中控制型集中电源必须对所有商铺配电箱的电源状态进行检测，虽然解决了单个商铺因线路发生短路等故障造成商铺配电箱断电，正常照明失电无法自动点亮应急照明的问题，但是设计复杂，造价高，维护难，特别是商铺一般都有二次装修，对电源很难管控，采用商铺配电箱电源直接引至集中控制型集中电源进行监控，业主更是难以接受，因此在实际工程项目中很少采用如图 7.2.2。第三种方案是集中控制型集中电源监测商铺配电计量箱电源状态，步行街两侧建筑的商铺设置 AC220V 自带蓄电池照明灯具（非消防应急照明）且蓄电池持续供电时间不小于 0.5 h，并由商铺配电箱供电，一旦商铺配电箱失电，自带蓄电池照明灯具自动点亮，可以理解为正常照明还未停电可以不需要联动点亮应急照明，设计简单，造价低，也能保证安全如图 7.2.3。

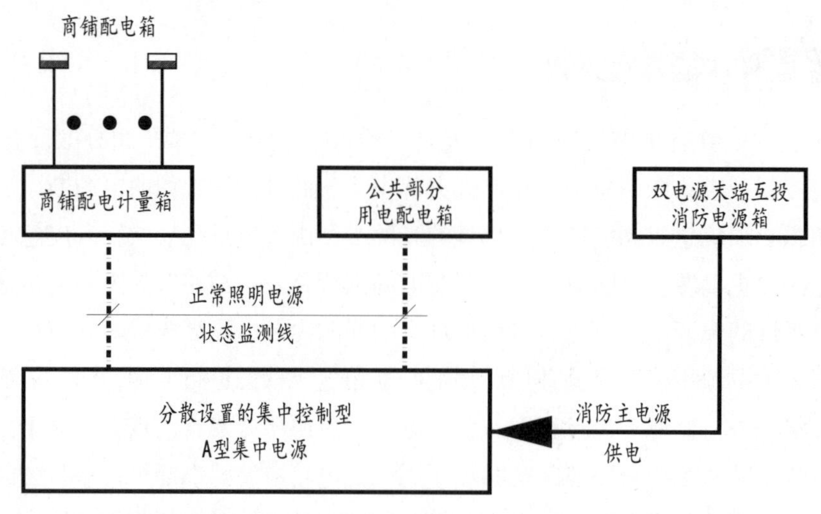

图 7.2.1　集中电源、商铺配电计量箱、公共场所用电配电箱、双电源末端互投消防电源箱之间关系框图

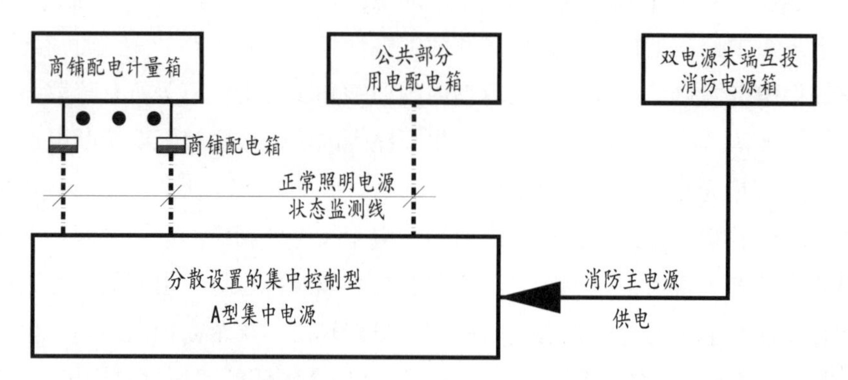

图 7.2.2　集中电源、商铺配电箱、公共场所用电配电箱、双电源末端互投消防电源箱之间关系框图

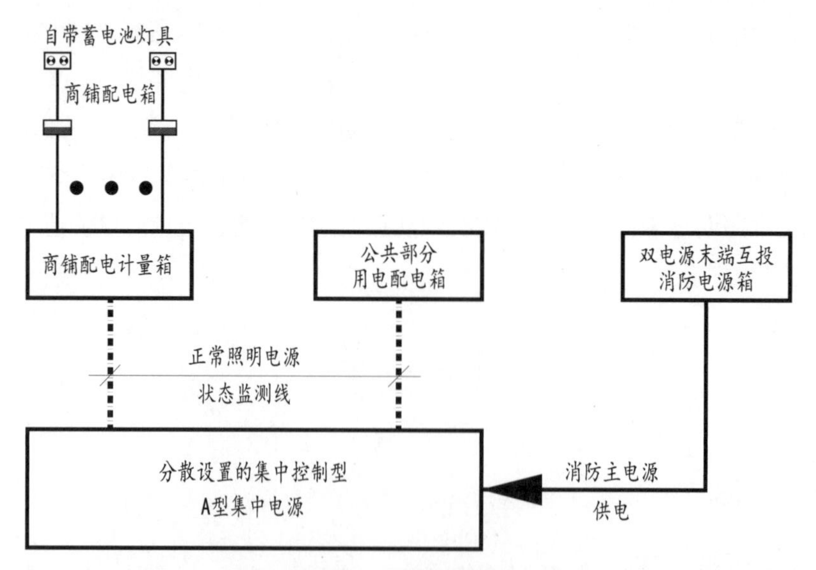

图 7.2.3　集中电源、商铺配电计量箱、商铺自带蓄电池灯具、公共场所用电配电箱、双电源末端互投消防电源箱之间关系框图

三 应急照明的设置要求

疏散照明和疏散指示标志需满足下列要求：

（1）商铺不论面积大小均需设置疏散照明和疏散指示标志。

（2）步行街街道需设置疏散照明和疏散指示标志，地面上需设置能保持视觉连续的灯光疏散指示标志，间距不应大于 3 m，不得采用蓄光疏散指示标志。

四 集中电源输出配电回路的设计

集中电源输出配电回路的设计需满足下列要求：

（1）步行街街道、商铺的疏散照明和疏散指示标志应采用各自独立配电回路。

（2）步行街街道地面上设置的能保持视觉连续的灯光疏散指示标志应采用独立配电回路，配电线路和通信线路应选择耐腐蚀橡胶线缆。

（3）安装在步行街街道距地高度大于 8 m 的疏散照明灯具可采用 B 型灯具，当距地高度大于 12 m 的疏散照明灯具采用 AC220V 的 B 型灯具时，其配电回路应设置具有探测故障电弧功能的电气火灾监控探测器。

（4）A 型灯具由 A 型集中电源供电，B 型灯具由 B 型集中电源供电；B 型灯具的电源线和通信线应各自独立穿管敷设，不得共管敷设。

（5）除地面上设置的灯具外，系统的配电线路和通信线路宜选择低烟无卤阻燃耐火线缆，线缆燃烧性能选用燃烧性能不低于 B_1 级、产烟毒性不低于 tl 级（地下室为 t0）、燃烧滴落物 / 微粒等级不低于 dl 级（地下室为 d0）。

疏散照明和疏散指示标志平面布置示意图，如图 7.2.4，集中电源输出回路配电系统如图 7.2.5。

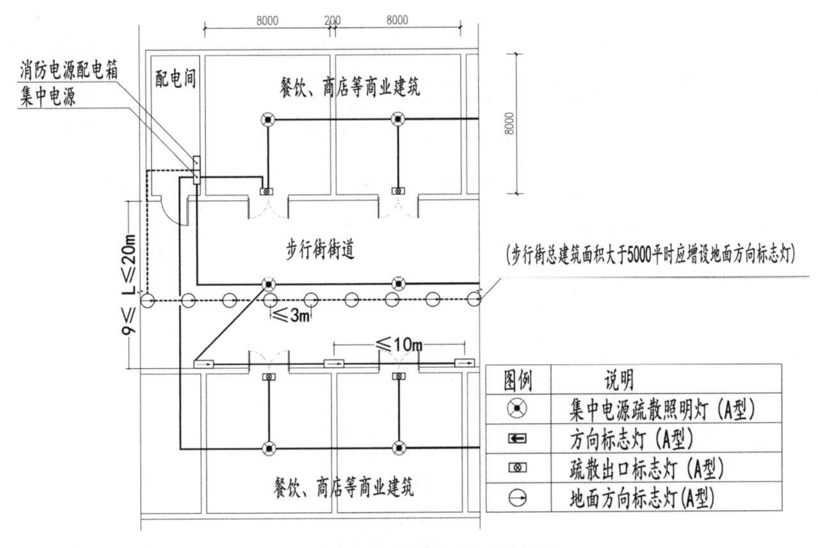

图 7.2.4　应急照明平面示意图

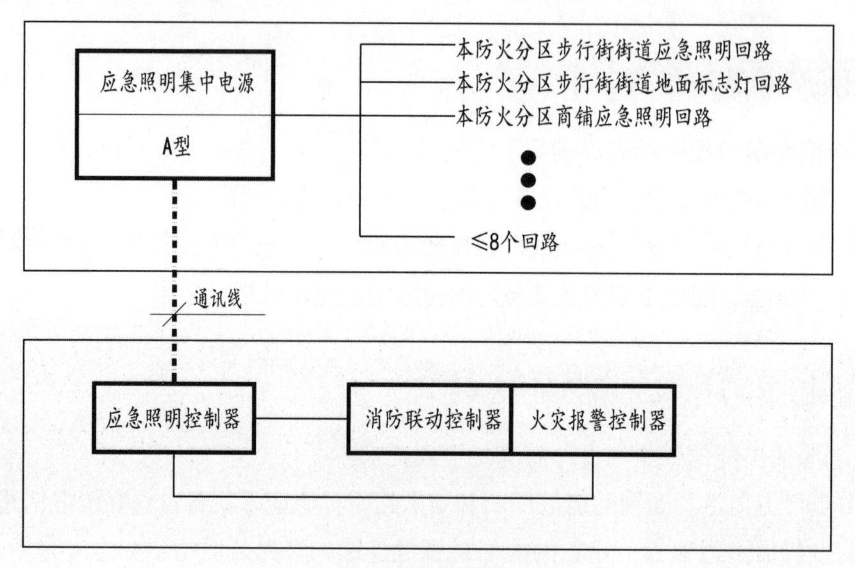

图 7.2.5　集中电源输出配电回路示意图

第三节　办公建筑

一　办公建筑的分类和功能的划分

随着社会经济的发展，办公建筑的使用性质、管理模式、建设规模和标准发生了巨大变化，政府办公楼、单位办公楼、商务写字楼等各种形式的办公建筑层出不穷，因此办公建筑所组成的各类用房也有所不同，一般由办公室用房、公共用房、服务用房和设备用房等组成。办公建筑根据建筑高度可分为单、多层办公建筑，高层办公建筑，超高层办公建筑。高层办公建筑又可分为一类高层办公建筑、二类高层办公建筑，当建筑高度大于 100 m 时常常称为超高层办公建筑，如表 7.3.1。办公用房包括普通办公室和专用办公室。公共用房包括会议室、对外办事厅、接待室、陈列室、公用厕所、开水间、健身场所等。服务用房包括一般性服务用房和技术性服务用房。一般性服务用房为档案室、资料室、图书阅览室、员工更衣室、员工餐厅、厨房、卫生管理设施间、快递储物间、变配电房、水泵房、电梯机房、空调机房等。技术性服务用房为消防控制室、电信运营商机房、电子信息机房、打印机房、晒图室等。

表 7.3.1　办公建筑的分类

名称	高层办公建筑		单、多层办公建筑
	一类	二类	
办公建筑	1. 建筑高度大于 50 m 2. 建筑高度大于 24 m 的重要办公建筑	建筑高度大于 24 m 且不大于 50 m 的一般办公建筑	建筑高度不大于 24 m 的其他办公建筑

二　负荷等级的划分

办公建筑的电气设计方案与负荷等级密切相关，办公建筑的负荷等级如表 7.3.2。

表 7.3.2　办公建筑负荷等级划分表

负荷等级	用电负荷名称
一级负荷	建筑高度超过 100 m 的办公建筑主要通道照明、一类高层办公建筑的消防负荷
二级负荷	省部级行政办公建筑主要通道照明、一类高层 / 二类高层办公建筑主要通道照明、二类高层办公建筑的消防负荷、室外消防用水量超过 25L/s 的多层办公建筑的消防负荷
三级负荷	多层办公建筑以及不属于一级、二级负荷的场所

注：150 m 及以上的超高层办公建筑的消防负荷应为特级。

三　应急照明设置部位和疏散照明照度的要求及集中电源容量的确定

办公建筑一般在公共走道、楼梯间、前室、避难层、门厅、餐厅、建筑面积超过 400 ㎡的办公大厅、会议室等人员密集的场所设置应急照明。对于未设置火灾自动报警系统的办公建筑，一般采用灯具自带蓄电池 A 型应急照明配电箱非集中控制型系统，火灾应急连续供电时间为 30 min，对于设置了火灾自动报警系统的办公建筑，一般采用分散设置的 A 型集中电源集中控制型系统，火灾应急连续供电时间可根据办公建筑的高度和规模确定，平时应急连续供电时间可为不小于 10 min 但不得大于 30 min, 当集中电源采用铅酸蓄电池时，其容量计算和连续供电时间的确定如表 7.3.3。办公建筑应急照明设置的部位及地面水平最低照度，如表 7.3.4。

表 7.3.3　集中电源供电持续时间及容量计算

场所	火灾状态下，系统应急启动后，主电源断电时，蓄电池电源供电所需的持续工作时间 t_1	非火灾状态下，主电源断电时，灯具持续应急点亮时间 t_2	集中电源蓄电池的持续供电时间 $t=t_1+t_2$	集中电源容量 $P=n\ P_1$
建筑高度＞100m 的办公建筑	90 min（1.5 h）	10 min（0.167h）	100 min(1.667h)	3.47 P_1
总建筑面积＞10 万平方米的办公建筑	60 min（1.0 h）		70 min(1.167h)	2.43P_1
其他办公建筑	30 min（0.5 h）		40 min(0.667h)	1.39 P_1

注：1　P_1 为消防应急灯具总功率（W）。
　　2　t_2 为建议值且不应大于 30 min。

表 7.3.4　办公建筑应急照明设置的部位或场所及其地面水平最低照度表

序号	设置部位或场所	地面水平最低照度
1	疏散楼梯间、疏散楼梯间的前室或合用前室、避难走道及其前室、避难层、避难间、消防专用通道	10.0 lx
2	建筑面积超过 400 ㎡的办公大厅、会议室；建筑面积大于 100 ㎡的地下或半地下公共活动场所；疏散走道、人员密集场所	3.0 lx
3	配电室、消防控制室、消防水泵房、自备发电机房等发生火灾仍需工作、值守的区域	1.0 lx

四 工程案例分析

1. 多层办公建筑

当未设置火灾自动报警系统的多层办公楼为整栋楼一个防火分区时，其楼梯间一般为敞开楼梯间，室外消防用水量不超过 25L/s，应急照明负荷等级为三级负荷，应急照明系统常常采用灯具自带蓄电池 A 型应急照明配电箱非集中控制型系统，由于敞开楼梯间内设置的应急照明灯具必须由灯具所在楼层或就近楼层的配电回路供电，因此楼梯间应急照明不应采用专用回路，而应与所在楼层走道应急照明共用同一回路。常见的设计方案有以下两种。

第一种方案是各层楼梯间、走道正常照明共用一个配电箱，疏散照明共用同一应急照明配电箱，配电干线系统示意图如图 7.3.1，配电系统示意图如图 7.3.3，其正常照明及应急照明平面示意图如图 7.3.4、图 7.3.5。

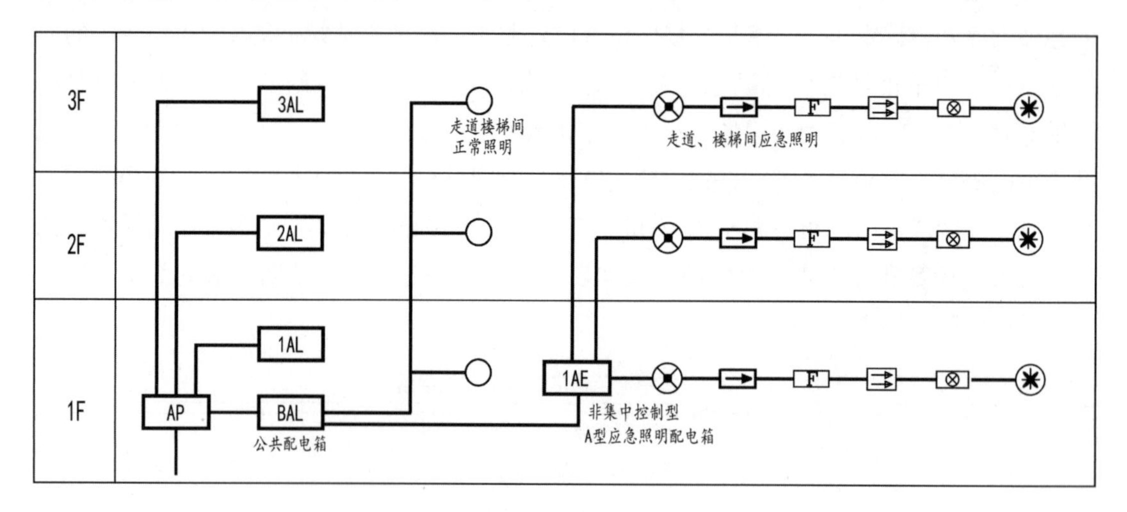

图例	说明
⊗	自带蓄电池灯具（A型）
✱	自带蓄电池灯具（A型）（楼梯间）
←	方向标志灯（A型）
⊗	疏散出口标志灯（A型）
⇉	双面方向标志灯（A型）
F	楼层标志灯
○	正常照明灯具

图 7.3.1　配电干线系统示意图（一）

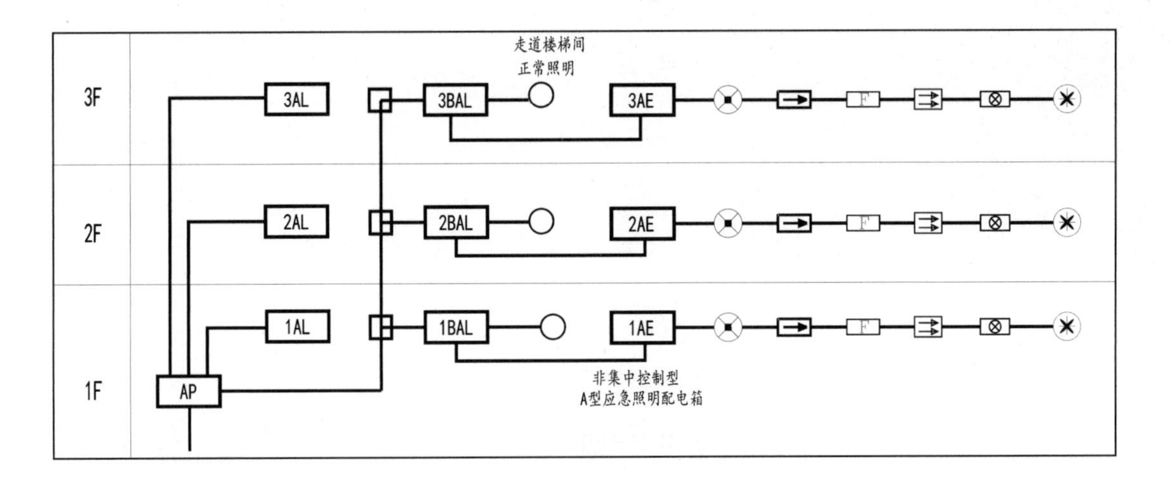

图例	说明
⊗	自带蓄电池灯具（A型）
⊛	自带蓄电池灯具（A型）（楼梯间）
←	方向标志灯（A型）
⊗	疏散出口标志灯（A型）
⇉	双面方向标志灯（A型）
F	楼层标志灯
○	正常照明灯具

图 7.3.2　配电干线系统示意图（二）

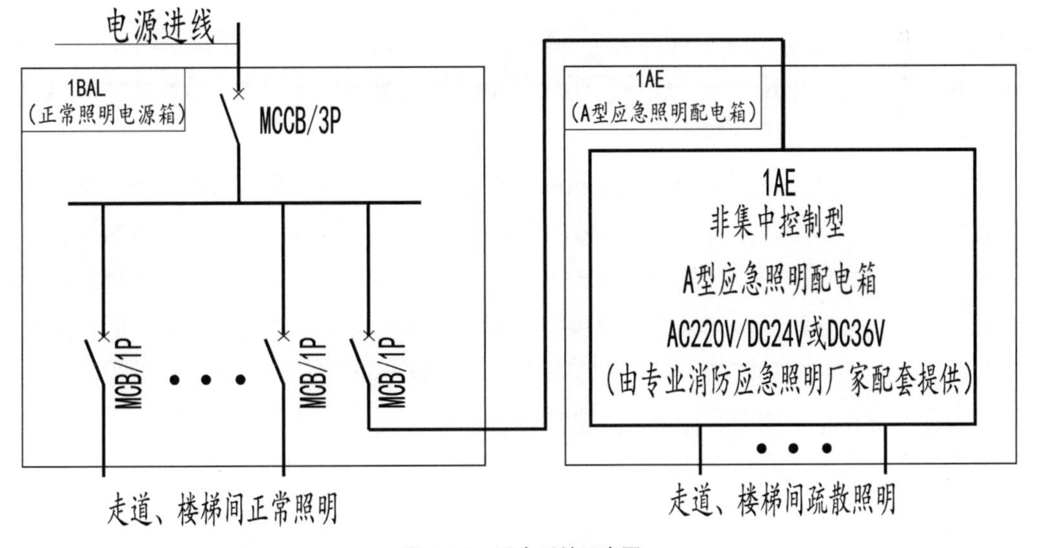

图 7.3.3　配电系统示意图

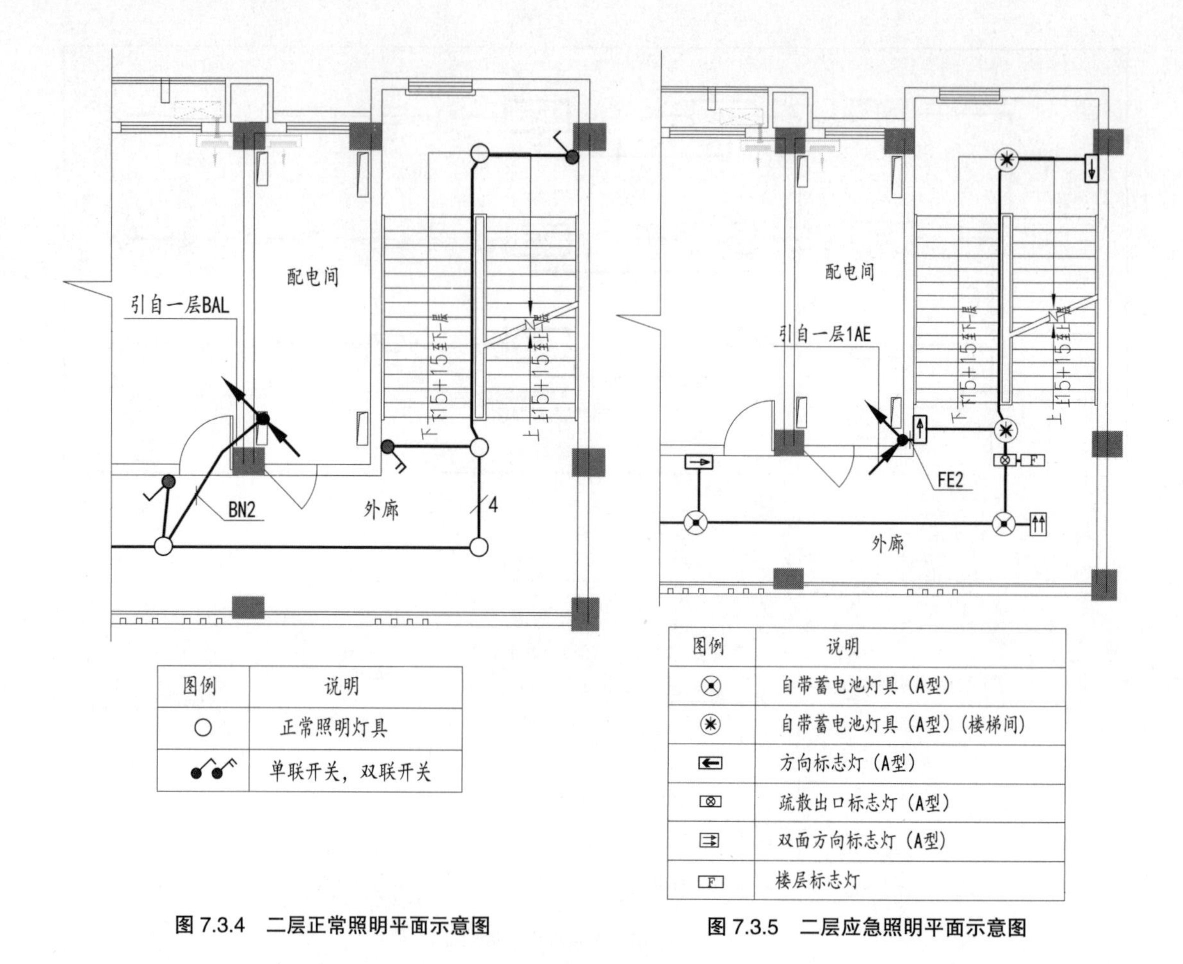

图 7.3.4　二层正常照明平面示意图

图 7.3.5　二层应急照明平面示意图

第二种方案是各层走道、楼梯间正常照明由层配电箱专路供电，疏散照明由各层应急照明配电箱供电，配电干线系统示意图如图 7.3.2，本方案同时适用于每层一个防火分区的多层办公楼。当市电停电时，应急照明配电箱的主电源将相应失电，疏散照明灯具自动转入自带蓄电池供电自动点亮。

由此可见，上述方案应急照明配电箱的主电源均与走道正常照明的配电箱供电范围是一致的，均为一一对应，只有这样才能保证供电给走道正常照明的配电箱停电时应急照明配电箱的主电源将相应停电，从而联动自带蓄电池疏散照明灯具自动点亮。如果楼梯间正常照明由一层正常照明配电箱采用垂直供电，那么只有一层正常照明失电时，应急照明灯具才会点亮，而当其他楼层的走道正常照明停电时，楼梯间的应急照明灯具是无法自动点亮的，因此设计正常照明时，楼梯间正常照明的供电必须与走道共用回路，不可以采用垂直供电。

2. 高层办公建筑

建筑高度不大于 100 m 的高层办公建筑一般设置有集中或控制中心火灾自动报警系统，常常采用分散设置的 A 型集中电源集中控制型应急照明系统，其主要通道照明及重要办公用电负荷等级为二级负荷，楼梯间为防烟楼梯间或封闭式楼梯间，防烟楼梯间的前室或合用前室内的应急照明灯具的供电回路可以与所在楼层走道共用同一回路，而防烟楼梯间、封闭楼梯间的应急照明灯具应单独设置配电回路。

当楼梯间应急照明回路均由同一楼层集中电源垂直供电时，楼梯间正常照明不可与楼层走道、前室共用配电回路，楼梯间正常照明必须由相应同一楼层公共照明配电箱垂直供电，同时供电的楼层必须与相应的集中电源一致，其配电干线系统示意图如图 7.3.6，配电系统示意图如图 7.3.7，正常照明平面示意图如图 7.3.8，应急照明平面示意图如图 7.3.9。

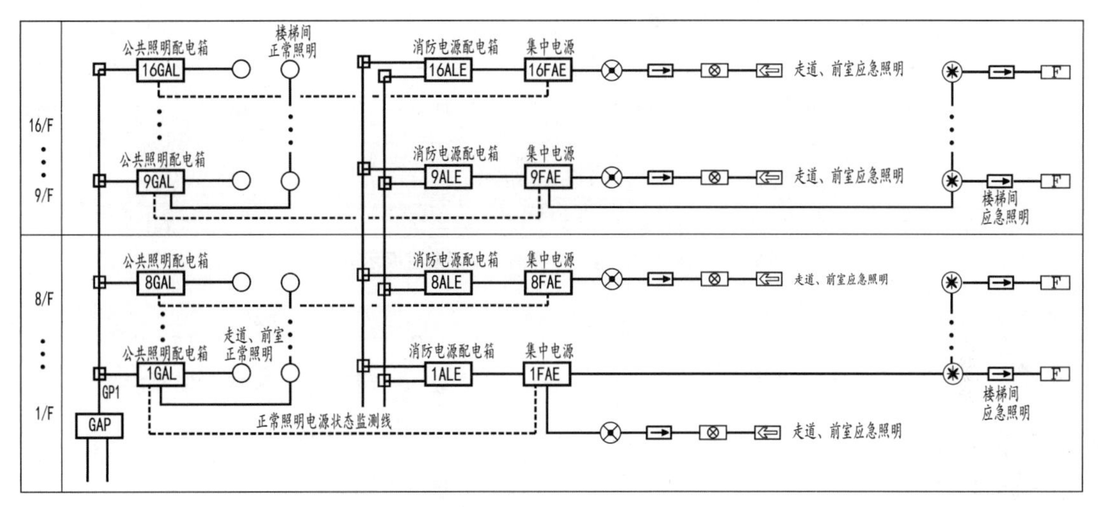

图例	说明
⊗	集中电源疏散照明灯（A型）
✱	集中电源疏散照明灯（A型）（楼梯间）
←	方向标志灯（A型）
⊗	疏散出口标志灯（A型）
⇄	双面方向标志灯（A型）
F	楼层标志灯
○	正常照明灯具

图 7.3.6　正常照明和应急照明的配电干线系统示意图

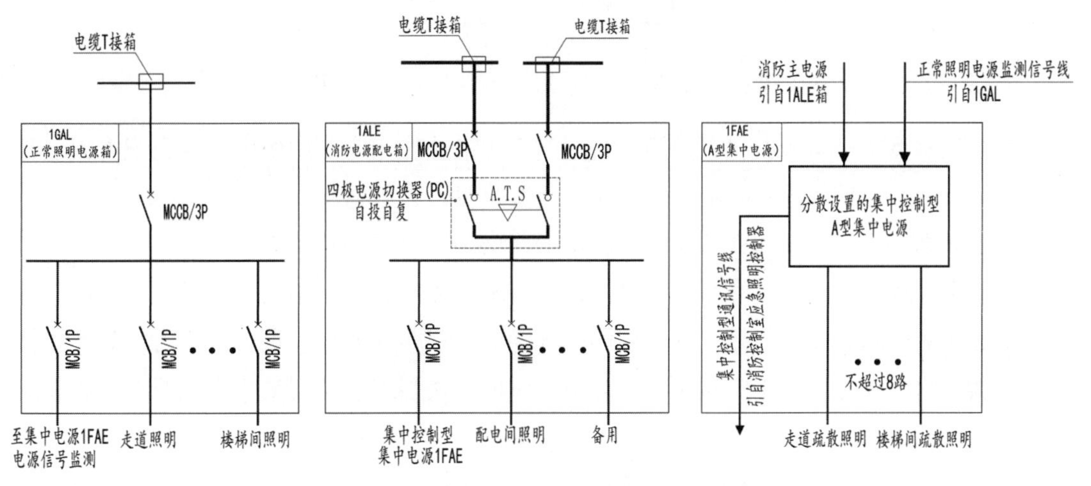

图 7.3.7　正常照明和消防电源、集中电源的配电系统示意图

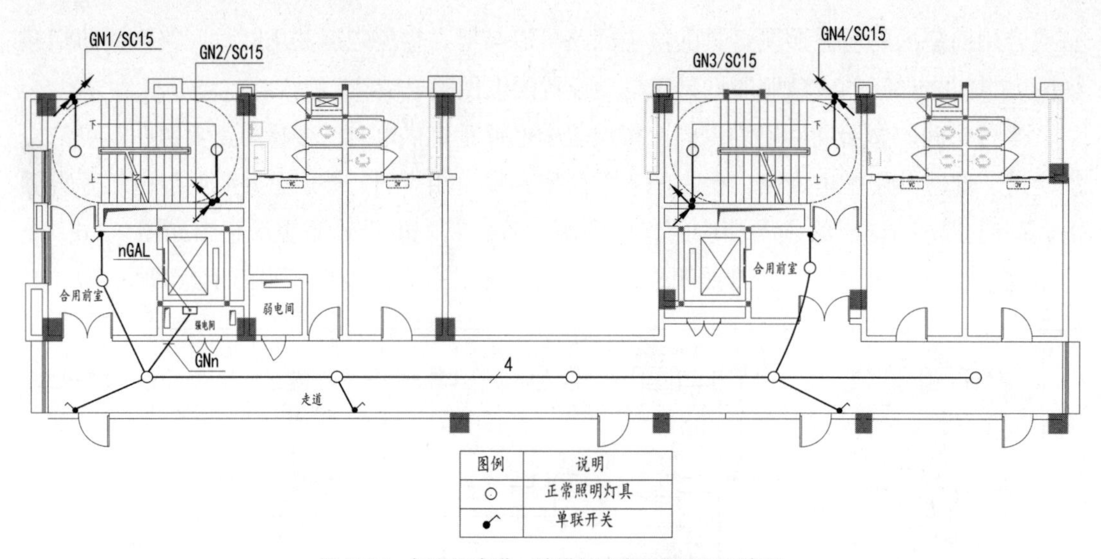

图 7.3.8 标准层走道、楼梯间正常照明平面示意图

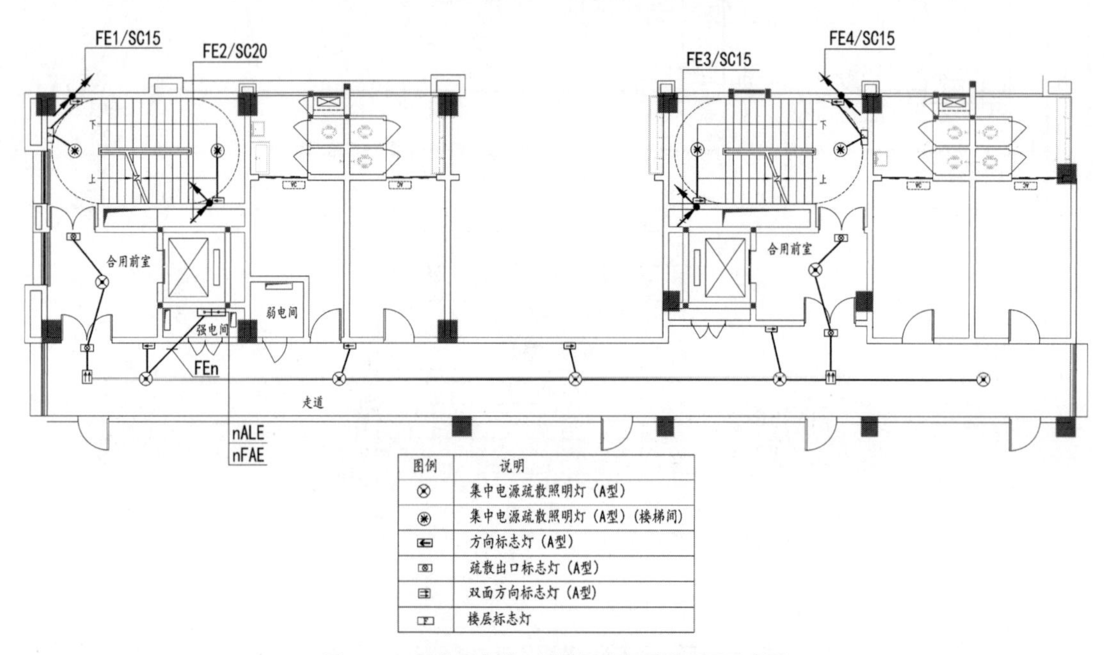

图 7.3.9 标准层走道、楼梯间应急照明平面示意图

集中控制型集中电源必须对走道、楼梯间等疏散路线正常照明供电的普通配电箱电源状态进行监测，一旦普通配电箱失电就联动疏散照明自动点亮。

由于防烟楼梯间或封闭式楼梯间的疏散照明必须由专用回路垂直供电，当正常照明的走道、前室、楼梯间共用正常照明回路时，只有本层楼梯间正常照明停电时，本层供电的集中电源才能检测到失电信号，该楼层的楼梯间应急照明才能自动点亮。而对于非本层集中电源供电的楼梯间即使正常照明停电，由于供电该楼层应急照明的集中电源未接收到失电信号，因此该楼层楼梯间应急照明将无法自动点亮，只有对各层的正常照明配电箱均设置电源监测线，才能保证自动点亮楼梯间的应急照明，势必增加了工程造价。

当楼梯间正常照明供电范围与集中电源供电范围一致且均采用垂直供电时，集中控制型集中电源只要监测相应楼层公共照明配电箱的电源信号就能实现疏散照明应急点亮，既节约了造价而且方便控制。

3. 建筑面积超过 400 m²的办公大厅、会议室等人员密集场所

办公建筑除在走道、前室、合用前室、楼梯间等设置应急照明外，建筑面积超过 400 m^2 的办公大厅、会议室等人员密集场所也必须设置应急照明。

1）采用 A 型集中电源集中控制型系统

对于设置了消防控制室的建筑或建筑群，一般采用分散设置的 A 型集中电源集中控制型系统。由于大开间办公室的二级照明用电应采用双重电源的两个低压回路交叉供电，平时可能只使用了一个低压配电回路的照明，另一个低压配电回路的照明未开启，从而造成一个低压配电回路的停电使整个场所一片漆黑，因此当照明采用两个低压回路交叉供电时，集中控制型应急照明系统必须同时检测这两个低压电源状态，任何一个低压配电回路停电均应自动点亮疏散照明，其配电干线系统示意图如图 7.3.10，正常照明与应急照明平面示意图如图 7.3.11、图 7.3.12。

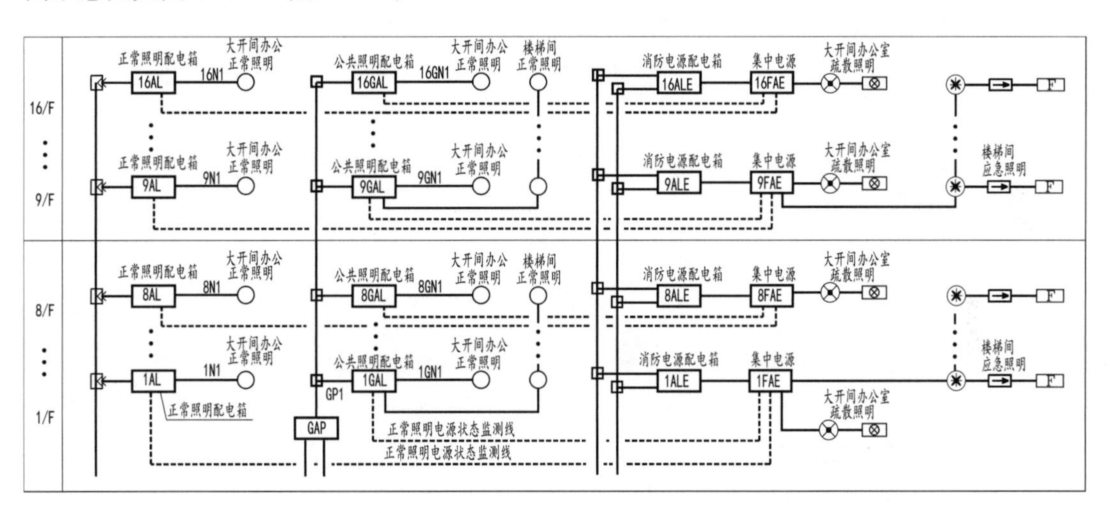

图例	说明
	集中电源疏散照明灯（A型）
	集中电源疏散照明灯（A型）（楼梯间）
	方向标志灯（A型）
	疏散出口标志灯（A型）
	楼层标志灯
	正常照明灯具

图 7.3.10　大开间办公的正常照明和应急照明的配电干线系统示意图

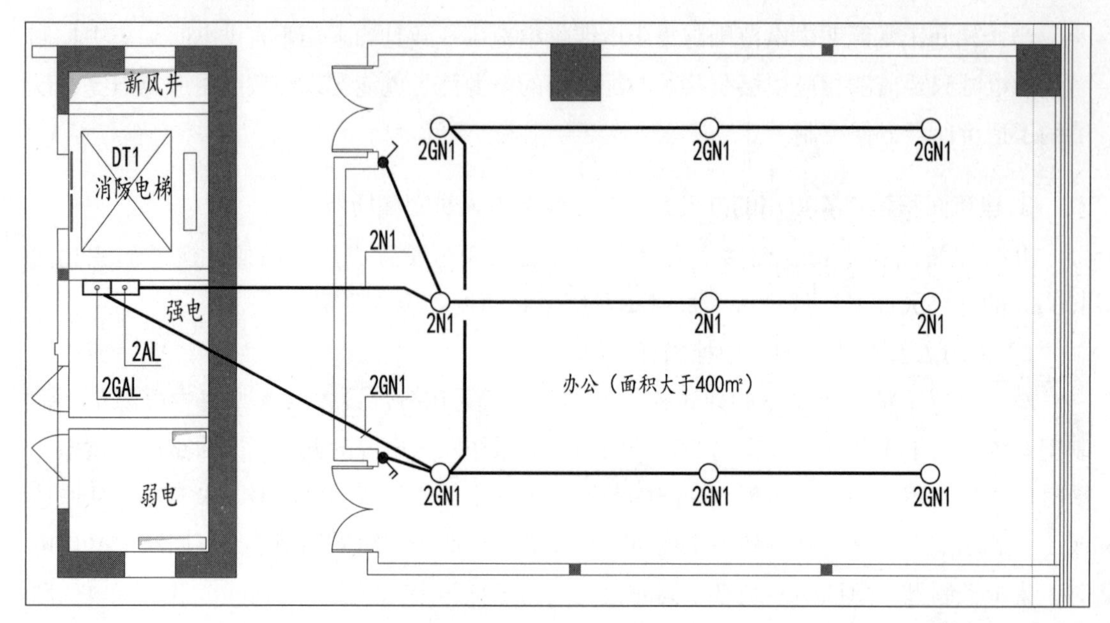

图例	说明
○	正常照明灯具
（开关符号）	单联开关，双联开关

图 7.3.11　大开间办公的正常照明平面示意图

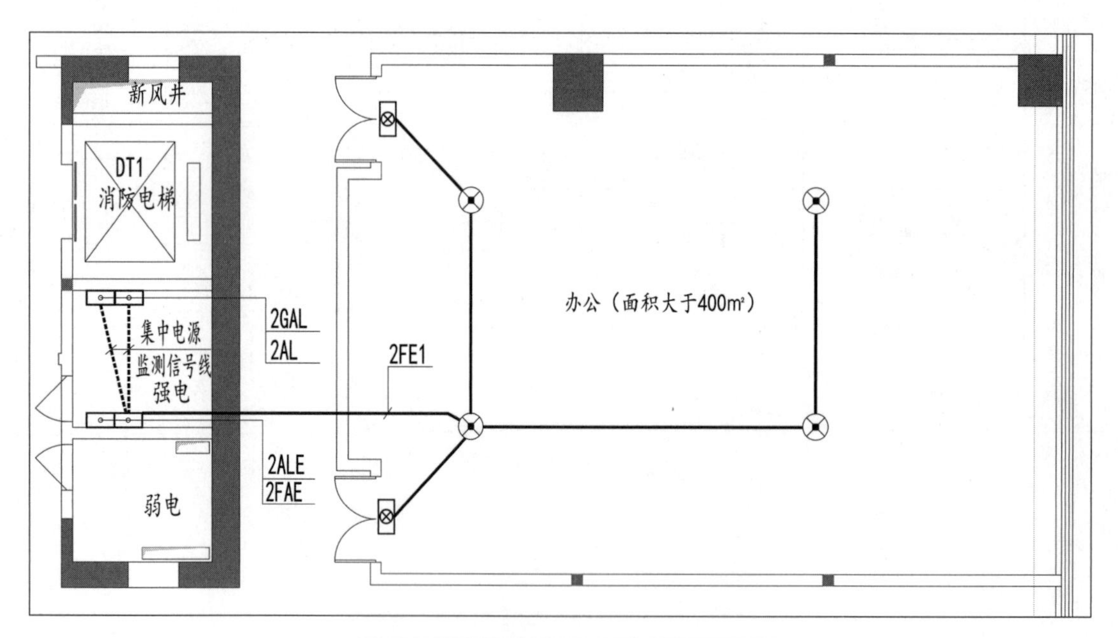

图例	说明
⊗	集中电源疏散照明灯（A型）
[⊗]	疏散出口标志灯（A型）

图 7.3.12　大开间办公的应急照明平面示意图

2）采用非集中控制型 A 型应急照明配电箱系统

未设置消防控制室的建筑或建筑群应采用非集中控制型 A 型应急照明配电箱应急照明系统。由于非集中控制型 A 型应急照明配电箱没有监测、通信等智能监控功能，需要实现任何一路正常照明失电立即点亮疏散照明的要求，一般有下列两种方案。

第一种方案：采用每路正常照明电源都设置一个非集中控制型 A 型应急照明配电箱，任何一路正常照明失电均可点亮相应的疏散照明，如图 7.3.13。

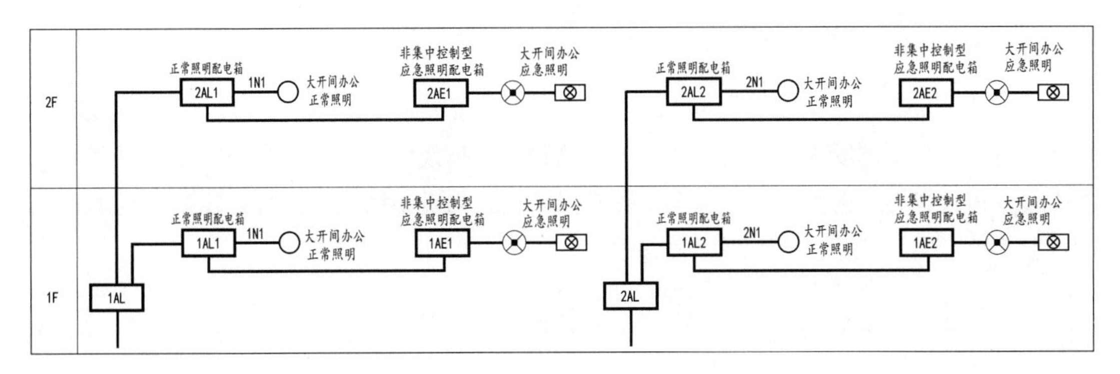

图例	说明
⊗	自带蓄电池灯具（A型）
[⊗]	疏散出口标志灯（A型）
○	正常照明灯具

图 7.3.13 大开间办公的正常照明和应急照明的配电干线示意图

第二种方案：采用两路正常照明电源设置一个非集中控制型 A 型应急照明配电箱，如图 7.3.14。

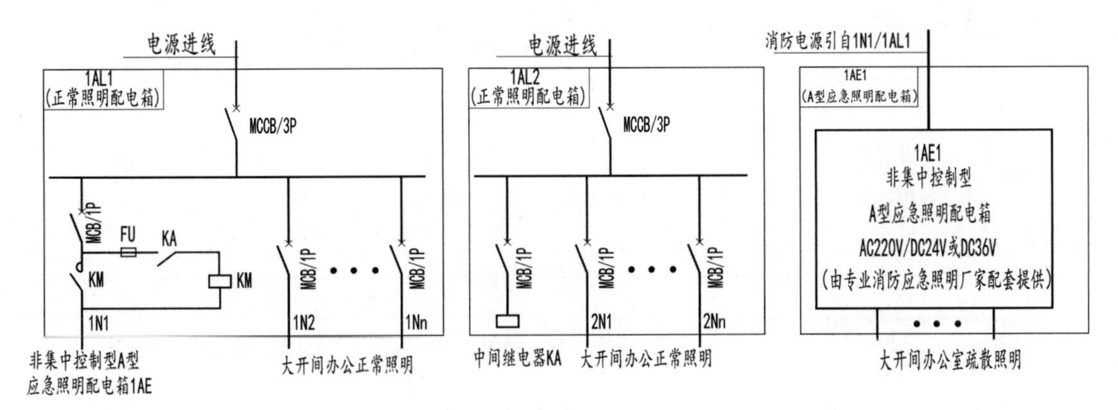

图 7.3.14 大开间办公的照明配电系统示意图

当 1AL1、1AL2 配电箱均有电时，1AL2 配电箱的中间继电器 KA 线圈得电，触点 KA 闭合，1AL1 配电箱的接触器线圈 KM 得电，触点 KM 闭合，供电给非集中控制型 A 型应急照明配电箱。当 1AL2 配电箱失电时，中间继电器 KA 失电，触点 KA 打开，KM

线圈失电，触点 KM 打开，因此不论是 1AL1 或 1AL2 的配电箱失电，非集中控制型 A 型应急照明配电箱均失电，点亮疏散照明。

第四节　教育建筑

一　教育建筑的分类和功能的划分

教育建筑包括托儿所建筑、幼儿园建筑、中小学建筑，高等院校建筑、职业教育建筑、特殊教育建筑等，属于人员密集型场所。教育建筑根据使用功能可分为教学楼、图书馆、实验楼、体育场馆、会堂、学生宿舍、食堂以及附属的设备用房等。教育建筑根据建筑高度可分为单、多层教育建筑和高层教育建筑，如表 7.4.1。

表 7.4.1　教育建筑的分类

名称	高层教育建筑		单、多层办公建筑
	一类	二类	
教育建筑	1. 建筑高度大于 50 m 2. 建筑高度大于 24 m 的重要教育建筑	建筑高度大于 24 m 且不大于 50 m 的一般教育建筑	建筑高度不大于 24 m 的其他教育建筑

二　负荷等级的划分

教育建筑的电气设计方案与负荷等级密切相关，教育建筑的负荷等级如表 7.4.2。

表 7.4.2　教育建筑的负荷等级表

负荷等级	用电负荷名称
一级负荷	学校特大型会堂主要通道照明、教育建筑中属一类高层的建筑的主要通道照明、一类高层建筑消防负荷
二级负荷	二类高层民用建筑主要通道及楼梯间照明、学校大型会堂、学校教学楼、学生宿舍主要通道照明、二类高层建筑消防负荷、室外消火栓用水量大于 25L/s 的民用建筑消防负荷
三级负荷	不属于一级负荷、二级负荷的场所

三　应急照明设置部位和疏散照明照度的要求及集中电源容量的确定

教育建筑在公共走道、楼梯间、前室、避难层（间）、门厅、餐厅、室内体育场、礼堂、寄宿制幼儿园和小学的寝室、建筑面积超过 400 m² 的办公大厅、会议室等人员密集的场所设置应急照明。对于未设置火灾自动报警系统的多层教育建筑，一般采用灯具自带蓄电池 A 型应急照明配电箱非集中控制型应急照明系统，火灾应急连续供电时间为 30 min。对于设置了火灾自动报警系统的教育建筑，一般采用分散设置的 A 型集中电源集中控制型应急照明系统，火灾应急连续供电时间，当集中电源采用铅酸蓄电池时，其容量计算和连续供电时间的确定如表 7.4.3。教育建筑应急照明设置的部位及地面水平最低照度如表 7.4.4。

表 7.4.3　集中电源供电持续时间及容量计算

<table>
<tr><th>场所</th><th>火灾状态下，系统应急启动后，主电源断电时，蓄电池电源供电所需的持续工作时间 t_1</th><th>非火灾状态下，主电源断电时，灯具持续应急点亮时间 t_2</th><th>蓄电池电源供电时的持续工作时间 $t=t_1+t_2$</th><th>集中电源容量 $P=n P_1$</th></tr>
<tr><td>总建筑面积＞10 万平方米的教育建筑</td><td>60 min (1.0 h)</td><td rowspan="2">30 min（0.5 h）</td><td>90 min (1.5 h)</td><td>3.12 P_1</td></tr>
<tr><td>其他教育建筑</td><td>30 min (0.5 h)</td><td>60 min (1.0 h)</td><td>2.08 P_1</td></tr>
</table>

注：1　P_1 为消防应急灯具总功率（W）。
　　2　t_2 为建议值且不应大于 30 min。

表 7.4.4　教育建筑应急照明设置的部位或场所及其地面水平最低照度表

序号	设置部位或场所	地面水平最低照度
1	疏散楼梯间、疏散楼梯间的前室或合用前室、避难走道及其前室、避难层、避难间、消防专用通道	10.0 lx
2	寄宿制幼儿园和小学的寝室、中小学和幼儿园的疏散场地及疏散走道	5.0 lx
3	疏散走道、人员密集的场所	3.0 lx
4	配电室、消防控制室、消防水泵房、自备发电机房等发生火灾仍需工作、值守的区域	1.0 lx

四　工程案例分析

1. 多层教学楼建筑

当未设置火灾自动报警系统的多层教学楼为每层一个防火分区且为敞开楼梯间时，由于敞开式楼梯间疏散照明必须由所在楼层走道供电，但因楼层走道正常照明为二级负荷，对于多层建筑，走道照明用电负荷容量不大，从变电所单独引入低压回路虽然合理但造价高，因此从不同的配电箱各引一路至公共配电箱，也可满足了二级负荷供电的要求，每层一个防火分区，按照防火分区供电，在每层设置一个公共配电箱。对于非集中控制型系统，应急照明配电箱应由同一防火分区的楼层正常照明配电箱供电，因此每层也设置一个应急照明配电箱。其配电干线系统示意图如图 7.4.1，照明配电系统示意图如图 7.4.2，正常照明及应急照明平面示意图如图 7.4.3、图 7.4.4。

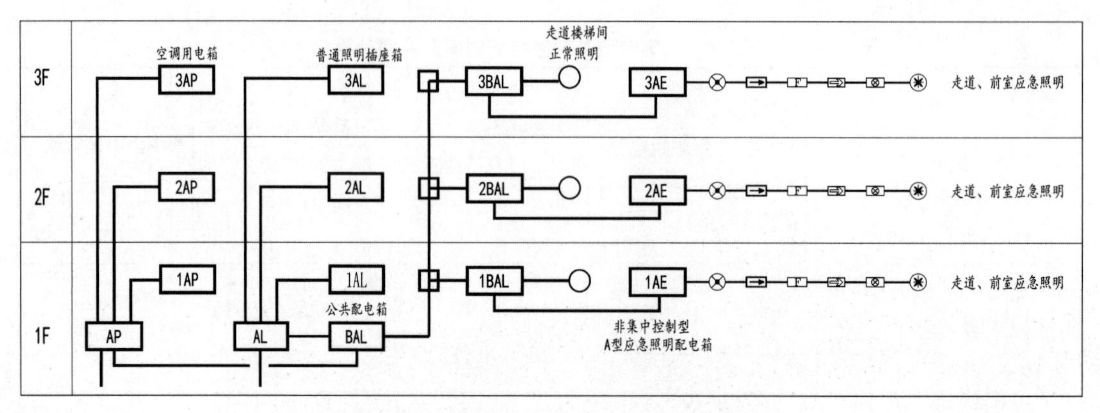

图例	说明
⊗	自带蓄电池灯具（A型）
✱	自带蓄电池灯具（A型）（楼梯间）
→	方向标志灯（A型）
⊗	疏散出口标志灯（A型）
⇨	多信息复合标志灯（A型）
F	楼层标志灯
○	正常照明灯具

图 7.4.1　正常照明和应急照明的配电干线系统示意图

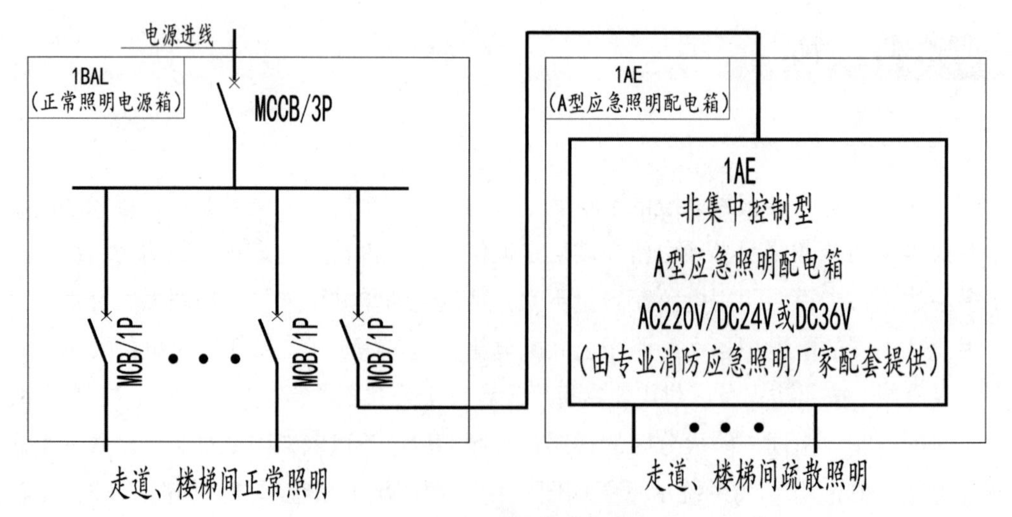

图 7.4.2　照明配电系统示意图

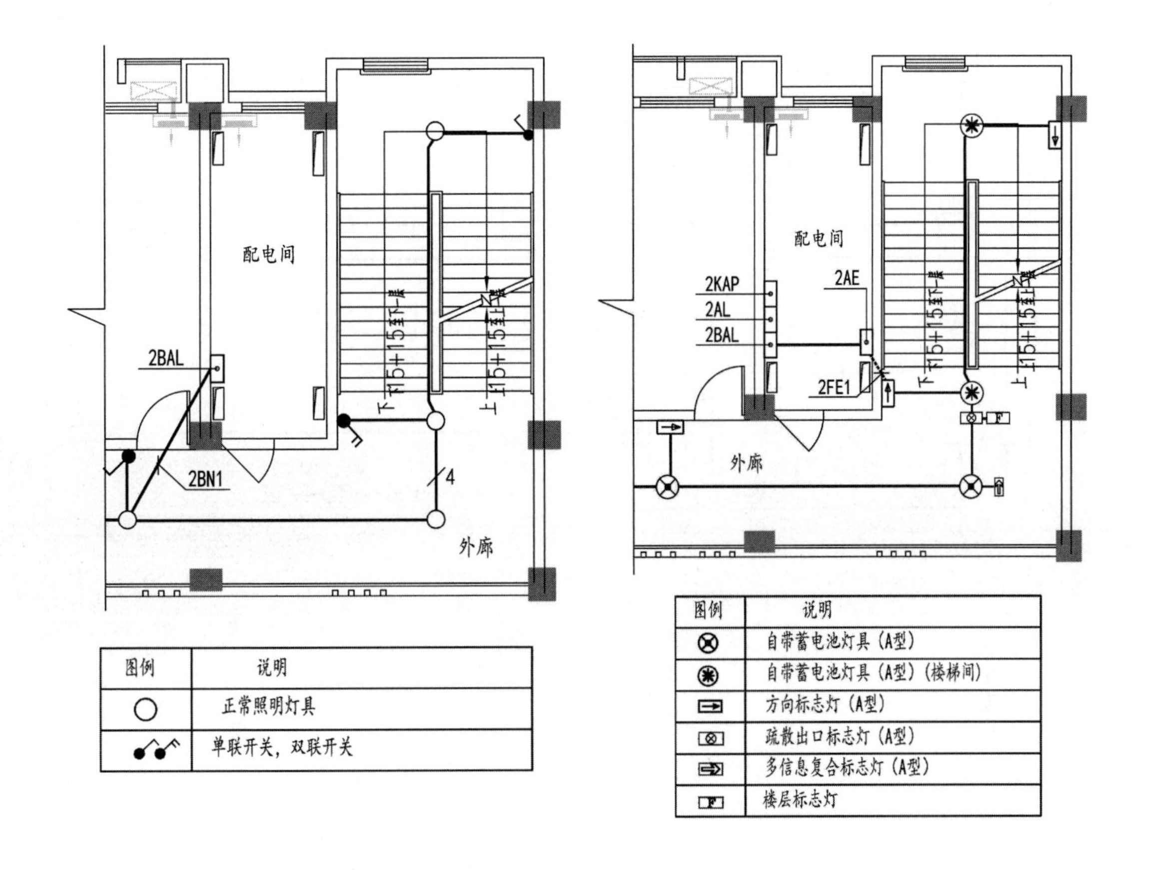

图 7.4.3　二层正常照明平面示意图

图 7.4.4　二层应急照明平面示意图

2. 高层教育建筑

不同的标准关于教育建筑的主要用电负荷分级规定不太一致，当标准规定不相同时，负荷级别按其中高者确定是较合理的，因此对于教育建筑中一类高层建筑通道照明按照一级负荷设计。对于走道照明为一级负荷的一类高层教育建筑，其正常照明和应急照明的配电干线系统示意图如图 7.4.5，照明配电系统示意图如图 7.4.6。

高层建筑楼梯间一般为封闭式楼梯间或防烟楼梯间，为了保证楼梯间疏散照明的可靠性，同一楼梯间相邻平台的应急照明由不同的配电回路供电，不同封闭楼梯间或防烟楼梯间由不同回路供电。由于正常照明与应急照明供电范围一致，而且正常照明的可靠性也是非常重要的，若同一区段（几层）楼梯间的正常照明只有一路配电回路供电，一旦配电回路故障，将造成几层内的楼梯间照明不亮，影响疏散，因此同一楼梯间相邻平台的正常照明按照不同的配电回路供电。当然，不同的配电回路若是引自不同的配电箱，虽然可靠性更高，但是势必会增加造价，因此实际工程设计时很少使用。

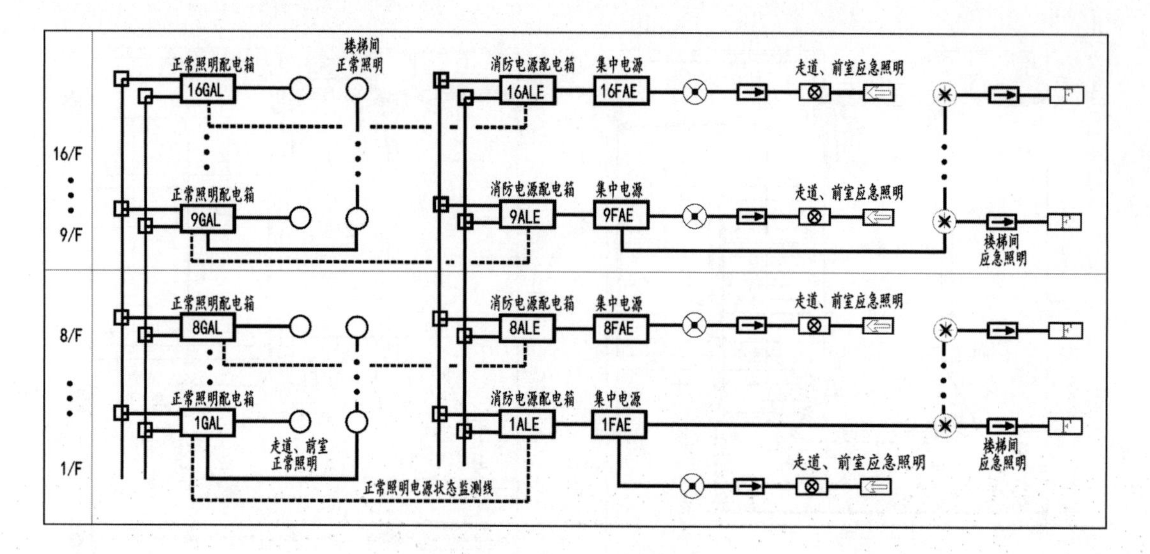

图例	说明
	集中电源疏散照明灯（A型）
	集中电源疏散照明灯（A型）（楼梯间）
	方向标志灯（A型）
	疏散出口标志灯（A型）
	楼层标志灯
	多信息复合标志灯（A型）
	正常照明灯具

图 7.4.5　正常照明和应急照明的配电干线系统示意图

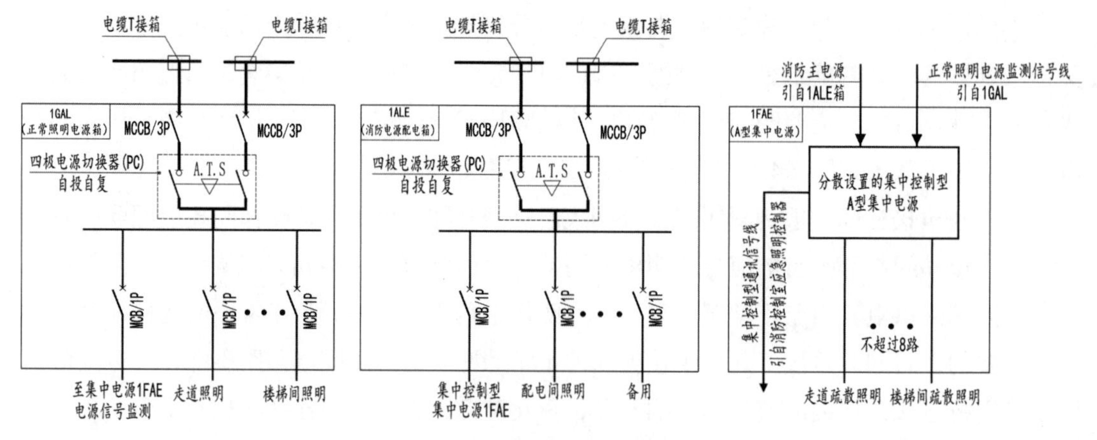

图 7.4.6　照明配电系统示意图

第五节　医疗建筑

现代医院建筑功能具有多样性、复杂性的特点，也向着大型化、高层化发展。随着我国医疗事业的不断发展，医院建筑已逐步由单独医疗功能向诊断、治疗、保健、护理以及预防等方向综合发展。医院人员密集，结构功能复杂，给消防设计提出了新的挑战和要求。消防应急照明和疏散指示系统作为消防设计的一个重要的子系统，对于人员的安全有序疏散十分重要。

一　医疗建筑的分类

医院按照管理等级划分为一、二、三级，一、二级医院又分为甲、乙、丙三个等级，三级医院分为特、甲、乙、丙四个等级，如表 7.5.1 和表 7.5.2；按照民用建筑划分，可分为单层医疗建筑、多层医疗建筑、一类高层医疗建筑，如表 7.5.3。综合三级甲等医院根据使用功能可分为门诊楼、医技楼、住院楼、后勤生活楼、行政楼、传染楼以及附属的设备用房等。

表 7.5.1　医院按管理等级分类

名称	一、二级医院	三级医院
医院	甲、乙、丙三个等级	特、甲、乙、丙四个等级

表 7.5.2　医院管理等级评定标准

等级	评定标准	类型
一级医院	病床数≤ 100 张	直接向一定人口的社区提供预防、医疗、保健、康复服务的基层医院、卫生院
二级医院	病床数：101 ～ 500 张	向多个社区提供综合医疗卫生服务和承担一定教学、科研任务的地区性医院
三级医院	病床数：≥ 501 张	向几个地区提供高水平专科性医疗卫生服务和执行高等教育、科研任务的区域性以上的医院
三级甲等医院	医院建设成绩显著，科室设置、人员配备、管理水平、技术水平、工作质量和技术设施等，按评分等级标准综合考核检查达 900 分及以上	
三级乙等医院	医院建设成绩尚好，其科室设置、人员配备、技术水平、工作质量、技术设施等，按评分等级标准综合考核检查达 750 ～ 899 分	
三级丙等医院	医院建设有一定成绩，基本标准考核合格，但与本标准要求尚有较大差距。按评分等级标准综合考核检查在 749 分及以下	

表 7.5.3　医疗建筑的分类

名称	一类高层医疗建筑	多层医疗建筑
医疗建筑	建筑高度大于 24 m 的医疗建筑	建筑高度不大于 24 m 的多层医疗建筑

二 负荷等级的划分和集中电源容量的确定及疏散照明照度的要求

医疗建筑的消防用电负荷根据所在建筑类别进行分级，并应符合表 7.5.4 的规定；当集中电源采用铅酸蓄电池时，其容量计算和持续供电时间的确定应符合表 7.5.5 的规定；医疗建筑应急照明设置的部位或场所及其地面水平最低照度表应符合表 7.5.6 的规定。

表 7.5.4 消防用电负荷分级

医疗建筑类型	消防用电负荷名称	负荷等级
高层医疗建筑（高度大于 24 m）	消防控制室、消防水泵、防烟排烟设施、电动的防火卷帘及门窗以及阀门等消防用电，火灾自动报警及联动控制系统、消防电梯用电、火灾应急照明及疏散指示标志	一级
多层医疗建筑（高度不大于 24 m，且室外消防用水量＞25L/s）	消防控制室、消防水泵、防烟排烟设施、电动的防火卷帘及门窗以及阀门等消防用电，火灾自动报警及联动控制系统、火灾应急照明及疏散指示标志	二级
多层医疗建筑（高度不大于 24 m，且室外消防用水量≤25L/s）	消防控制室、消防水泵、防烟排烟设施、电动的防火卷帘及门窗以及阀门等消防用电，火灾自动报警及联动控制系统、火灾应急照明及疏散指示标志	三级

表 7.5.5 集中电源供电持续工作时间及容量计算

场所	火灾状态下，系统应急启动后，主电源断电时，蓄电池电源供电所需的持续工作时间 t_1	非火灾状态下，主电源断电时，灯具持续应急点亮时间 t_2	集中电源蓄电池的持续供电时间 $t=t_1+t_2$	集中电源容量 $P=n\,P_1$
建筑高度大于 100 m 的医疗建筑	90 min（1.5 h）	20 min（0.333 h）	110 min（1.833 h）	3.81 P_1
建筑高度不大于 100 m 的医疗建筑（设有消控室）	60 min（1.0 h）		80 min（1.333 h）	2.78 P_1
多层一级医疗建筑（未设消控室，为非集中控制型）	60 min（1.0 h）	0 min	60 min（1.0 h）	2.09 P_1

注：1 P_1 为消防应急灯具总功率（W）。
2 t_2 为建议值且不应大于 30 min。

表 7.5.6 应急照明设置的部位或场所及其地面水平最低照度表

序号	设置的部位或场所	地面水平最低照度
1	疏散楼梯间、疏散系统楼梯间的前室或合用前室、避难走道及其前室、避难层、避难间、消防专用通道、屋顶直升机停机坪	10.0 lx
2	医院手术室及重症监护室等病人行动不便的病房等需要救援人员协助疏散的区域	10.0 lx
3	1. 建筑面积超过 400 m²的办公大厅、会议室等人员密集场所 2. 建筑面积大于 100 m²的地下或半地下公共活动场所 3. 疏散走道、疏散通道 4. 自动扶梯上方或侧上方 5. 安全出口外面及附近区域、连廊的连接处两端 6. 进入屋顶直升机停机坪的途径	3.0 lx
4	配电室、消防控制室、消防水泵房、自备发电机房等发生火灾仍需工作、值守的区域	1.0 lx

由于医院建筑类型多，无法一一论述，故只对典型的医院和特殊场所加以论述。

三　工程案例分析

1. 多层医疗建筑

床位数小于 100 床的一级医院常常为单层或多层医疗建筑，基本是乡镇卫生所。当整栋楼为一个防火分区时或每层为一个防火分区时，且楼梯间与敞开式外廊直接相连时，其楼梯间一般为敞开楼梯间，室外消防用水量≤ 25L/s，该建筑消防负荷等级为三级，且未设置火灾自动报警系统，医院应急照明蓄电池的持续工作时间为 60 min，初装应急时间为 180 min；通常自带蓄电池的消防应急照明灯具为初装应急时间 90 min，持续工作时间为 30 min，因此，应急照明系统采用非集中控制型 A 型集中电源系统，集中电源容量计算一般不小于所有供电容量的 2 倍。每层一个防火分区时，按照防火分区供电，在每层设置一个公共配电箱，供电给走道正常照明，对于非集中控制型系统，集中电源应由同一防火分区的楼层正常照明配电箱供电，因此每层设置一个集中电源。其配电干线系统示意图如图 7.5.1，配电系统示意图如图 7.5.2，正常照明及应急照明平面示意图如图 7.5.3、图 7.5.4。

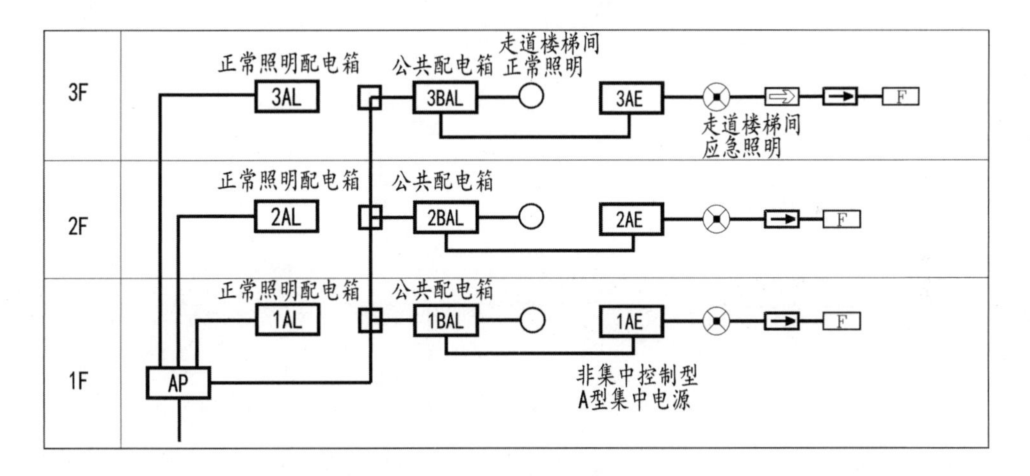

图例	说明
⊗	集中电源疏散照明灯（A型）
[←]	方向标志灯（A型）
[⇐]	多信息复合标志灯（A型）
[F]	楼层标志灯
○	正常照明灯具

图 7.5.1　配电干线系统示意图

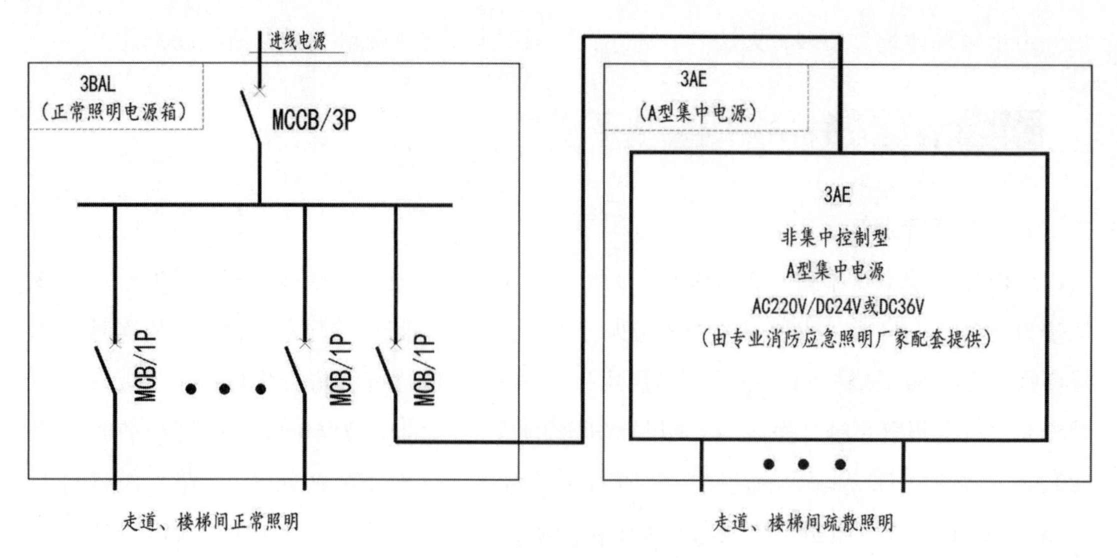

图 7.5.2　配电系统示意图

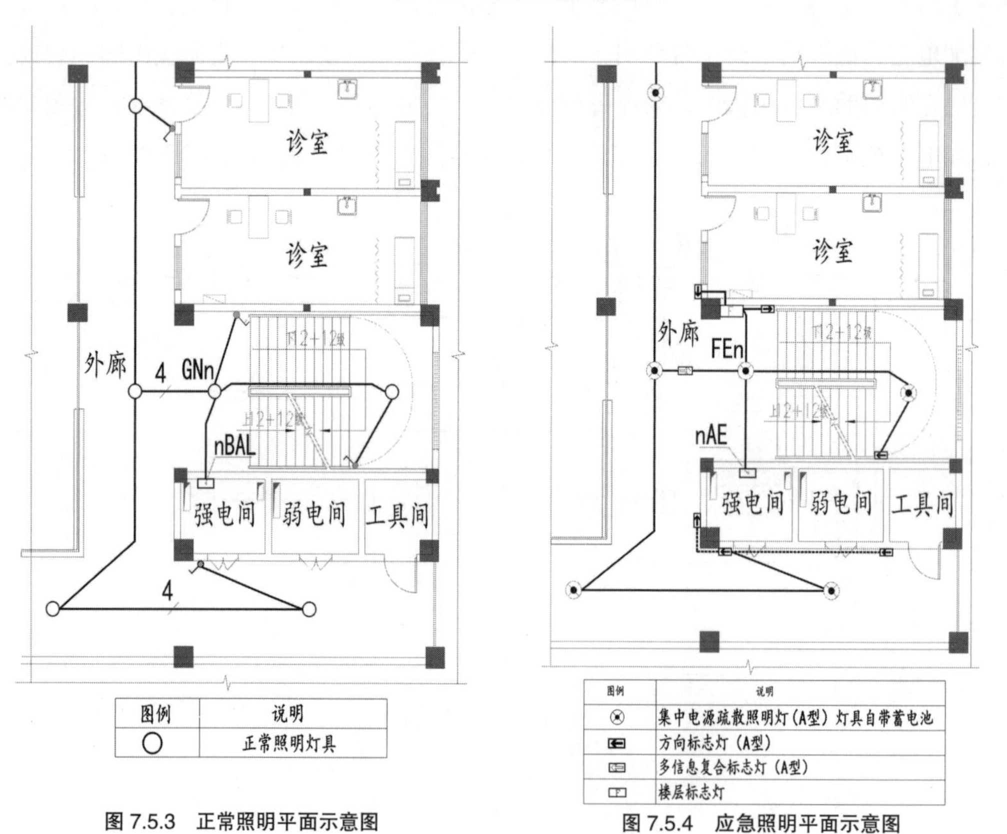

图例	说明
○	正常照明灯具

图 7.5.3　正常照明平面示意图

图例	说明
⊗	集中电源疏散照明灯（A型）灯具自带蓄电池
	方向标志灯（A型）
	多信息复合标志灯（A型）
	楼层标志灯

图 7.5.4　应急照明平面示意图

2. 高层医疗建筑

三级甲等医院一般有高层医疗建筑，设置有集中或控制中心火灾自动报警系统，一般采用分散设置的 A 型集中电源集中控制型应急照明系统，住院楼 30% 的走道照明为一级负荷，其主要通道照明及楼梯间照明负荷等级为二级负荷，楼梯间为防烟楼梯间，防烟楼梯间的前室及合用前室内的应急照明灯具的供电回路可以与所在楼层走道共用同一回路，而防烟楼梯间的应急照明灯具应单独设置配电回路。当楼梯间应急照明回路均由同一楼层集中电源垂直供电时，楼梯间正常照明不宜与楼层走道、前室共用配电回路，楼梯间正常照明宜由相应同一楼层公共照明配电箱垂直供电，同时供电的楼层宜与相应的集中电源一致。集中控制型集中电源必须对走道、楼梯间等疏散路线正常照明供电的普通配电箱电源状态进行监测，一旦普通配电箱失电就联动疏散照明自动点亮。由于防烟楼梯间的疏散照明必须专用回路垂直供电，当正常照明的走道、前室、楼梯间共用正常照明回路时，只有本层楼梯间正常照明停电时，本层供电的集中电源才能监测到失电信号，该楼层的楼梯间应急照明才能自动点亮，而对于非本层集中电源供电的楼梯间即使正常照明停电，由于供电该楼层应急照明的集中电源未接收到失电信号，因此该楼层楼梯间应急照明将无法自动点亮，只有对各层的正常照明配电箱均设置电源监测线，才能保证自动点亮楼梯间的应急照明，这势必增加了工程造价。当楼梯间正常照明供电范围与集中电源供电范围一致且均采用垂直供电时，集中控制型集中电源只要监测相应楼层公共照明配电箱的电源信号就能实现疏散照明应急点亮，既节约了造价又方便控制。其配电干线系统示意图如图 7.5.5, 配电系统示意图如图 7.5.6, 应急照明平面示意图如图 7.5.7。

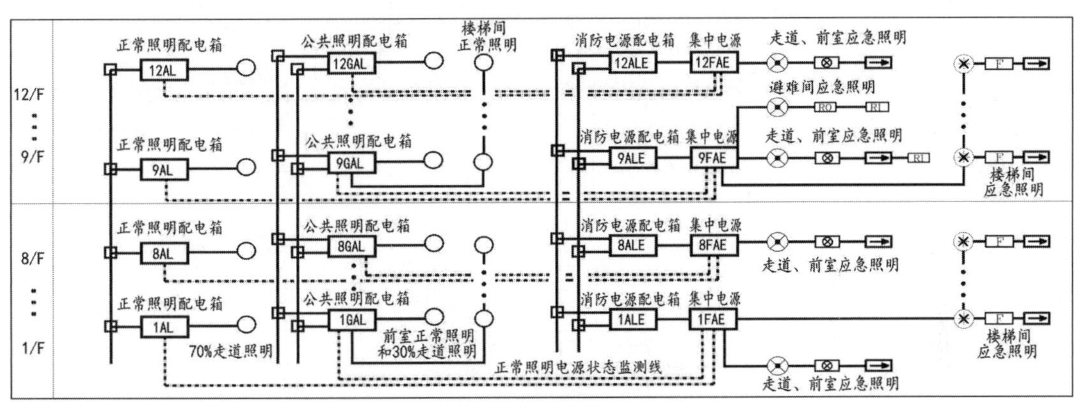

图例	说明
	集中电源疏散照明灯（A型）
	方向标志灯（A型）
	集中电源疏散照明灯（A型）（楼梯间）
	疏散出口标志灯（A型）
	多信息复合标志灯（A型）
	楼层标志灯
	避难间入口标志
	避难间出口标志
○	正常照明灯具

图 7.5.5　正常照明和应急照明的配电干线系统示意图

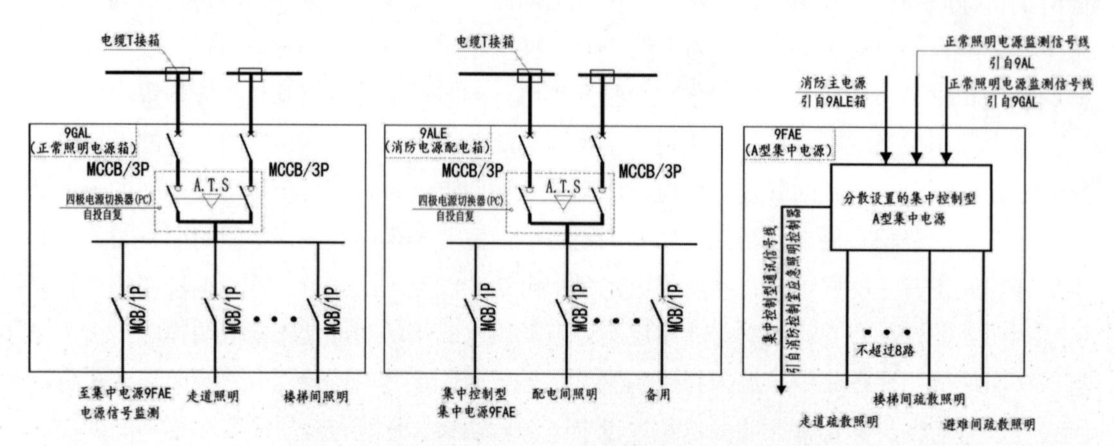

图 7.5.6 正常照明和消防电源、集中电源的配电系统示意图

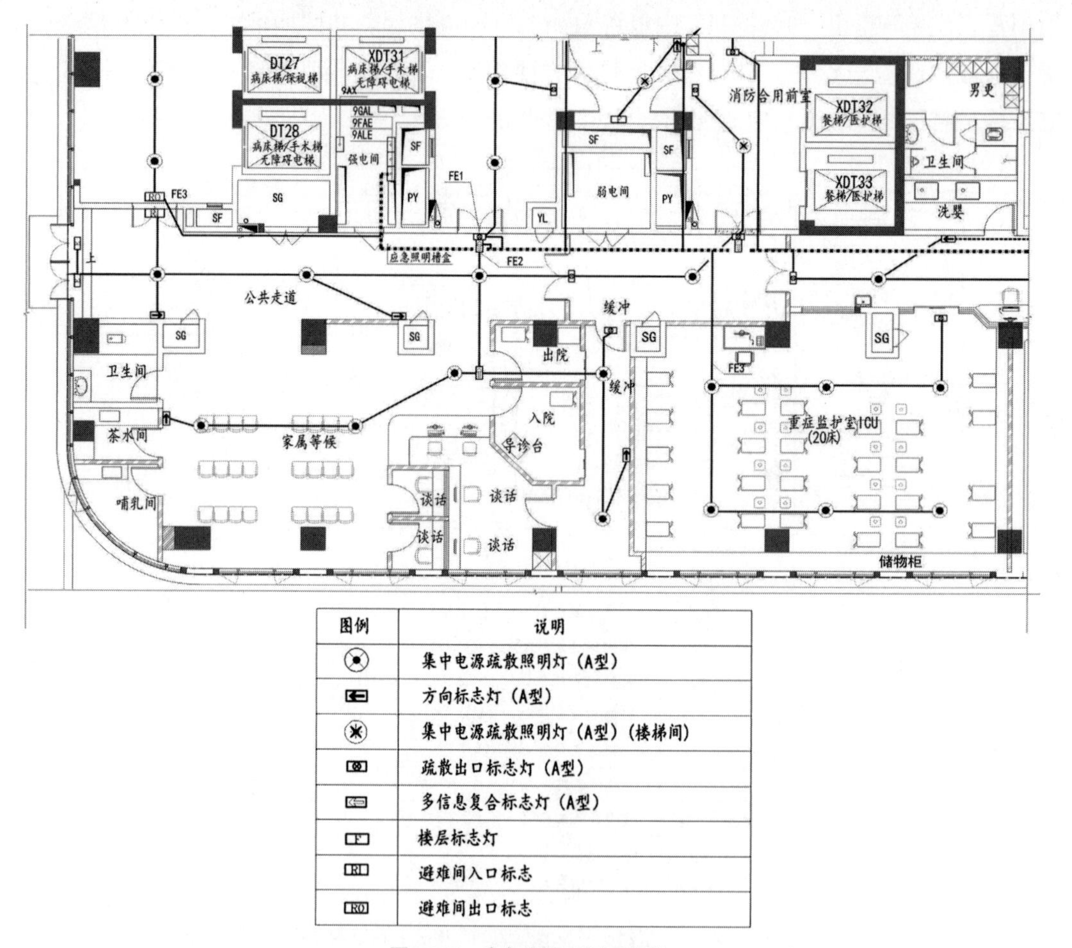

图例	说明
	集中电源疏散照明灯（A型）
	方向标志灯（A型）
	集中电源疏散照明灯（A型）（楼梯间）
	疏散出口标志灯（A型）
	多信息复合标志灯（A型）
F	楼层标志灯
RI	避难间入口标志
RO	避难间出口标志

图 7.5.7 应急照明平面示意图

高层医疗建筑一般设有避难间，为了提高避难间疏散照明的可靠性，避免疏散走道等疏散照明线路发生故障影响避难间的疏散照明，避难间的疏散照明宜采用单独回路供电。其应急照明平面示意图如图 7.5.8。

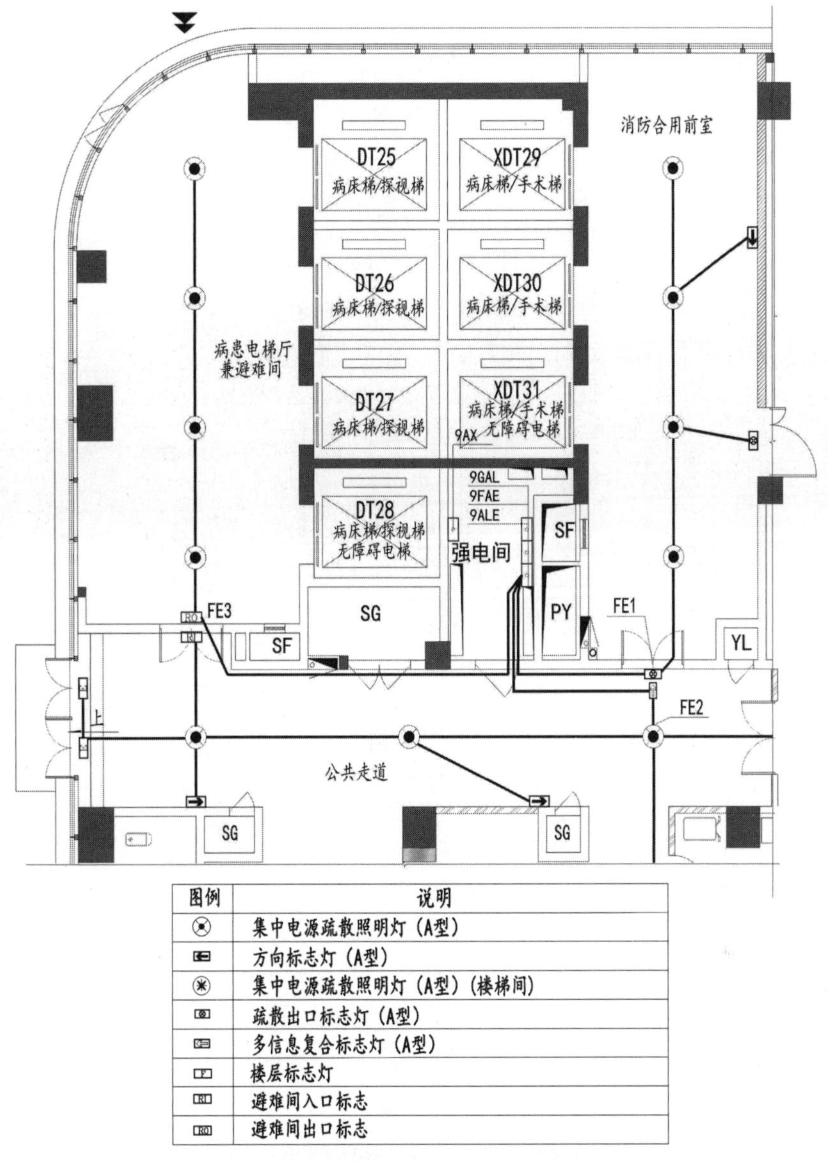

图例	说明
⊗	集中电源疏散照明灯（A型）
⇐	方向标志灯（A型）
✳	集中电源疏散照明灯（A型）（楼梯间）
⊗	疏散出口标志灯（A型）
⇐	多信息复合标志灯（A型）
F	楼层标志灯
RI	避难间入口标志
RO	避难间出口标志

图 7.5.8　避难间应急照明平面示意图

3. 手术部

综合医院一般都设有手术部，医院手术室及重症监护室等病人行动不便的病房等需要救援人员协助疏散的区域应设置应急照明灯，且照度不低于 10.0 lx；医院的洁净手术部作为救治病患的重要医疗场所，对环境的洁净度要求高，一般由洁净手术室、洁净辅助用房、非洁净辅助用房（如污物通道）等组成的功能区域。洁净手术室内的电气线路敷设应满足洁净要求，因此应急照明和疏散指示灯的供电线缆需采用金属管敷设，穿过墙壁和楼板需加套管，并应用不可燃材料密封，且线管在穿线后需采用无腐蚀和不可燃材料密封，防止空气流动而破坏洁净区环境，同时手术室内的疏散照明灯具和疏散指示标志灯应符合洁净手术室的要求采用洁净型灯具。

二类医疗场所的手术室不仅应设置安全照明，安全照明照度为正常照度值，手术室一般采用部分灯具由 UPS 供电，部分灯具为自带蓄电池，以满足安全照明的要求，而且还应设置应急照明。应急照明系统设计一般有两种方案，第一种方案就是手术部与所在防火分区的本层非手术部区域共用一个集中电源，集中电源必须同时监测手术部和非手术部的正常照明失电信号，无论手术部还是非手术部的正常照明失电，均自动点亮其供电范围内的应急照明灯具及标志灯，为了不互相干扰，提高可靠性，手术部和非手术部的应急照明回路各自独立，不宜共用同一回路，其配电干线系统示意图如图 7.5.9，配电系统示意图如图 7.5.10，应急照明平面示意图如图 7.5.11。

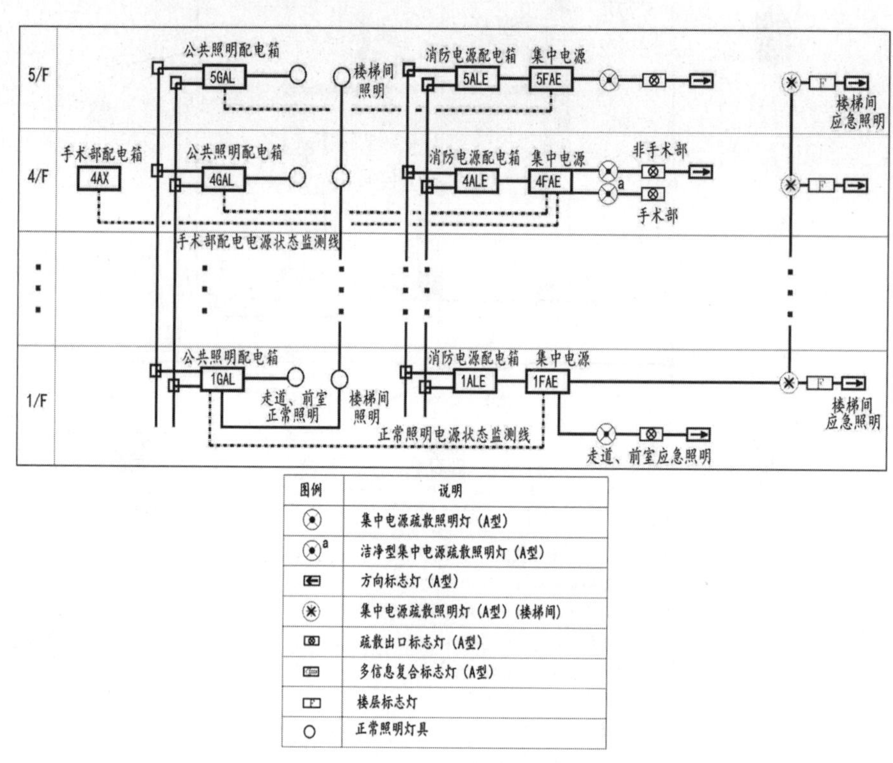

图 7.5.9　医疗建筑手术部正常照明和应急照明的配电干线系统示意图（方案一）

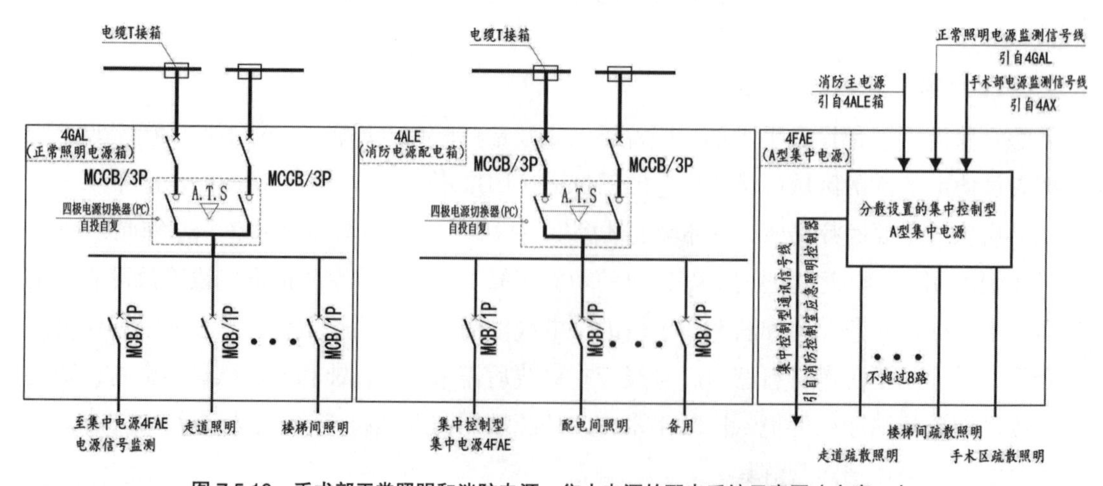

图 7.5.10　手术部正常照明和消防电源、集中电源的配电系统示意图（方案一）

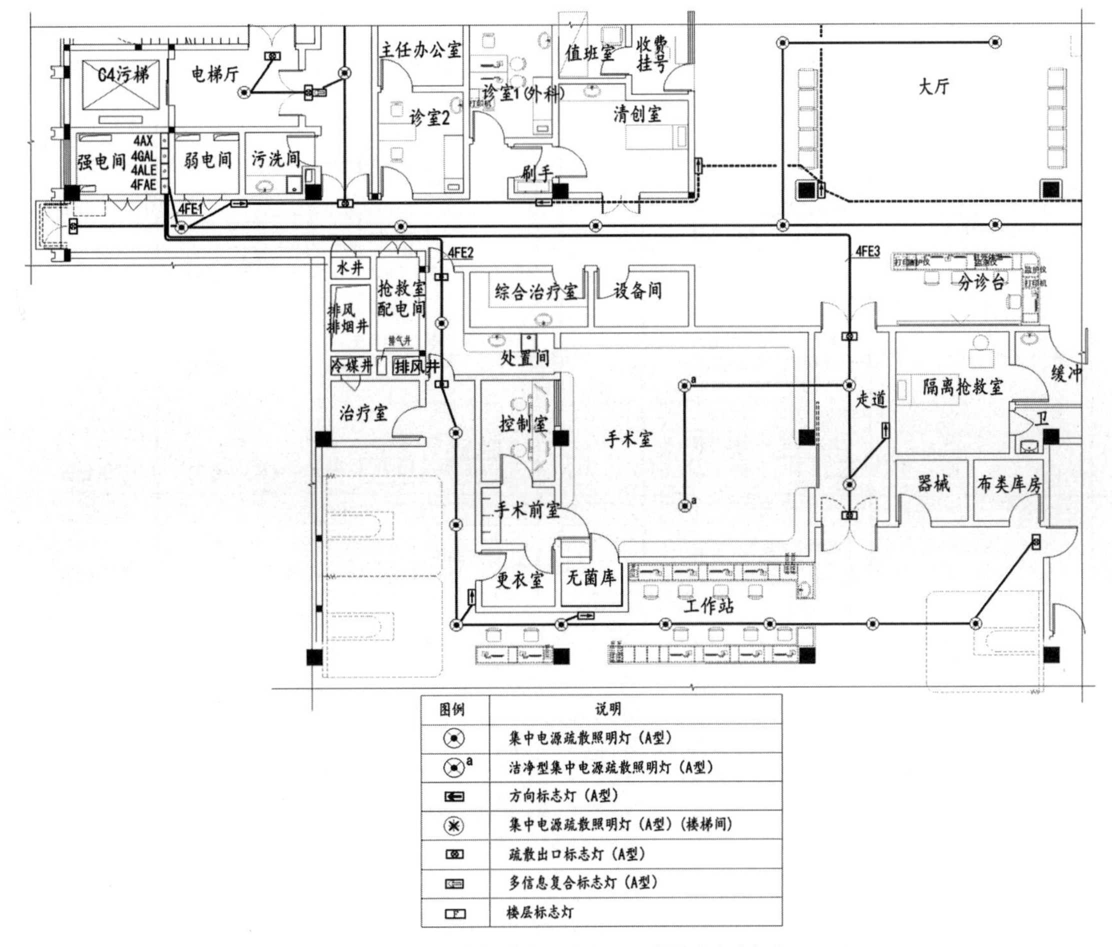

图 7.5.11　手术部应急照明平面示意图（方案一）

第二种方案，若手术部面积较大，同一防火分区内手术部与非手术部的集中控制型集中电源各自独立设置，手术部的集中控制型集中电源仅监测手术部电源箱的失电信号，手术室专用集中电源输出回路宜按功能划分，即手术室、洁净走廊、清洁通道（污物通道）各自均为专用回路。其配电干线系统示意图如图 7.5.12，配电系统示意图如图 7.5.13, 应急照明平面示意图如图 7.5.14。

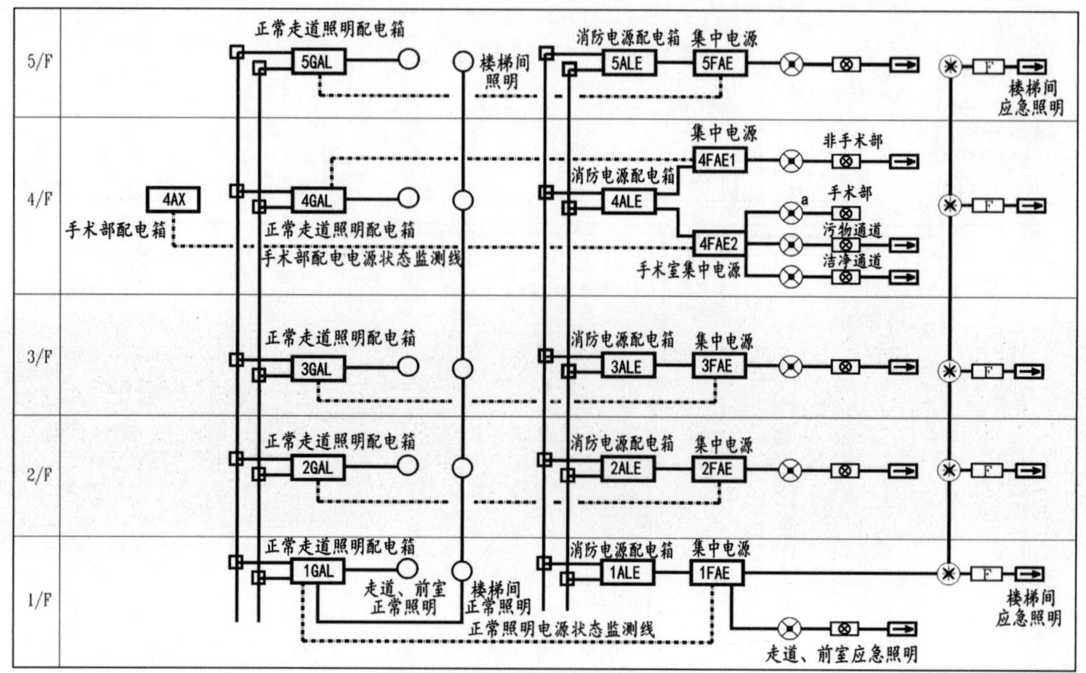

图例	说明
	集中电源疏散照明灯（A型）
	洁净型集中电源疏散照明灯（A型）
	方向标志灯（A型）
	集中电源疏散照明灯（A型）（楼梯间）
	疏散出口标志灯（A型）
	多信息复合标志灯（A型）
	楼层标志灯
	正常照明灯具

图 7.5.12　医疗建筑手术部正常照明和应急照明的配电干线系统示意图（方案二）

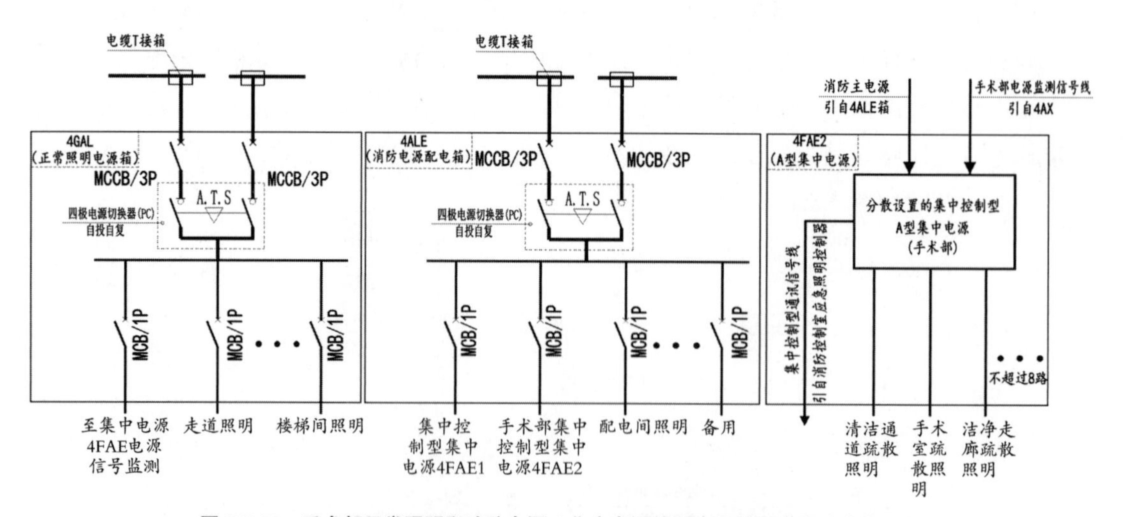

图 7.5.13　手术部正常照明和消防电源、集中电源的配电系统示意图（方案二）

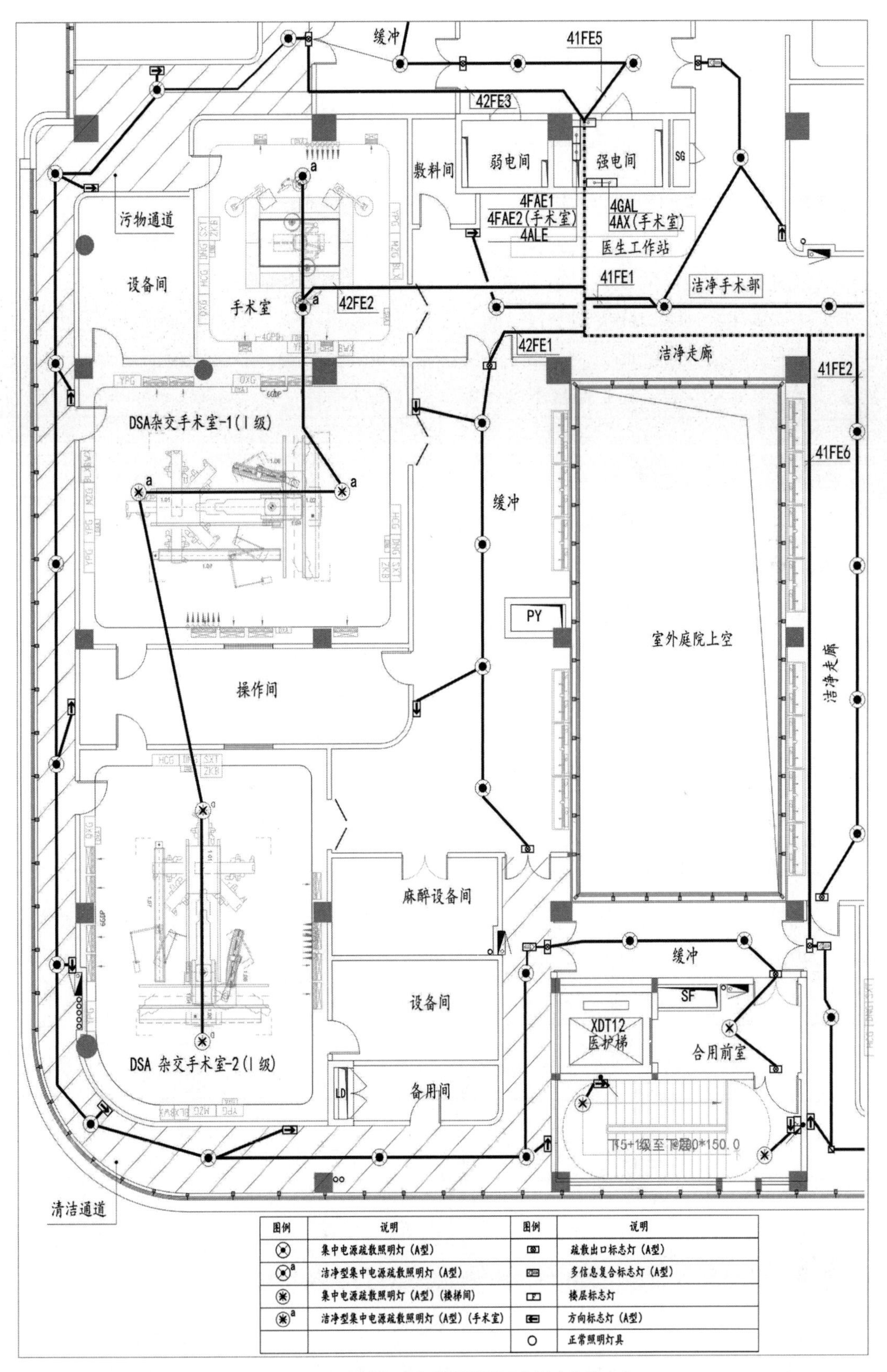

图 7.5.14　手术部应急照明平面示意图（方案二）

第六节 旅馆建筑

旅馆建筑一般也称为酒店、饭店、宾馆、度假村等，通常由客房部分、公共部分、辅助部分组成，为客人提供住宿及餐饮、会议、健身和娱乐等全部或部分服务的公共建筑。近年来，随着社会经济的发展，旅馆建筑不再仅限于住宿及相应简单的配套功能，新建旅馆建筑往往集住宿、宴会、大型会议、餐饮、商业、娱乐等多种功能于一体，属人员密集场所，因此，旅馆建筑的应急照明系统在设计上有更高的要求，必须要保证在停电、火灾等突发状况下系统及时响应，使整个系统发挥高效的疏散作用。

一 旅馆建筑的分类

旅馆建筑属于公共民用建筑，根据建筑高度可分为单、多层和高层旅馆建筑。其中高层旅馆建筑又可分为一类高层、二类高层旅馆建筑，当建筑高度大于 100 m 时常称为超高层旅馆建筑，如表 7.6.1。

表 7.6.1 旅馆建筑的分类

名称	高层旅馆建筑		单、多层旅馆建筑
	一类	二类	
旅馆建筑	1. 建筑高度大于 50 m 2. 建筑高度大于 24 m 的重要旅馆建筑	建筑高度大于 24 m 且不大于 50 m 的一般旅馆建筑	建筑高度不大于 24 m 的其他旅馆建筑

二 负荷等级的划分

不同类型的旅馆建筑，其应急照明系统的供电设计应满足相应的用电负荷等级要求，如表 7.6.2。

表 7.6.2 应急照明系统用电负荷等级划分表

旅馆建筑类型		应急照明系统用电负荷等级
多层旅馆建筑	室外消防用水量 25L/s 及以下	三级负荷
	室外消防用水量大于 25L/s	二级负荷
二类高层旅馆建筑		二级负荷
一类高层旅馆建筑		一级负荷

注：150 m 及以上的超高层旅馆建筑的应急照明系统用电负荷等级应为特级负荷。

三 应急照明设置部位和疏散照明照度的要求及集中电源容量的确定

旅馆建筑根据使用功能及应急疏散要求的不同，可以分为四个部分：疏散空间（公共走道、楼梯间等）、客房、配套服务用房（宴会厅、健身房等）、辅助用房（后勤、设备用房等）。旅馆建筑在客房、公共走道、楼梯间、前室、合用前室、避难层（间）、门厅、宴会厅、建筑面积超过 200 ㎡的营业厅、餐厅、建筑面积超过 400 ㎡的会议室等场所设置应急照明。对于客房数量少于 15 间（套）的旅馆建筑，由于其应急照明系统设计比较简单就不作论述了。客房数量不少于 15 间（套）的旅馆建筑必须设置火灾自动报警系统，因此一般采用分散设置的 A 型集中电源集中控制型系统，火灾应急连续供电时间可根据旅馆建筑的高度和规模确定，平时应急连续供电时间可为 20 ～ 30 min，当集中电源采用铅酸蓄电池时，其容量计算和连续供电时间的确定如表 7.6.3。旅馆建筑应急照明设置的部位及水平最低照度如表 7.6.4。

表 7.6.3　集中电源供电持续工作时间及容量计算

场所	火灾状态下，系统应急启动后，主电源断电时，蓄电池电源供电所需的持续工作时间 t_1	非火灾状态下，主电源断电时，灯具持续应急点亮时间 t_2	集中电源蓄电池的持续供电时间 $t=t_1+t_2$	集中电源容量 $P=n\ P_1$
建筑高度大于 100 m 的旅馆建筑	90 min（1.5 h）	20 min（0.333 h）	110 min (1.833 h)	3.81 P_1
总建筑面积＞ 10 万平方米的旅馆建筑	60 min（1.0 h）		80 min (1.333 h)	2.78 P_1
其他旅馆建筑	30 min（0.5 h）		50 min (0.833 h)	1.74 P_1

注：1　P_1 为消防应急灯具总功率（W）。
　　2　t_2 为建议值且不应大于 30 min。

表 7.6.4　应急照明设置的部位或场所及其地面水平最低照度值

序号	设置部位或场所	地面水平最低照度
1	疏散楼梯间、疏散楼梯间的前室或合用前室、避难走道及其前室、避难层、避难间、消防专用通道	10.0 lx
2	安全出口外面及附近区域、连廊的连接处两端；自动扶梯的上方或侧上方；疏散走道、疏散通道；宴会厅、娱乐场所、建筑面积超过 400 ㎡的会议室、建筑面积超过 200 ㎡的营业厅、餐厅等人员密集场所；建筑面积大于 100 ㎡的地下或半地下公共活动场所	3.0 lx
3	配电室、消防控制室、消防水泵房、自备发电机房等发生火灾仍需工作、值守的区域；宾馆、酒店的客房	1.0 lx

四　工程案例分析

1. 多层旅馆建筑

客房数量不少于 15 间（套）的旅馆建筑应设置火灾自动报警系统，采用集中电源集中控制型应急照明系统。当多层旅馆建筑的疏散走道为敞开式外廊时且与楼梯间直接相连，楼梯间可采用敞开式楼梯间，敞开式楼梯间内设置的应急照明灯具必须由灯具所在楼层或就近楼层的配电回路供电，因此楼梯间的应急照明不得采用专用回路，而应与所在楼层走道应急照明共用同一回路。实际工程中，多层旅馆建筑的公共疏散走道往往以内走廊居多，疏散楼梯间通常为封闭式楼梯间，封闭式楼梯间应单独设置配电回路，因此楼梯间的应急照明应采用专用回路，不得与楼层的走道应急照明共用配电回路。客房疏散照明采用专用回路不与走道共用同一回路。

1）敞开式楼梯间的旅馆建筑

各层楼梯间、走道的正常照明与应急疏散照明由各自的配电箱和应急照明集中电源供电，当室外消防用水量不大于25L/s时，配电干线系统示意图如图7.6.1，配电系统示意图如图7.6.2，正常照明及应急照明平面示意图如图7.6.3、图7.6.4。

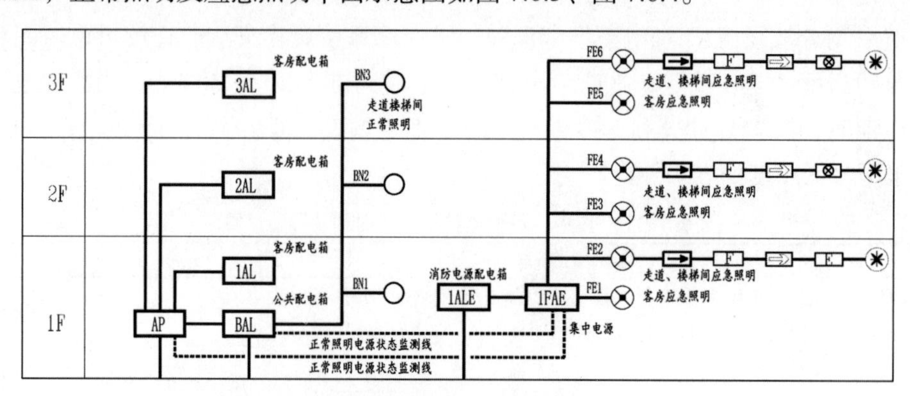

图例	说明
	集中电源疏散照明灯（A型）
	集中电源疏散照明灯（A型）（楼梯间）
	方向标志灯（A型）
	安全出口标志灯（A型）
	疏散出口标志灯（A型）
	多信息复合标志灯（A型）
	楼层标志灯
	正常照明灯具

图7.6.1　配电干线系统示意图（一）

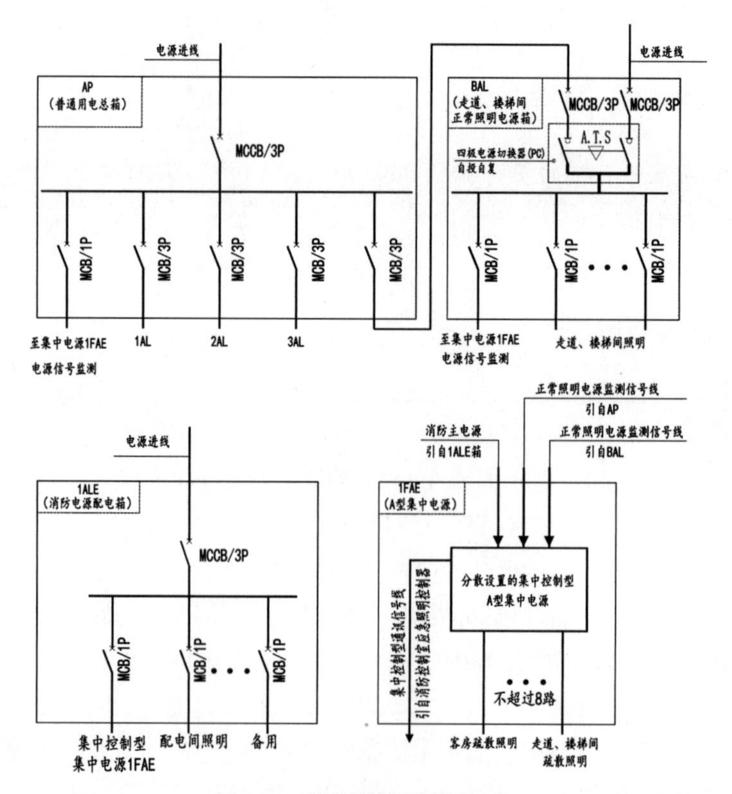

图7.6.2　配电系统示意图（一）

注：当室外消防用水量大于25L/s时，1ALE箱采用双电源供电。

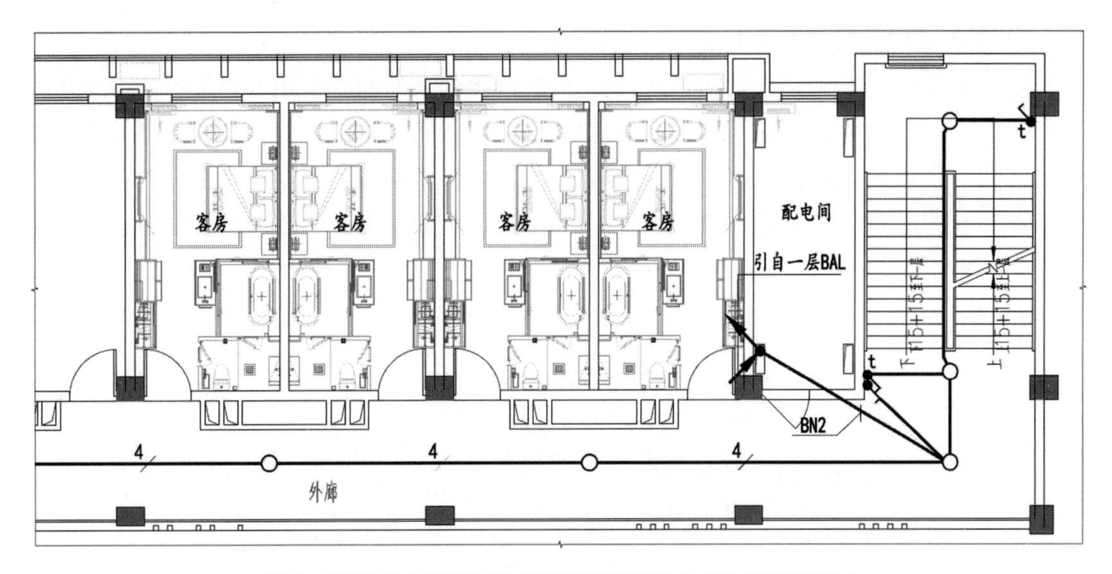

图例	说明
○	正常照明灯具

图 7.6.3　二层正常照明平面示意图（一）

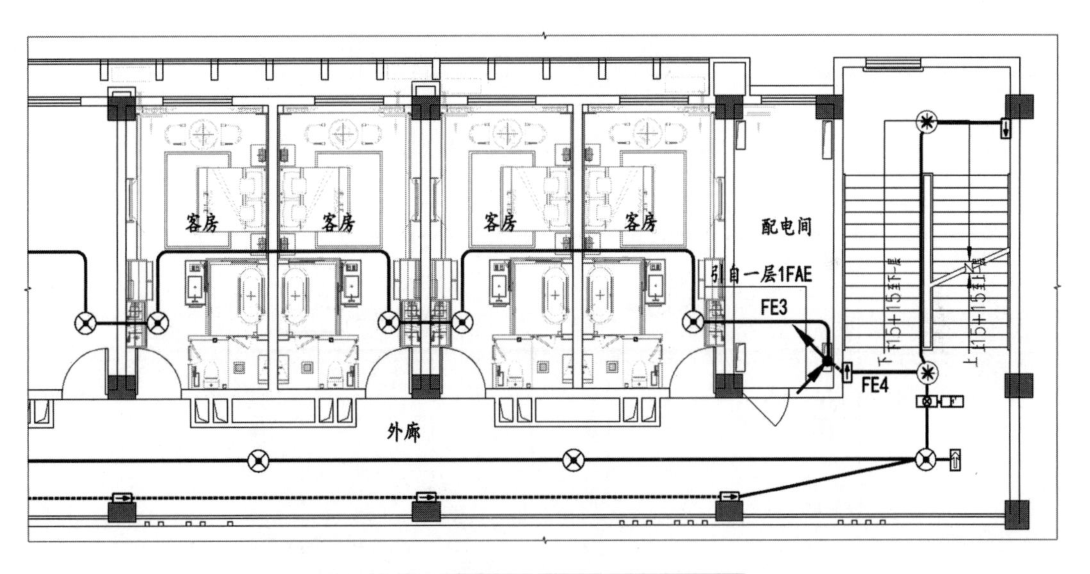

图例	说明
⊗	集中电源疏散照明灯（A型）
⇐	方向标志灯（A型）
✳	集中电源疏散照明灯（A型）（楼梯间）
⊠	疏散出口标志灯（A型）
⇐	多信息复合标志灯（A型）
F	楼层标志灯
○	正常照明灯具

图 7.6.4　二层应急照明平面示意图（一）

2）封闭式楼梯间的旅馆建筑

各层楼梯间、走道的正常照明与应急疏散照明由各自的配电箱和应急照明集中电源供电，楼梯间的应急照明需采用专用回路竖向供电，楼梯间的正常照明可与所在楼层的走道正常照明共用回路，也可采用专用回路竖向供电。由于正常照明失电，其相应的应急照明应自动点亮，正常照明和应急照明供电范围的一致性是非常有必要的，因此楼梯间的正常照明采用专用回路竖向供电，当室外消防用水量不大于 25L/s 时，配电干线系统示意图如图 7.6.5，配电系统示意图如图 7.6.6，正常照明及应急照明平面示意图如图 7.6.7、图 7.6.8。

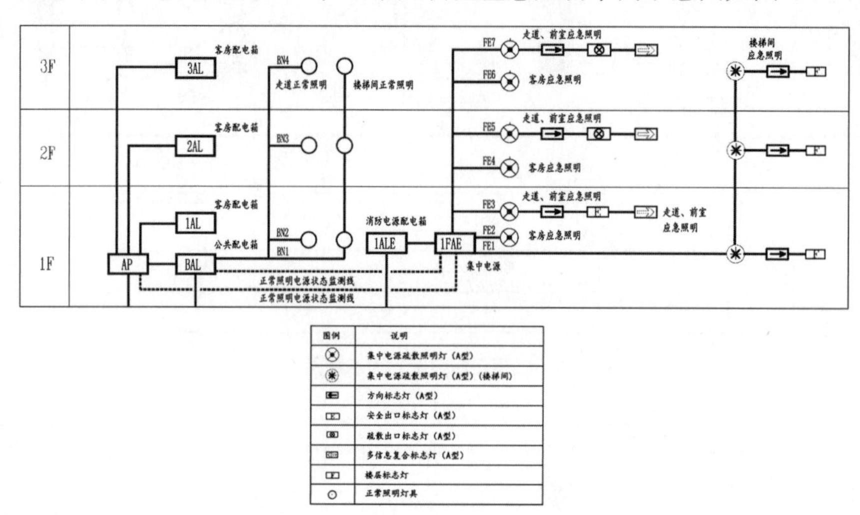

图 7.6.5　配电干线系统示意图（二）

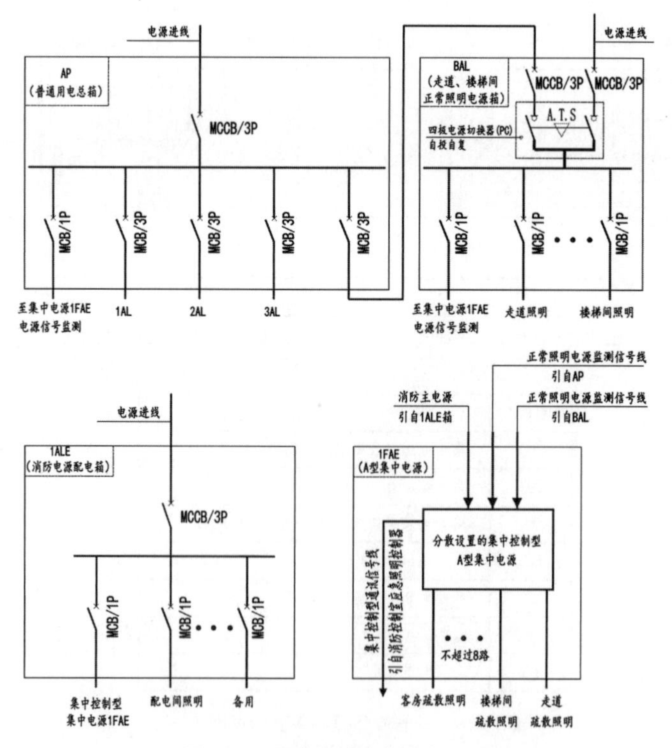

图 7.6.6　配电系统示意图（二）

注：当室外消防用水量大于 25L/s 时，1ALE 箱采用双电源供电。

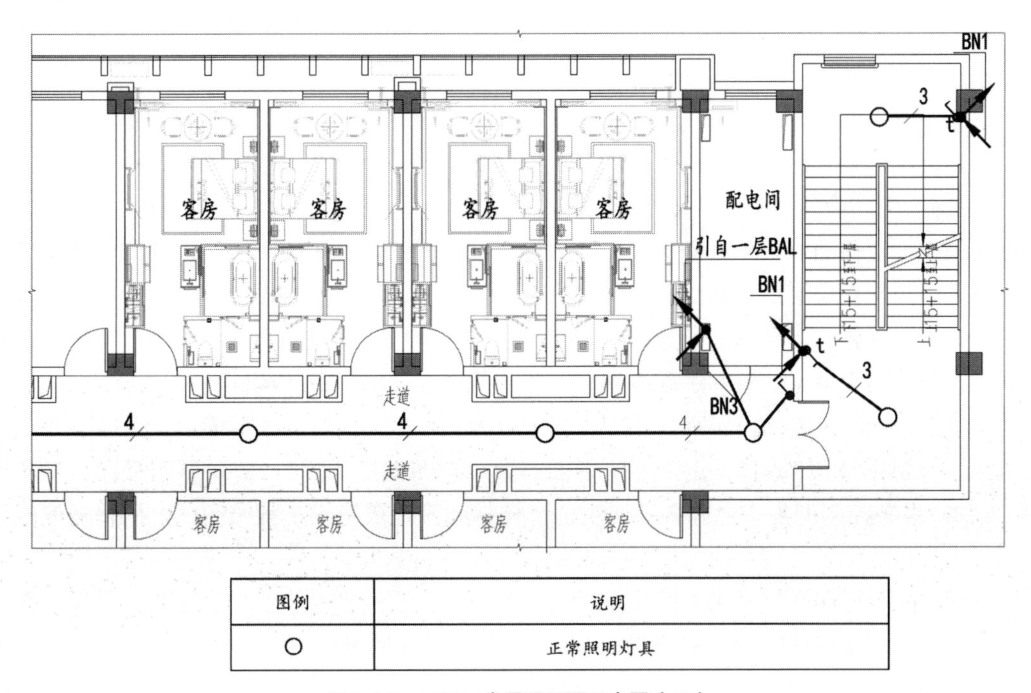

图例	说明
	正常照明灯具

图 7.6.7　二层正常照明平面示意图（二）

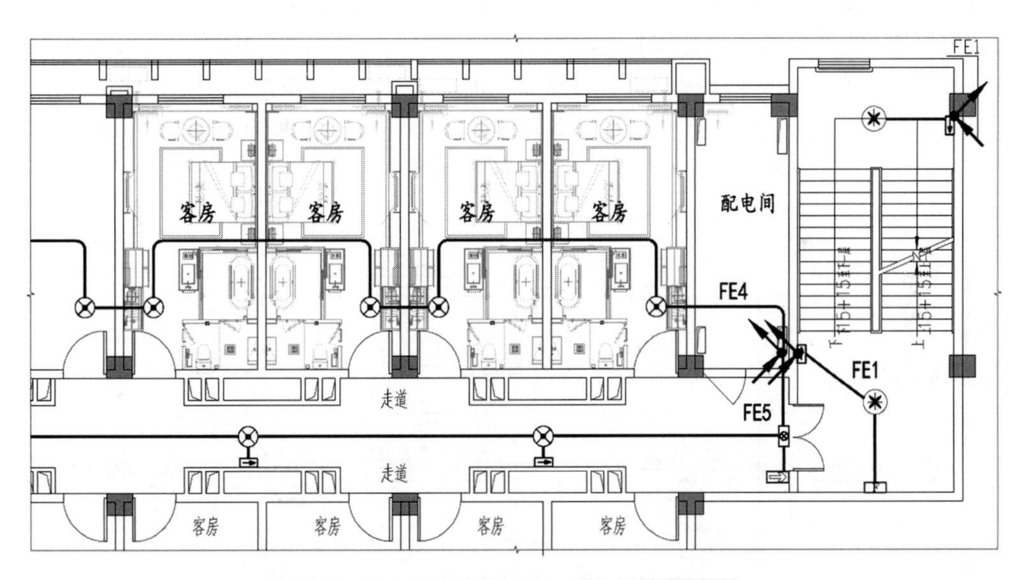

图例	说明
	集中电源疏散照明灯（A型）
	方向标志灯（A型）
	集中电源疏散照明灯（A型）（楼梯间）
	疏散出口标志灯（A型）
	多信息复合标志灯（A型）
	楼层标志灯
	正常照明灯具

图 7.6.8　二层应急照明平面示意图（二）

2. 高层旅馆建筑

建筑高度不大于 100 m 的高层旅馆建筑主要通道照明用电负荷等级为二级负荷（四星级及以上高层旅馆建筑的主要通道照明用电负荷等级为一级负荷），消防用电负荷等级为二级或一级负荷，消防应急疏散系统通常采用分散设置的A型集中电源集中控制型应急照明系统，楼梯间为防烟楼梯间或封闭式楼梯间，防烟楼梯间的前室及合用前室内的应急照明灯具的供电回路可以与所在楼层走道共用同一回路，而防烟楼梯间、封闭式楼梯间的应急照明灯具应单独设置配电回路。当楼梯间应急照明回路均由同一楼层集中电源垂直供电时，楼梯间正常照明不宜与楼层走道、前室共用配电回路，楼梯间正常照明宜由相应同一楼层公共照明配电箱垂直供电，同时供电的楼层宜与相应的集中电源一致，其配电干线系统示意图如图 7.6.9，配电系统示意图如图 7.6.10，正常照明平面布置示意图如图 7.6.11，应急照明平面示意图如图 7.6.12。集中控制型集中电源必须对走道、楼梯间等疏散路线正常照明供电的普通配电箱电源状态进行监测，一旦普通配电箱失电就联动疏散照明自动点亮。由于防烟楼梯间或封闭式楼梯间的疏散照明必须专用回路垂直供电，当正常照明的走道、前室、楼梯间共用正常照明回路时，只有本层楼梯间正常照明停电时，本层供电的集中电源才能监测到失电信号，该楼层的楼梯间应急照明才能自动点亮，而对于非本层集中电源供电的楼梯间即使正常照明停电，由于供电该楼层应急照明的集中电源未接收到失电信号，因此该楼层楼梯间应急照明将无法自动点亮，只有对各层的正常照明配电箱均设置电源监测线，才能保证自动点亮楼梯间的应急照明，这势必增加了工程造价。当楼梯间正常照明供电范围与集中电源供电范围一致且均采用垂直供电时，集中控制型集中电源只要监测相应楼层公共照明配电箱的电源信号就能实现疏散照明应急点亮，既节约了造价又方便控制。

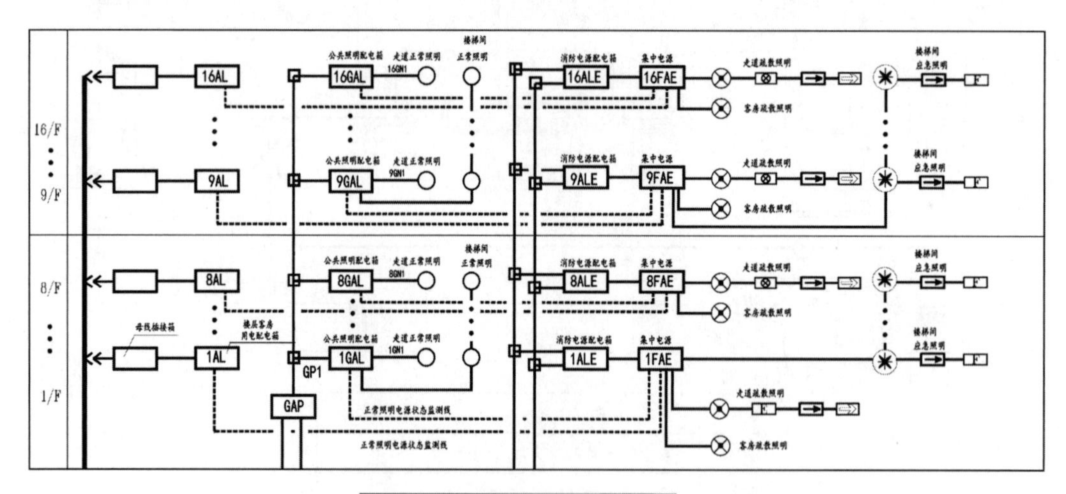

图例	说明
	集中电源疏散照明灯（A型）
	集中电源疏散照明灯（A型）（楼梯间）
	方向标志灯（A型）
	安全出口标志灯（A型）
	疏散出口标志灯（A型）
	多信息复合标志灯（A型）
	楼层标志灯
○	正常照明灯具

图 7.6.9　高层旅馆建筑正常照明和应急照明的配电干线系统示意图

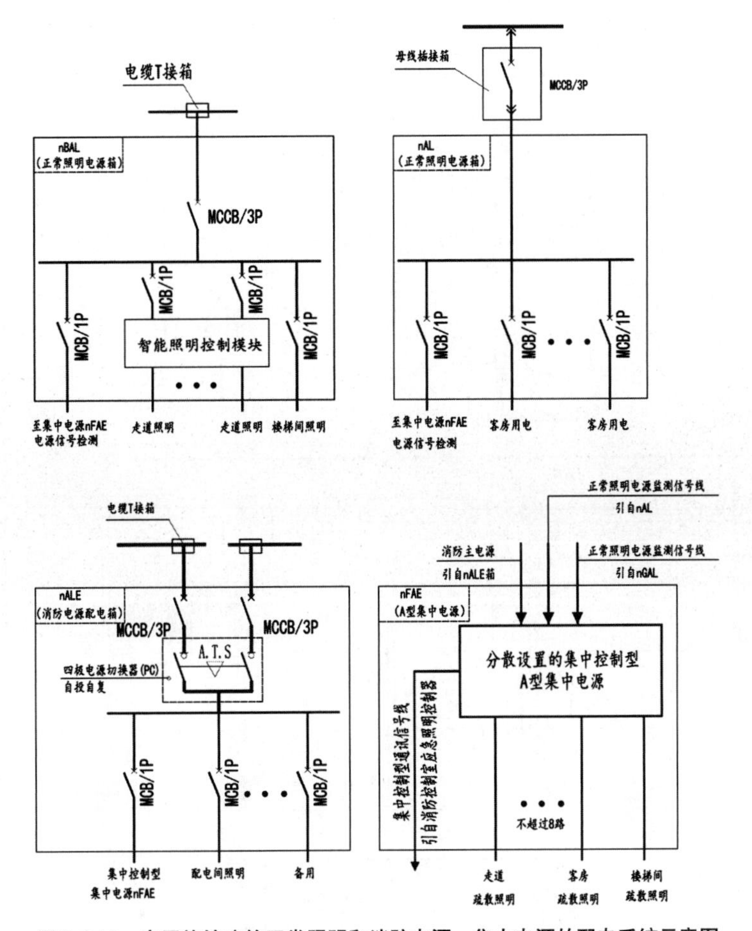

图 7.6.10 高层旅馆建筑正常照明和消防电源、集中电源的配电系统示意图

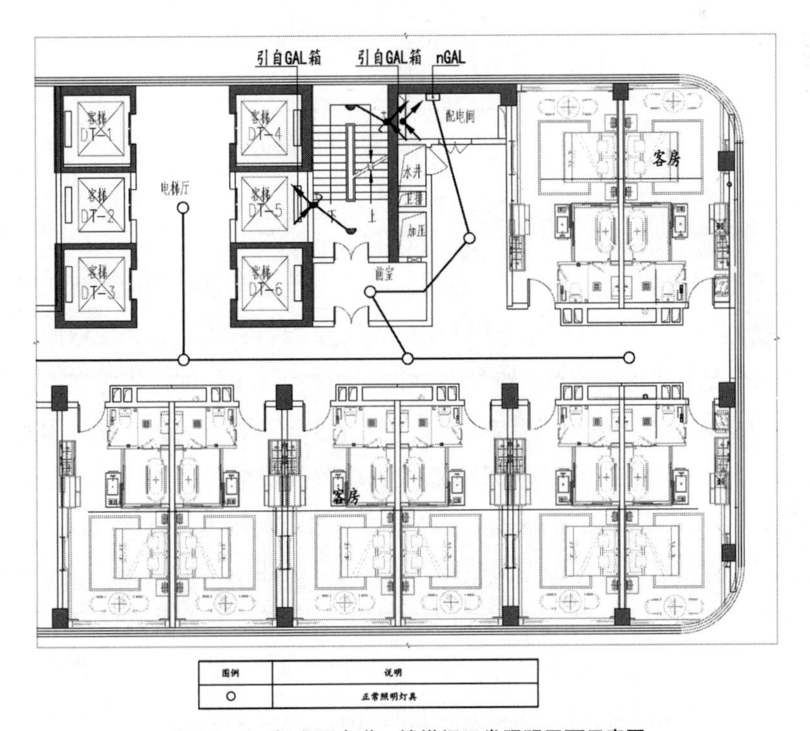

图 7.6.11 标准层走道、楼梯间正常照明平面示意图

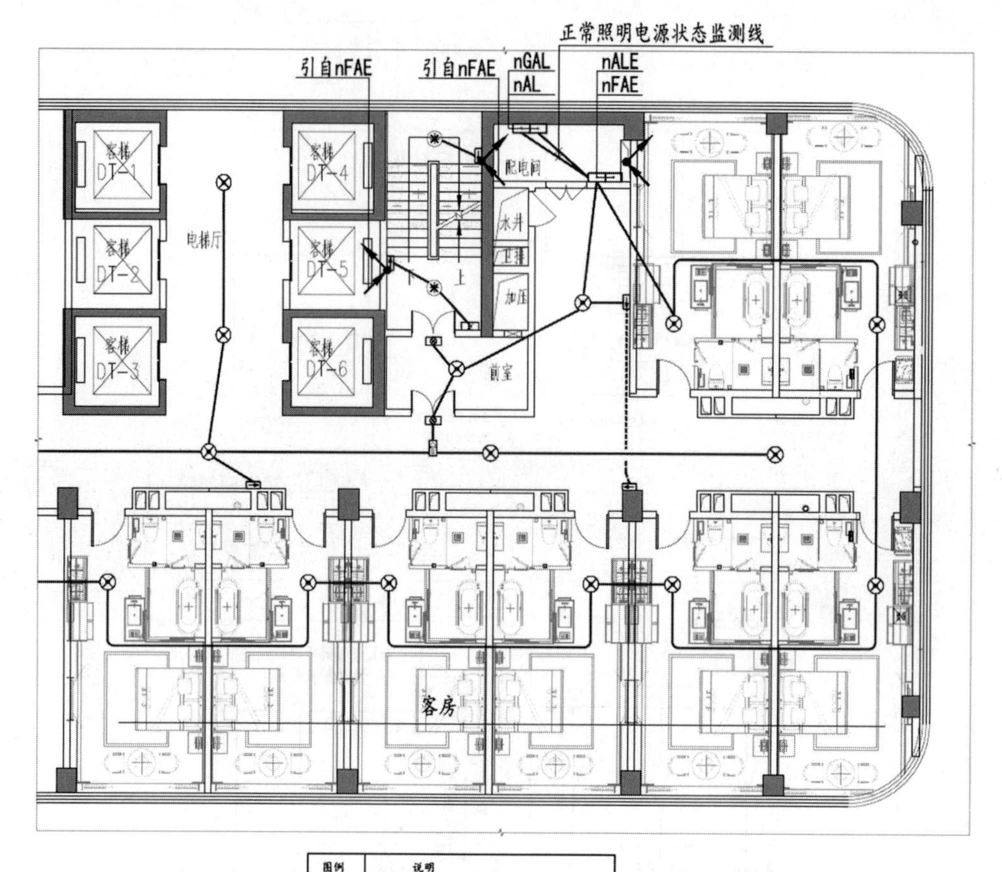

图例	说明
	集中电源疏散照明灯（A型）
	方向标志灯（A型）
	集中电源疏散照明灯（A型）（楼梯间）
	疏散出口标志灯（A型）
	多信息复合标志灯（A型）
	楼层标志灯
	正常照明灯具

图 7.6.12　标准层走道、楼梯间及客房应急照明平面示意图

3. 客房、高级套房

旅馆建筑的客房内必须设置有疏散照明，可以不设置应急疏散指示标志灯。普通客房内疏散照明须设置在入户门廊区域。为避免线路故障影响疏散，客房疏散照明与走道疏散照明分开回路供电是非常有必要的，如图 7.6.12。对于高级套房，往往集卧室、起居室于一体，部分高级酒店的总统套房还有随从房、书房、专用通道等附属配套空间，因此在应急照明设计时应考虑以最末端功能房间为疏散起点规划疏散区域至客房外公共疏散通道，同时疏散照明为专路供电，如图 7.6.13。高级套房用电为一级负荷用电，其平时用电往往独立于楼层的客房用电箱，为满足集中控制型应急照明系统中关于非火灾状态下，正常照明失电时，应急照明应急点亮的联动控制要求集中控制型集中电源必须对公共疏散区域的正常照明供电的普通配电箱、为客房供电的配电箱、专为高级套房供电的配电箱的电源状态进行监测，一旦其中任何一个配电箱失电均可联动疏散照明自动点亮。如图 7.6.14、图 7.6.15、图 7.6.16。

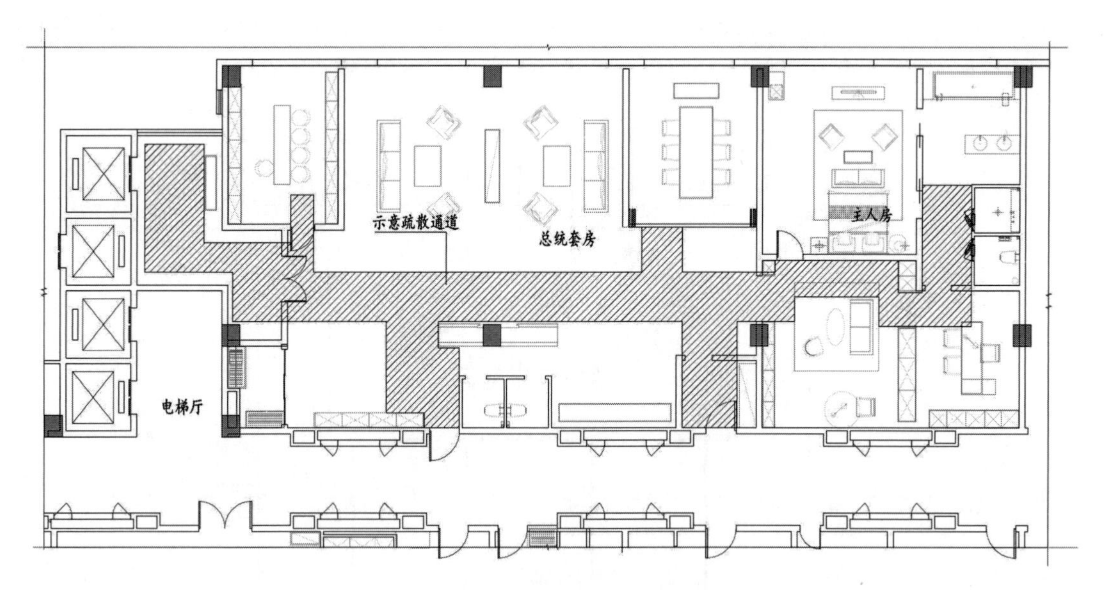

图 7.6.13　高级套房疏散区域示意图

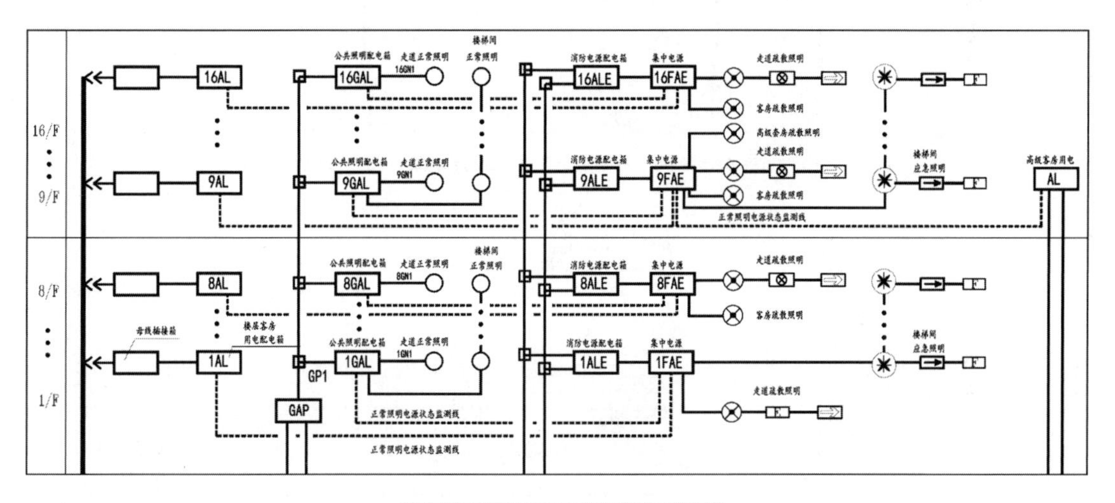

图例	说明
⊙	集中电源疏散照明灯（A型）
✱	集中电源疏散照明灯（A型）（楼梯间）
	方向标志灯（A型）
E	安全出口标志灯（A型）
	疏散出口标志灯（A型）
	多信息复合标志灯（A型）
F	楼层标志灯
○	正常照明灯具

图 7.6.14　高层旅馆建筑（带高级套房）正常照明和应急照明的配电干线系统示意图

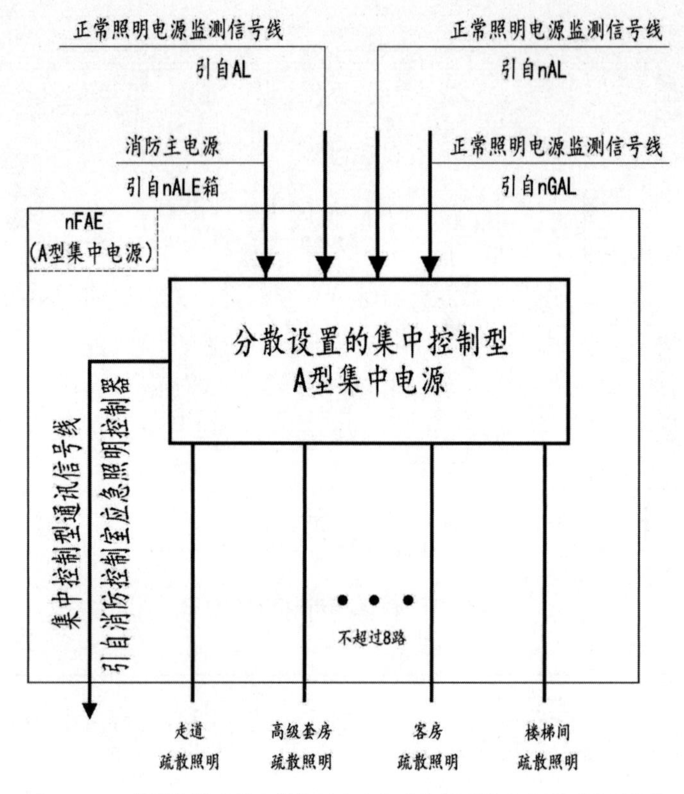

图 7.6.15　高层旅馆建筑（带高级套房）应急照明集中电源系统示意图

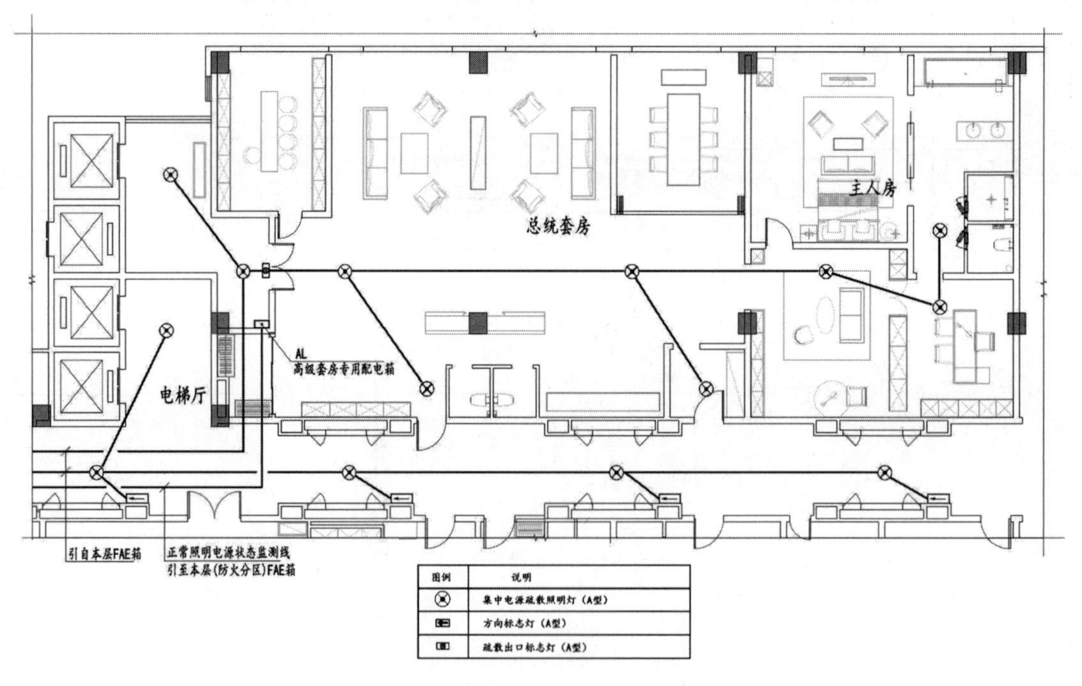

图 7.6.16　高级套房应急照明平面示意图

4. 房间吊顶下净高不大于 8 m 的宴会厅

旅馆建筑除在走道、前室、合用前室、楼梯间、客房等设置应急照明外，对于宴会厅、建筑面积超过 400 ㎡的会议室、建筑面积超过 200 ㎡的营业厅、餐厅等人员密集场所也必须设置应急照明。由于大开间空间的二级照明用电应采用双重电源的两个低压回路交叉供电，平时可能只使用了一个低压配电回路的照明，另一个低压配电回路的照明未开启，从而造成一个低压配电回路的停电使整个场所一片漆黑，因此当照明采用两个低压回路交叉供电时，集中控制型应急照明系统必须同时检测这两个低压电源状态，任何一个低压配电回路失电均应自动点亮疏散照明。其配电干线系统示意图如图 7.6.17，正常照明与应急照明平面示意图如图 7.6.18、图 7.6.19。

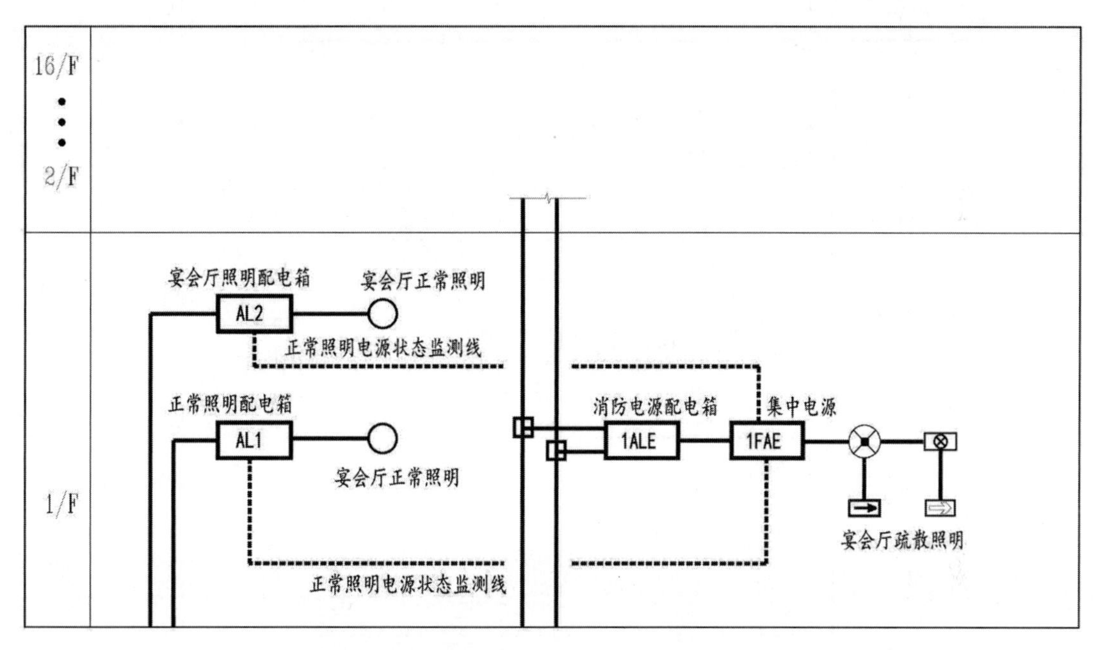

图例	说明
⊗	集中电源疏散照明灯（A型）
[←]	方向标志灯（A型）
[⊗]	疏散出口标志灯（A型）
[⇐]	多信息复合标志灯（A型）
○	正常照明灯具

图 7.6.17　宴会厅的正常照明和应急照明的配电干线系统示意图

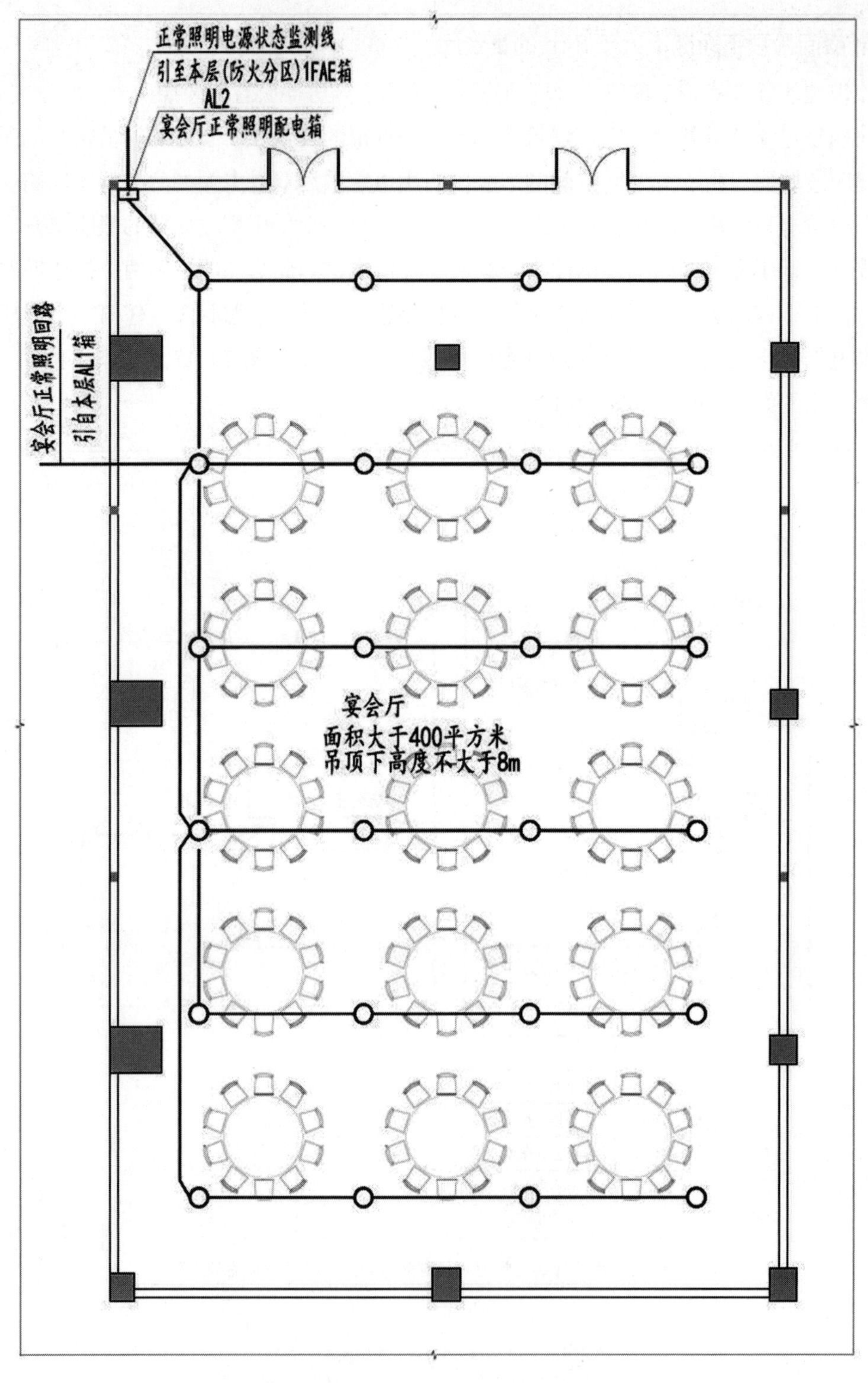

图例	说明
○	正常照明灯具

图 7.6.18　宴会厅的正常照明平面示意图

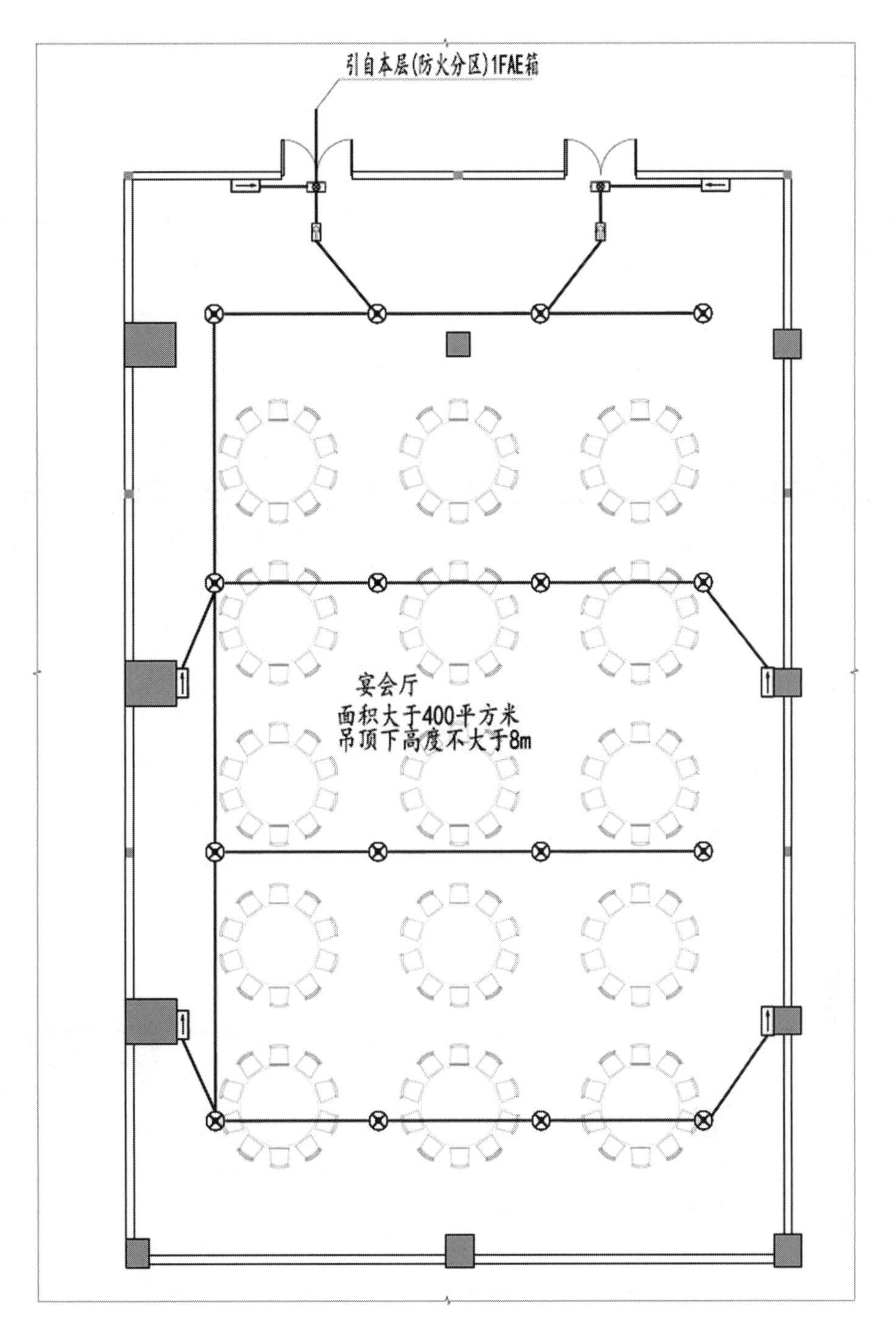

图例	说明
	集中电源疏散照明灯（A型）
	方向标志灯（A型）
	疏散出口标志灯（A型）
	多信息复合标志灯（A型）

图 7.6.19　宴会厅应急照明平面示意图

5. 房间吊顶下净高大于 8 m 的大型多功能宴会厅

旅馆建筑中大型多功能宴会厅往往配有舞台设施，照明设计较为复杂，因此正常照明往往由一个双电源配电箱供电。当大型多功能宴会厅吊顶下净高大于 8 m 时，为满足地面疏散照度要求，其疏散照明灯具可采用 B 型集中电源消防应急照明灯具，在宴会厅控制室内独立设置集中控制型 B 型应急照明集中电源为其供电。宴会厅内的疏散指示标志灯安装高度不大于 8 m，因此应采用 A 型灯具作为疏散指示标志，需由 A 型应急照明集中电源为其供电。由于疏散指示标志灯往往回路较少且用电容量较小，因此当宴会厅与所在楼层公共区域同一防火分区时，宴会厅内的疏散指示标志可与同楼层的应急照明共用 A 型集中电源以节省造价，宴会厅内的 B 型集中电源也可由同楼层的消防电源配电箱供电。宴会厅内的 B 型集中电源及同楼层的 A 型集中电源均应能监测宴会厅正常照明箱的电源状态，当宴会厅正常照明失电时，方能同时联动宴会厅内的疏散照明（B 型）和应急疏散指示标志灯（A 型）自动点亮，其配电干线系统示意图如图 7.6.20，正常照明与应急照明平面示意图如图 7.6.21、图 7.6.22。

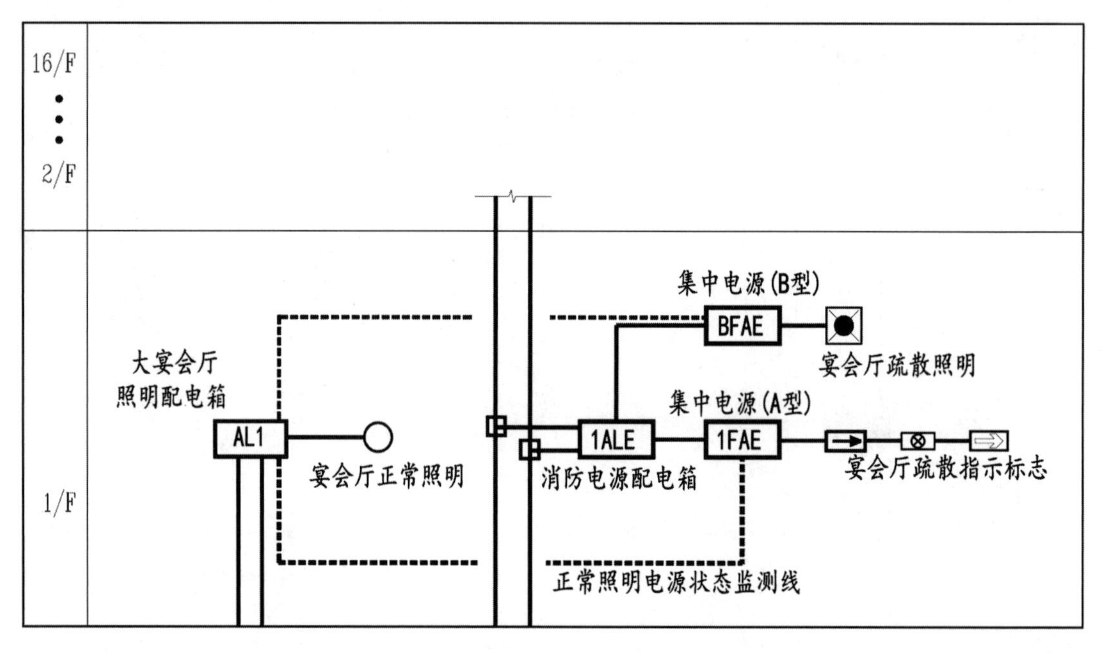

图例	说明
	集中电源疏散照明灯（B型）
	方向标志灯（A型）
	疏散出口标志灯（A型）
	多信息复合标志灯（A型）
	正常照明灯具

图 7.6.20　多功能大宴会厅正常照明和消防电源、集中电源的配电干线系统示意图

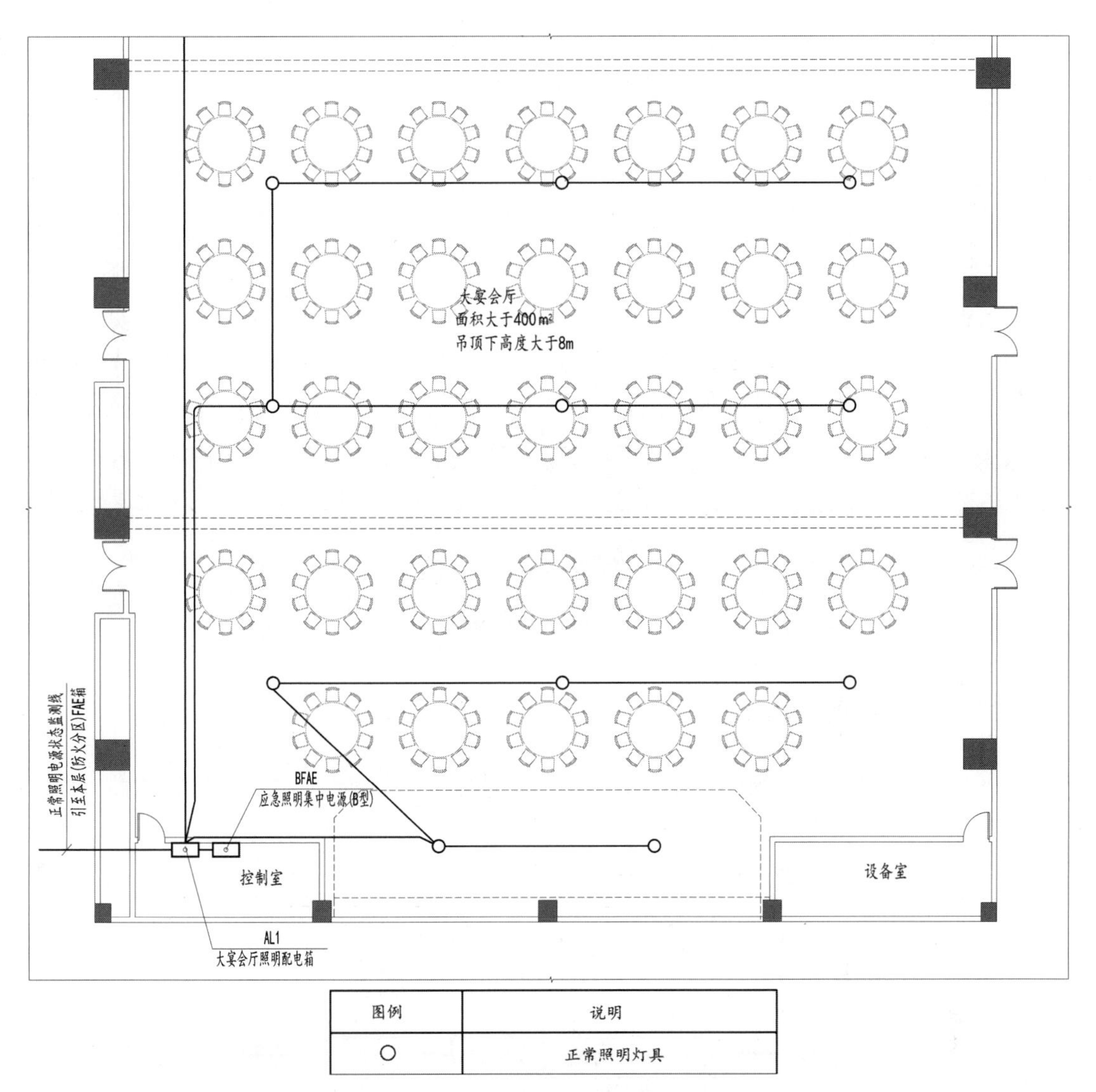

图例	说明
○	正常照明灯具

图 7.6.21　多功能大宴会厅正常照明平面示意图

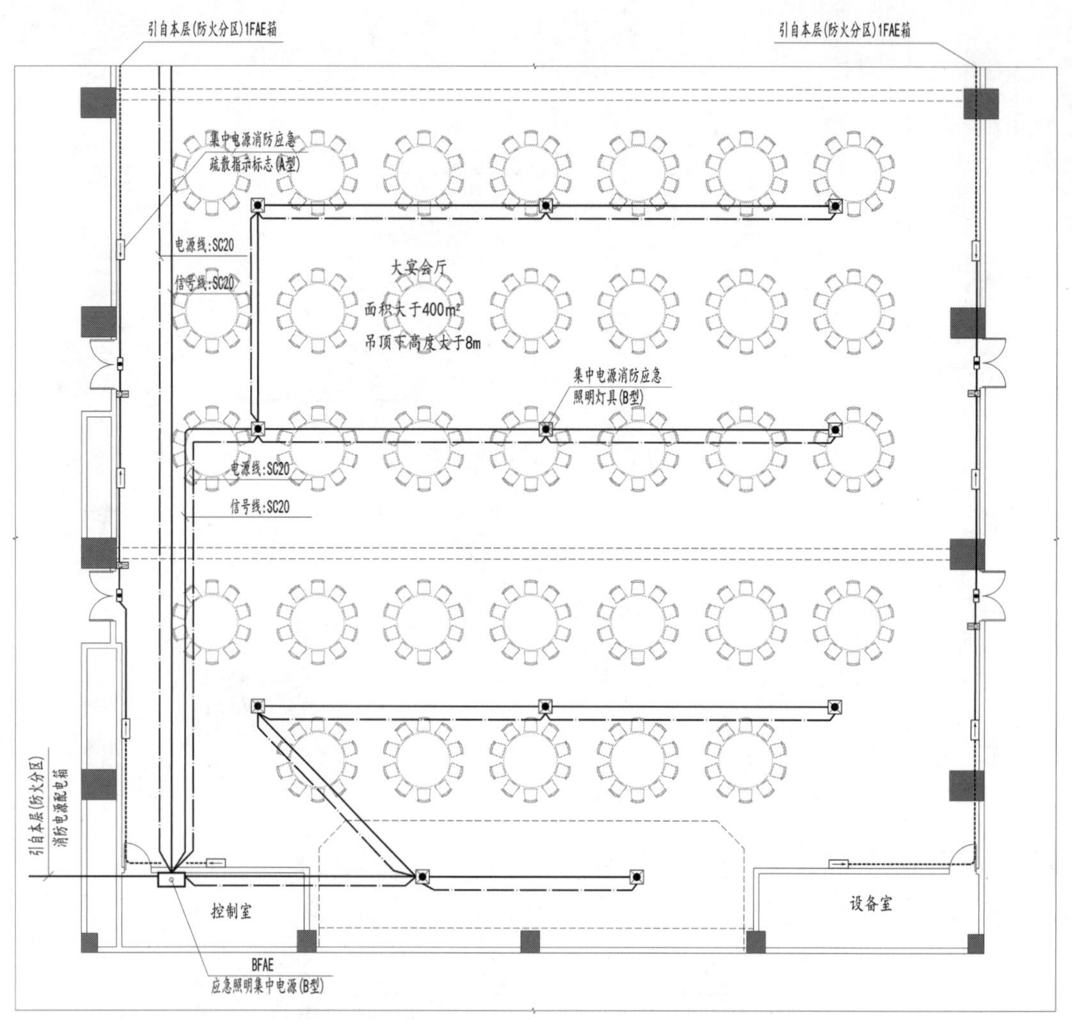

图例	说明
	集中电源疏散照明灯（B型）
	方向标志灯（A型）
	疏散出口标志灯（A型）
	多信息复合标志灯（A型）

图 7.6.22　多功能大宴会厅应急照明平面示意图

第八章
汽车库

DIBAZHANG
QICHEKU

一 汽车库的分类和负荷等级的划分

汽车库是用于停放机动车的建筑物，车库可分为独立式车库及附建式车库，不属于民用建筑和工业建筑。车库可根据车位的数量分为Ⅰ～Ⅳ类车库，也可分为特大型、大型、中型、小型汽车库等。还可以根据车库设置的位置及型式分为地下汽车库、半地下室汽车库、多层汽车库、高层汽车库、机械式汽车库、敞开式汽车库。根据汽车库的类别，其应急照明负荷等级可分为一级、二级、三级，如表 8.0.1。

表 8.0.1　汽车库分类表

名称		Ⅰ类		Ⅱ类	Ⅲ类	Ⅳ类
汽车库	停车数量（个）	＞1000	301～1000	151～300	51～150	≤50
	规模	特大型	大型	中型	中型	小型
	总建筑面积（m²）	S＞10000		5000＜S≤10000	2000＜S≤5000	S≤2000
停车场	停车数量（辆）	＞400		251～400	101～250	≤100
负荷等级		一级负荷		二级负荷	二级负荷	三级负荷

二 集中电源容量的确定及应急照明设置部位和疏散照明照度的要求

当上部建筑的消防负荷等级高于地下室车库时，通常地下室车库的消防应急照明负荷等级与上部消防负荷等级一致。当车库设置火灾自动报警系统时，一般采用分散设置的 A 型集中电源集中控制型应急照明系统，车库属于非人员密集场所，火灾应急连续供电时间可根据车库的规模确定，平时应急连续供电时间可为 10～30 min，当集中电源采用铅酸蓄电池时，其容量计算和连续供电时间的确定如表 8.0.2。

表 8.0.2　集中电源供电持续时间及容量计算

场所	火灾状态下，系统应急启动后，主电源断电时，蓄电池电源供电所需的持续工作时间 t_1	非火灾状态下，主电源断电时，灯具持续应急点亮时间 t_2	集中电源蓄电池供电时的持续工作时间 $t=t_1+t_2$	集中电源容量 $P=nP_1$
总建筑面积大于2万平方米的地下、半地下汽车库	60 min（1.0 h）	10 min (0.167h)	70 min (1.167h)	2.43 P_1
其余车库	30 min（0.5 h）	10 min (1.167h)	40 min (0.67h)	1.39 P_1

注：1　P_1 为消防应急灯具总功率（W）。
　　2　t_2 为建议值且不应大于 30 min。

当车库不设置火灾自动报警时，一般采用灯具自带蓄电池 A 型应急照明配电箱非集中控制型应急照明系统，火灾应急连续供电时间为 30 min。应急照明应设置在人员疏散通道及出入口、配电室、值班室、控制室等用房。地下室汽车库应急照明设置的部位及地面最低水平照度如表 8.0.3。

表 8.0.3　应急照明设置的部位或场所及其地面最低水平照度表

序号	设置部位或场所	地面水平最低照度
1	车库疏散通道	3.0 lx
2	配电室、消防控制室、消防水泵房、自备发电机房等发生火灾仍需工作、值守的区域	1.0 lx

集中控制型集中电源必须设置在消防控制室、低压配电室、配电间内或电气竖井内，不可以设置在防排烟机房、走道、前室、楼梯间内，也不可以在车库就地现场安装，但可以设置在消防水泵房专用控制室内。配电间内不允许无关的管道通过，防排烟风管是为车库服务，与配电间无关，而且地下室车库防排烟机房还设置有自动喷淋灭火系统，因此防排烟机房不能兼用配电间。

三　集中电源对正常照明的监测要求

由于车库多数位于地下室，无自然采光，面积大，当正常照明线路发生故障或市电停电时，应急照明灯具将自动点亮，而实际上，消防验收合格后，通常对于消防设施的维护和更新并不及时，存在着安全隐患。

当采用单电源供电时，若正常照明发生故障且应急照明无法自动点亮，将造成大面积的车库失去照明，漆黑一片。因此仅靠应急照明作为安全保障，无法保证地下车库正常照明的可靠性，除正常照明外，对于车库增加另一重保障安全的照明，设置备用照明是非常重要的。备用照明常常设置在车道上，车位上不设置，备用照明和一般照明可采用同一防火分区引自不同变压器低压系统的两个配电箱回路交叉供电。当车库照明为二级负荷的地下室，其车库照明由双重电源的两个低压回路交叉供电。地下室正常照明和应急照明的配电干线系统示意图如图 8.0.1。

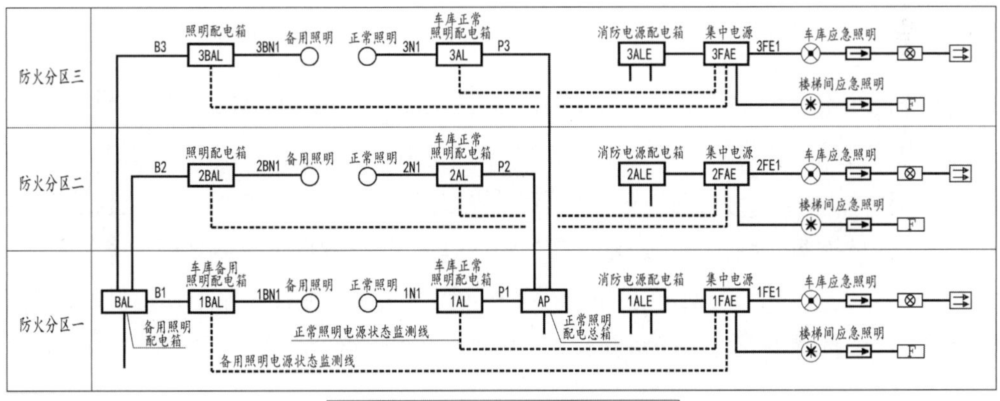

图例	说明
⊗	集中电源疏散照明灯（A型）
⊛	集中电源疏散照明灯（A型）（楼梯间）
⇨	方向标志灯（A型）
⊗	疏散出口标志灯（A型）
⇉	双面方向标志灯（A型）
F	楼层标志灯
○	正常照明灯具

图 8.0.1　正常照明和应急照明的配电干线系统示意图（一）

对于大面积的地下室，为保证地下室车库照明的可靠性，其配电干线系统示意图如图8.0.2。车库照明的另一低压回路进线电源由低压双电源互投后放射供电。由于正常工作往往可能只使用了一个低压配电回路的照明，另一个低压配电回路的照明未开启，从而造成一个低压配电回路的停电使同一防火分区的汽车库一片漆黑，因此当照明采用两个低压回路交叉供电时，集中控制型应急照明系统必须同时监测这两个低压电源状态，任何一个低压配电回路停电均应自动点亮疏散照明。

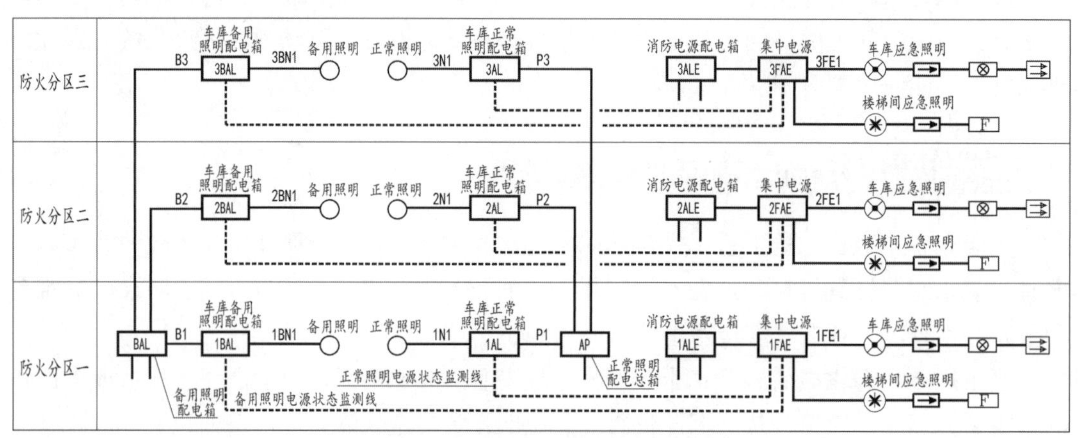

图例	说明
	集中电源疏散照明灯（A型）
	集中电源疏散照明灯（A型）（楼梯间）
	方向标志灯（A型）
	疏散出口标志灯（A型）
	双面方向标志灯（A型）
F	楼层标志灯
	正常照明灯具

图 8.0.2　正常照明和应急照明的配电干线系统示意图（二）

当几个防火分区共用一个集中电源时，为了实现每一个防火分区均能正常启动应急照明，集中电源必须对所有相应的防火分区的一般照明配电箱电源状态进行监测，由于地下室面积大、防火分区多，从而造成电源监测线路长且数量多，控制复杂，而且也不一定能节省造价。因此在每个防火分区配电间设置一个集中电源是非常有必要的。当车库照明为一级负荷的地下室，其照明配电箱需采用两个低压回路在末端配电箱处切换供电，地下室正常照明和应急照明的配电干线系统示意图如图 8.0.3，配电系统示意图如图 8.0.4。

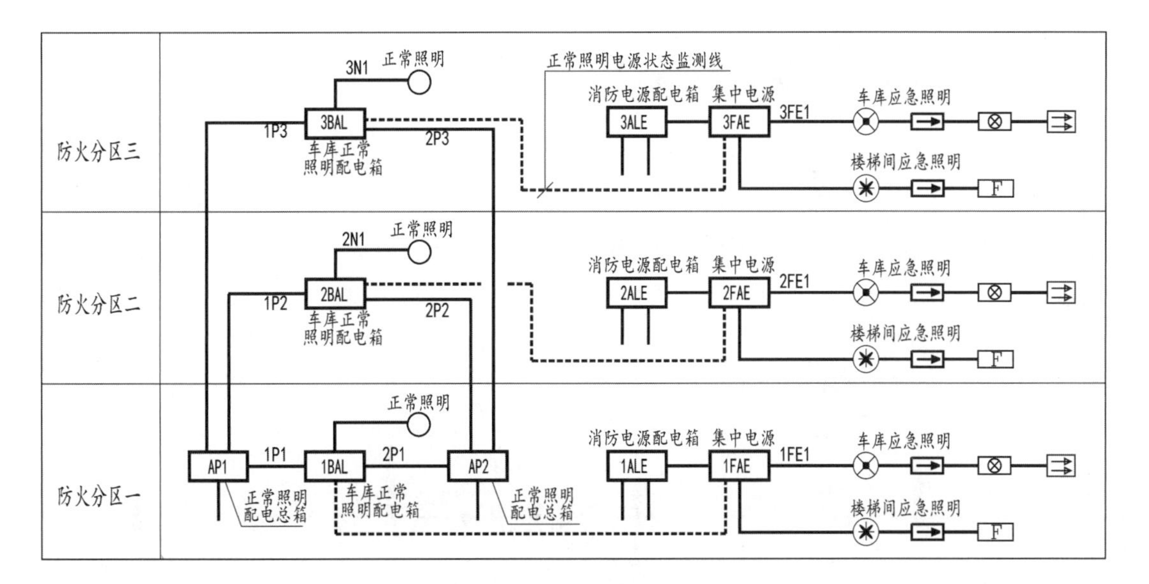

图例	说明
	集中电源疏散照明灯（A型）
	集中电源疏散照明灯（A型）（楼梯间）
	方向标志灯（A型）
	疏散出口标志灯（A型）
	双面方向标志灯（A型）
	楼层标志灯
	正常照明灯具

图 8.0.3　正常照明和应急照明的配电干线系统示意图（三）

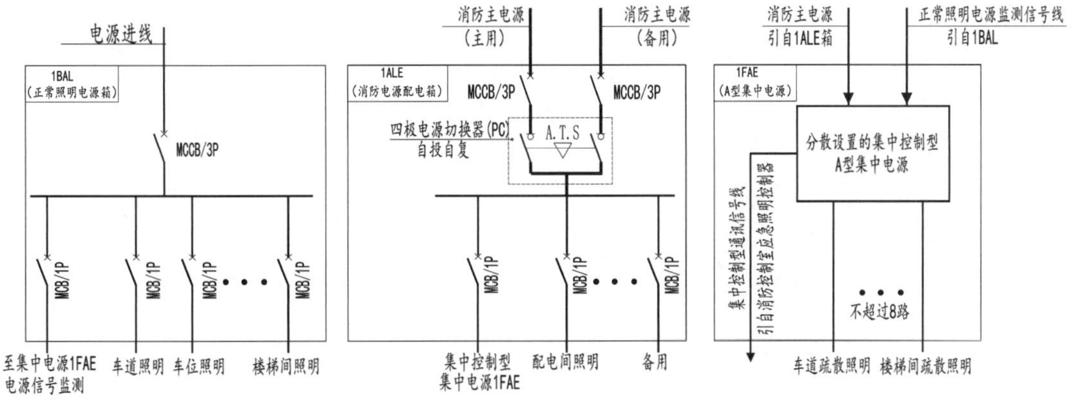

图 8.0.4　配电系统示意图

四　应急照明线路敷设和疏散标志灯的设置

地下室层高一般不超过 8 m，采用 A 型电压等级应急照明灯具，电源电压一般为 DC24V 或 DC36V，而正常照明的电源电压一般为 AC220V，由于疏散照明和正常照明的供电电源不同且交直流不同，因此应急照明电源管线需单独敷设，不可与照明金属槽盒共槽盒敷设，地下室管道多，灯具吸顶安装时可能导致灯具被风管、桥架等管道遮挡，影响车库地面疏散照明的照度，灯具在车道照明槽盒下安装，管线沿车道照明槽盒独立穿管明敷设较为合适。车库正常照明平面示意图如图 8.0.5 和应急照明平面示意图如图 8.0.6。

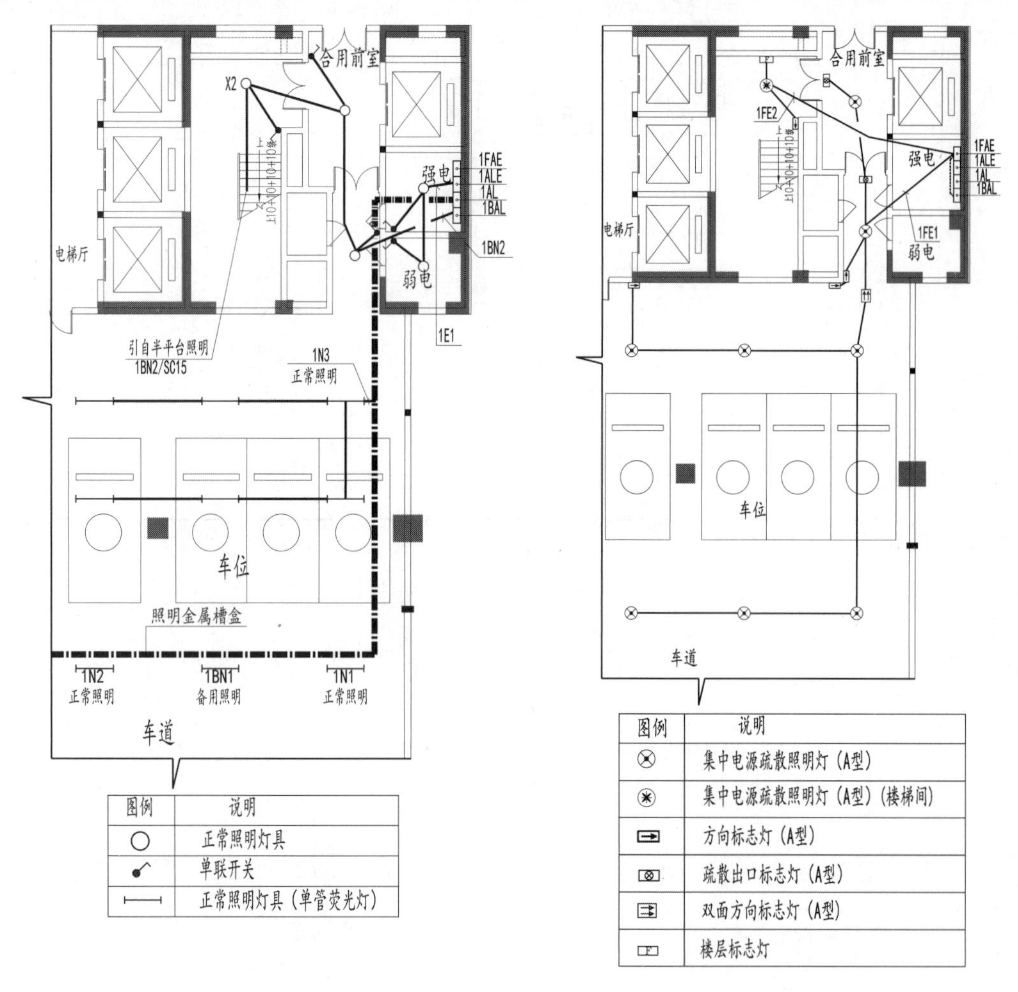

图 8.0.5　正常照明平面示意图　　　　图 8.0.6　应急照明平面示意图

地下室车库方向标志灯设置在车道上距地 1 m 以下的柱子或墙上，间距不大于 10 m，当设置在 1 m 以下的方向标志灯被车位遮挡时，方向标志灯可采用杆吊安装在顶棚上，原则上不采用在走道地面上设置方向标志灯。当地下车库有消防水池时，方向标志灯不应设置在消防水池壁上。当顶棚上方为消防水池时，疏散照明、正常照明、备用照明等灯具及其管线均必须采用明敷设，同时在车道上常常设置悬挂式的双面方向指示灯，指示疏散口方向。

第九章
工业建筑

DIJIUZHANG
GONGYE JIANZHU

厂房指从事各类工业生产及直接为生产服务的房屋，包括主要车间、辅助用房及附属设施用房。

一 厂房的分类

厂房防火要求应根据生产的产品确定，生产的火灾危险性应根据生产中使用或产生的物质性质及其数量等因素划分，可分为甲、乙、丙、丁、戊类，如表 9.0.1。

表 9.0.1 生产的火灾危险性分类

生产的火灾危险性类别	使用或产生下列物质生产的或者危险性特性	举例
甲	1. 闪点小于 28°C的液体 2. 爆炸下限小于 10% 的气体 3. 常温下能自行分解或在空气中氧化能导致迅速自燃或爆炸的物质 4. 遇酸、受热、撞击、摩擦、催化以及遇有机物或硫黄等易燃的无机物，极易引起燃烧或爆炸的氢氧化剂 5. 受撞击、摩擦或与氧化剂、有机物接触时能引起燃烧或爆炸的物质 6. 在密闭设备内操作温度不小于物质本身自燃点的生产	1. 闪点小于 28°C的油品和有机溶剂的提炼、回收或洗涤部位及其泵房，橡胶制品的涂胶和胶浆部位，二硫化碳的粗馏、精馏工段及其应用部位，青霉素提炼部位，原料药厂的非纳西汀车间的烃化、回收及电感精馏部位，皂素车间的抽提、结晶及过滤部位，冰片精制部位，农药厂乐果厂房，敌敌畏的合成厂房、磺化法糖精厂房，氯乙醇厂房，环氧乙烷、环氧丙烷工段，苯酚厂房的磺化、蒸馏部位，焦化厂吡啶工段，胶片厂片基车间，汽油加铅室，甲醇、乙醇、丙酮、丁酮异丙醇、醋酸乙酯、苯等的合成或精制厂房，集成电路工厂的化学清洗间（使用闪点小于 28°C的液体），植物油加工厂的浸出车间；白酒液态法酿酒车间、酒精蒸馏塔，酒精度为 38 度及以上的勾兑车间、灌装车间、酒泵房；白兰地蒸馏车间、勾兑车间、灌装车间、酒泵房 2. 乙炔站，氢气站，石油气体分馏（或分离）厂房，氯乙烯厂房，乙烯聚合厂房，天然气、石油伴生气、矿井气、水煤气或焦炉煤气的净化（如脱硫）厂房压缩机室及鼓风机室，液化石油气灌瓶间，丁二烯及其聚合厂房，醋酸乙烯厂房，电解水或电解食盐厂房，环己酮厂房，乙基苯和苯乙烯厂房，化肥厂的氢氮气压缩厂房，半导体材料厂使用氢气的拉晶间，硅烷热分解室 3. 硝化棉厂房及其应用部位，赛璐珞厂房，黄磷制备厂房及其应用部位，三乙基铝厂房，染化厂某些能自行分解的重氮化合物生产，甲胺厂房，丙烯腈厂房 4. 金属钠、钾加工厂房及其应用部位，聚乙烯厂房的一氧二乙基铝部位，三氯化磷厂房，多晶硅车间三氯氢硅部位，五氧化二磷厂房 5. 氯酸钠、氯酸钾厂房及其应用部位，过氧化氢厂房，过氧化钠、过氧化钾厂房，次氯酸钙厂房 6. 赤磷制备厂房及其应用部位，五硫化二磷厂房及其应用部位 7. 洗涤剂厂房石蜡裂解部位，冰醋酸裂解厂房
乙	1. 闪点不小于 28°C，但小于 60°C的液体 2. 爆炸下限不小于 10% 的气体 3. 不属于甲类的氧化剂 4. 不属于甲类的易燃固体 5. 助燃气体 6. 能与空气形成爆炸性混合物的浮游状态的粉尘、纤维、闪点不小于 60°C的液体雾滴	1. 闪点大于或等于 28°C至小于 60°C的油品和有机溶剂的提炼、回收、洗涤部位及其泵房，松节油或松香蒸馏厂房及其应用部位，醋酸酐精馏厂房，己内酰胺厂房，甲酚厂房，氯丙醇厂房，樟脑油提取部位，环氧氯丙烷厂房，松针油精制部位，煤油灌桶间 2. 一氧化碳压缩机室及净化部位，发生炉煤气或鼓风炉煤气净化部位，氨压缩机房 3. 发烟硫酸或发烟硝酸浓缩部位，高锰酸钾厂房，重铬酸钠（红钒钠）厂房 4. 樟脑或松香提炼厂房，硫黄回收厂房，焦化厂精萘厂房 5. 氧气站，空分厂房 6. 铝粉或镁粉厂房，金属制品抛光部位，煤粉厂房、面粉厂的碾磨部位、活性炭制造及再生厂房，谷物筒仓的工作塔，亚麻厂的除尘器和过滤器室
丙	1. 闪点不小于 60°C的液体 2. 可燃固体	1. 闪点大于或等于 60°C的油品和有机液体的提炼、回收工段及其抽送泵房，香料厂的松油醇部位和乙酸松油脂部位，苯甲酸厂房，苯乙酮厂房，焦化厂焦油厂房，甘油、桐油的制备厂房，油浸变压器室，机器油或变压油罐桶间，润滑油再生部位，配电室（每台装油量大于 60kg 的设备），沥青加工厂房，植物油加工厂的精炼部位 2. 煤、焦炭、油母页岩的筛分、转运工段和栈桥或储仓，木工厂房，竹、藤加工厂房，橡胶制品的压延、成型和硫化厂房，针织品厂房，纺织、印染、化纤生产的干燥部位，服装加工厂房，棉花加工和打包厂房，造纸厂备料、干燥车间，印染厂成品厂房，麻纺厂粗加工车间，谷物加工房，卷烟厂的切丝、卷制、包装车间，印刷厂的印刷车间，毛涤厂选毛车间，电视机、收音机装配厂房，显像管厂装配工煅烧枪间，磁带装配厂房，集成电路工厂的氧化扩散间、光刻间，泡沫塑料厂的发泡、成型、印片压花部位，饲料加工厂房，畜（禽）屠宰、分割及加工车间、鱼加工车间

续表

生产的火灾危险性类别	使用或产生下列物质生产的或者危险性特性	举例
丁	1.对不燃物质进行加工，并在高温或熔化状态下经常产生强辐射热、火花或火焰的生产 2. 利用气体、液体、固体作为燃料或将气体、液体进行燃烧作其他用的各种生产 3. 常温下使用或加工难燃烧物质的生产	1. 金属冶炼、锻造、铆焊、热轧、铸造、热处理厂房 2. 锅炉房，玻璃原料熔化厂房，灯丝烧拉部位，保温瓶胆厂房，陶瓷制品的烘干、烧成厂房，蒸汽机车库，石灰焙烧厂房，电石炉部位，耐火材料烧成部位，转炉厂房，硫酸车间焙烧部位，电极煅烧工段，配电室（每台装油量小于等于 60kg 的设备） 3. 难燃铝塑材料的加工厂房，酚醛泡沫塑料的加工厂房，印染厂的漂炼部位，化纤厂后加工润湿部位
戊	常温下使用或加工不燃烧物质的生产	制砖车间，石棉加工车间，卷扬机室，不燃液体的泵房和阀门室，不燃液体的净化处理工段，除镁合金外的金属冷加工车间，电动车库，钙镁磷肥车间（焙烧炉除外），造纸厂或化学纤维厂的浆粕蒸煮工段，仪表、器械或车辆装配车间，氟利昂厂房，水泥厂的轮窑厂房，加气混凝土厂的材料准备、构件制作厂房

工业厂房按其建筑结构形式可分为单层工业建筑、多层工业建筑及高层工业建筑。按照可容纳及同时工作人员数量可分为人员密集厂房和非人员密集厂房。劳动密集型企业一般指从事制鞋、制衣、玩具、肉食蔬菜水果等食品加工、家具木材加工、物流仓储等生产加工车间、经营储存场所。甲、乙类厂房必须由具有相应资质的专业设计院设计，一般的民用建筑设计院无相应设计资质，因此限于篇幅，仅论述设置火灾自动报警系统的劳动密集型厂房的应急照明典型设计。

二　防火分区面积的划分

除甲乙类厂房外，厂房建筑不同于民用建筑和车库建筑，对于单、多层厂房，单层防火分区面积较大，当厂房内设有喷淋系统时，防火分区面积可翻倍计算，如表 9.0.2。

表 9.0.2　厂房层数和每个防火分区的最大允许建筑面积

生产的火灾危险性类别	厂房的耐火等级	最多允许层数	每个防火分区的最大允许建筑面积（m^2）			
			单层厂房	多层厂房	高层厂房	地下或半地下厂房（包括地下或半地下室）
丙	一级	不限	不限	6000	3000	500
	二级	不限	8000	4000	2000	500
	三级	2	3000	2000	—	—
丁	一、二级	不限	不限	不限	4000	1000
	三级	3	4000	2000	—	—
	四级	1	1000	—	—	—
戊	一、二级	不限	不限	不限	6000	1000
	三级	3	5000	3000	—	—
	四级	1	1500	—	—	—

注：厂房内设置自动灭火系统时，每个防火分区的最大允许建筑面积可按表 9.0.2 增加 1.0 倍。当丁、戊类的地上厂房内设置自动灭火系统时，每个防火分区的最大允许建筑面积不限。厂房内局部设置自动灭火系统时，其防火分区的增加面积可按该局部面积的 1.0 倍计算。

三 集中电源容量的确定和负荷等级的划分

火灾状态下，系统应急启动后，建筑物蓄电池电源供电所需的持续工作时间设为 t_1，非火灾状态下，主电源断电时的灯具持续应急点亮时间设为 t_2，t_2 不应大于 30 min。对于人员密集厂房的蓄电池电源供电持续工作时间为 $t=t_1+t_2$。当集中电源采用铅酸蓄电池时，其容量计算和连续供电时间的确定如表 9.0.3。

表 9.0.3 集中电源供电持续时间及容量计算

名称	分类	火灾状态下，系统应急启动后，主电源断电时，蓄电池电源供电所需的持续工作时间 t_1	非火灾状态下，主电源断电时，灯具持续应急点亮时间 (min)，$t_2 \leqslant 0.5$ h，为建议值	集中电源蓄电池供电时的持续工作时间 $t=t_1+t_2$	集中电源容量 $P=nP_1$
厂房建筑	人员密集厂房	30 min	20 min	50 min（0.833 h）	$1.74P_1$
	非人员密集厂房	30 min	10 min	40 min（0.667h）	$1.39P_1$

注：1 P_1 为消防应急灯具总功率（W）。
2 t_2 为建议值且不应大于 30 min。

人员密集厂房消防用电负荷等级可划分为三类。建筑高度大于 50 m 的丙类厂房消防用电按一级负荷供电；室外消火栓用水量大于 30L/s 的厂房消防用电为二级负荷；其余厂房的消防用电负荷等级则为三级负荷。

四 应急照明设置部位和疏散照明照度的要求

人员密集厂房内的生产场所、疏散走道、前室和楼梯间必须设置消防应急照明，各场所的疏散照明照度必须满足表 9.0.4 要求。

表 9.0.4 厂房地面疏散照明水平最低照度表

序号	设置部位或场所	地面水平最低照度
1	厂房的疏散楼梯间、疏散楼梯间的前室或合用前室、避难走道及其前室、避难层、避难间、消防专用通道	10.0 lx
2	疏散走道、人员密集厂房内的生产场所	3.0 lx
3	配电室、消防控制室、消防水泵房、自备发电机房等发生火灾仍需工作、值守的区域	1.0 lx

五 控制系统的选择和集中电源对正常照明的监测要求

下列厂房应设置火灾自动报警系统：①丙类高层厂房；②地下、半地下且建筑面积大于 1000 m^2 的丙类生产场所；③设置机械排烟、防烟系统，雨淋或预作用自动喷水灭火系统，固定消防水炮灭火系统、气体灭火系统等需与火灾自动报警系统联锁动作的厂房。

对于人员密集厂房，若有火情发生或市电失电，将会造成人员恐慌，且在同一时间内将有大量人员需要疏散，合理有效的应急照明设计方案尤为重要。在应急照明系统设计方案中，对于设置了集中或控制中心火灾报警系统的厂房，常常采用分散设置的集中电源集中控制型应急照明系统；未设置集中或控制中心火灾报警系统的厂房建筑常常选用应急照明配电箱非集中控制型应急照明系统。

对于应急照明系统采用分散设置的集中电源集中控制型系统的人员密集型厂房。由于厂房单层防火分区面积大，正常照明常常采用双重电源的两个低压电源交叉供电，在平时使用时正常照明往往有可能由一个正常照明配电箱供电，另一个正常照明配电箱没有开启对正常照明的供电，一旦正常照明供电的配电箱失电，将会造成整个场所失去照明，因此集中控制型集中电源必须对两个正常照明配电箱的电源状态进行监测，不论哪个正常照明配电箱失电，疏散照明均需立即点亮；同时为了满足供电距离、线路电压降以及供电回路末端最小短路电流使回路断路器可靠动作的要求，同一防火分区内常常设置多个配电间，每个配电间一般设置有工艺用电配电箱、两个正常照明配电箱和应急照明集中电源等，为了节约造价，消防电源箱可在最合理的配电间内设置，负责对所有配电间内的集中电源进行供电，不必每个配电间均设置消防电源箱，消防电源箱设置双电源末端互投装置，如图9.0.1。集中控制型集中电源必须设置在配电间、电气竖井内，不得直接在配电间（配电竖井）外的厂房墙上、疏散走道、前室和楼梯间内挂墙明装或嵌墙暗装。

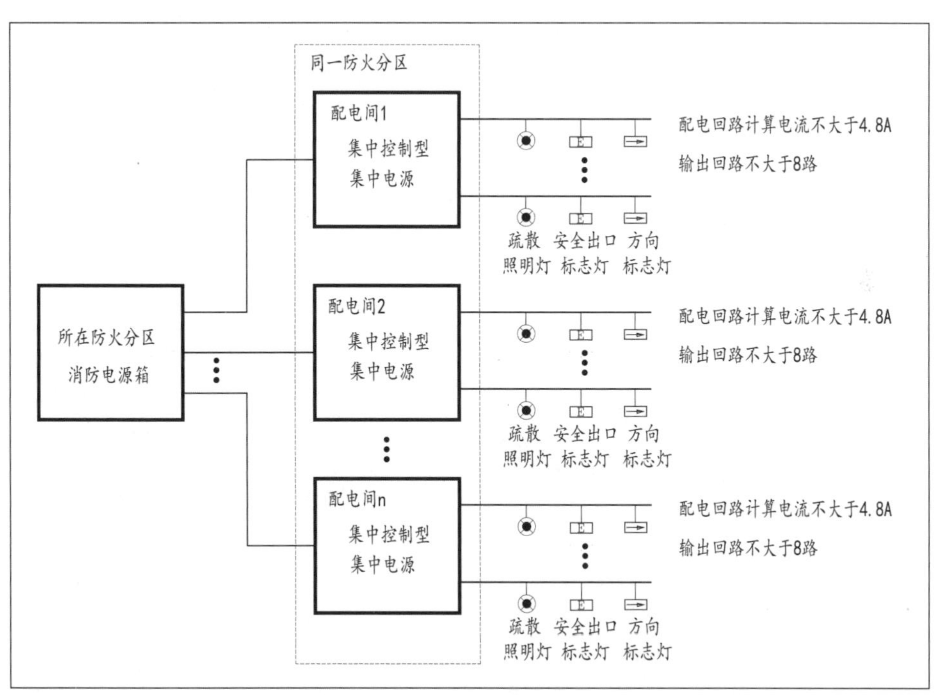

图例	说明
	集中电源疏散照明灯（A型）
	方向标志灯（A型）
	安全出口标志灯（A型）

图 9.0.1　集中控制型集中电源供电方案

六 工程案例分析

1. 集中电源的设置和对正常照明监测要求

某厂房设置有火灾自动报警系统，由于防火分区面积较大，该防火分区设置了三组配电间如图 9.0.2，三组配电间内配电竖井均贯穿 1 ～ 6 层，厂房内生产、工艺用电箱均设置在三组配电间内。由于配电竖井 2 为本防火分区的供电负荷中心，因此将双电源箱设置在竖井 2 所在的配电间内。由竖井 2 内的消防电源箱放射式供电至每个配电间内的集中电源，不必每个配电间均设置消防电源箱，这样可以有效减少其余竖井内的消防电源干线和消防电源配电箱。同时为了满足任一正常照明配电箱失电，疏散照明需立即点亮的要求，集中电源必须对本配电间内的两个正常照明配电箱的电源状态进行监测。以满足本区域内正常照明失电，相应的应急照明点亮的要求。其配电干线系统示意图如图 9.0.3，配电系统示意图如图 9.0.4。

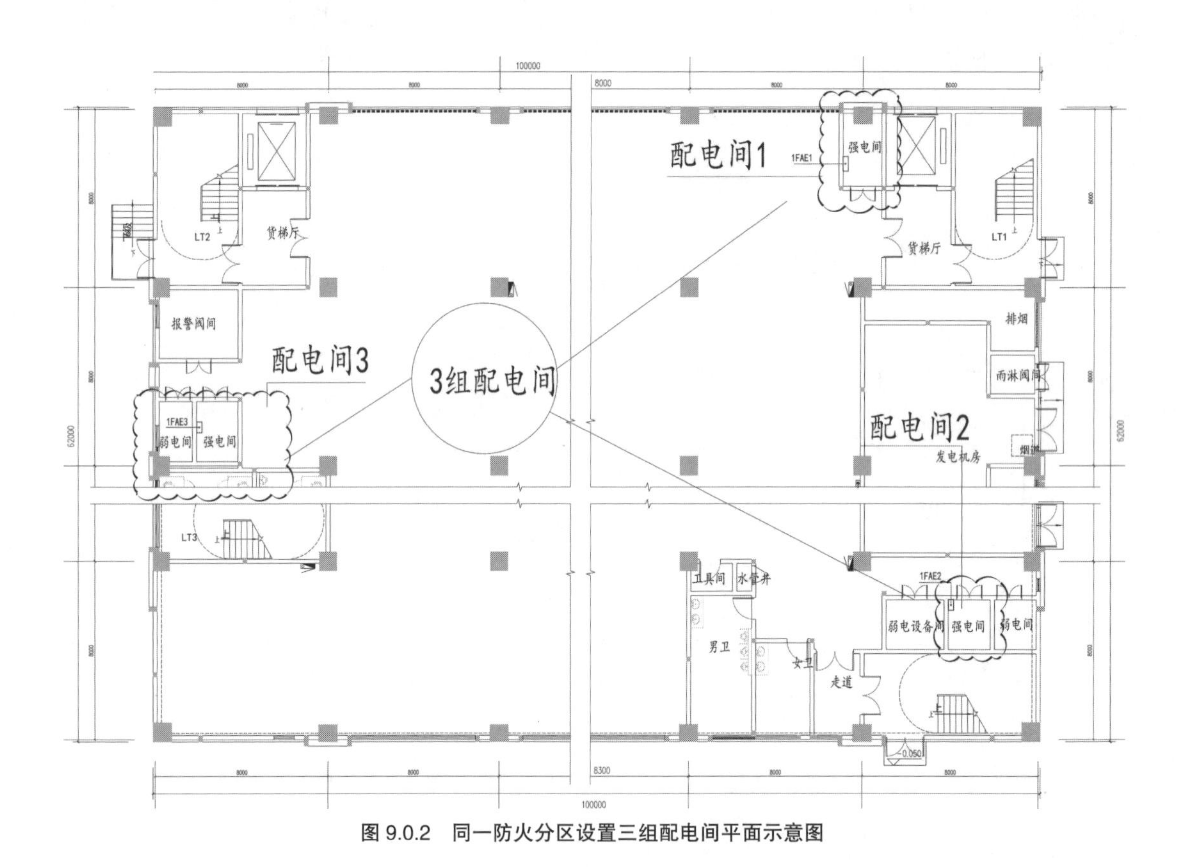

图 9.0.2　同一防火分区设置三组配电间平面示意图

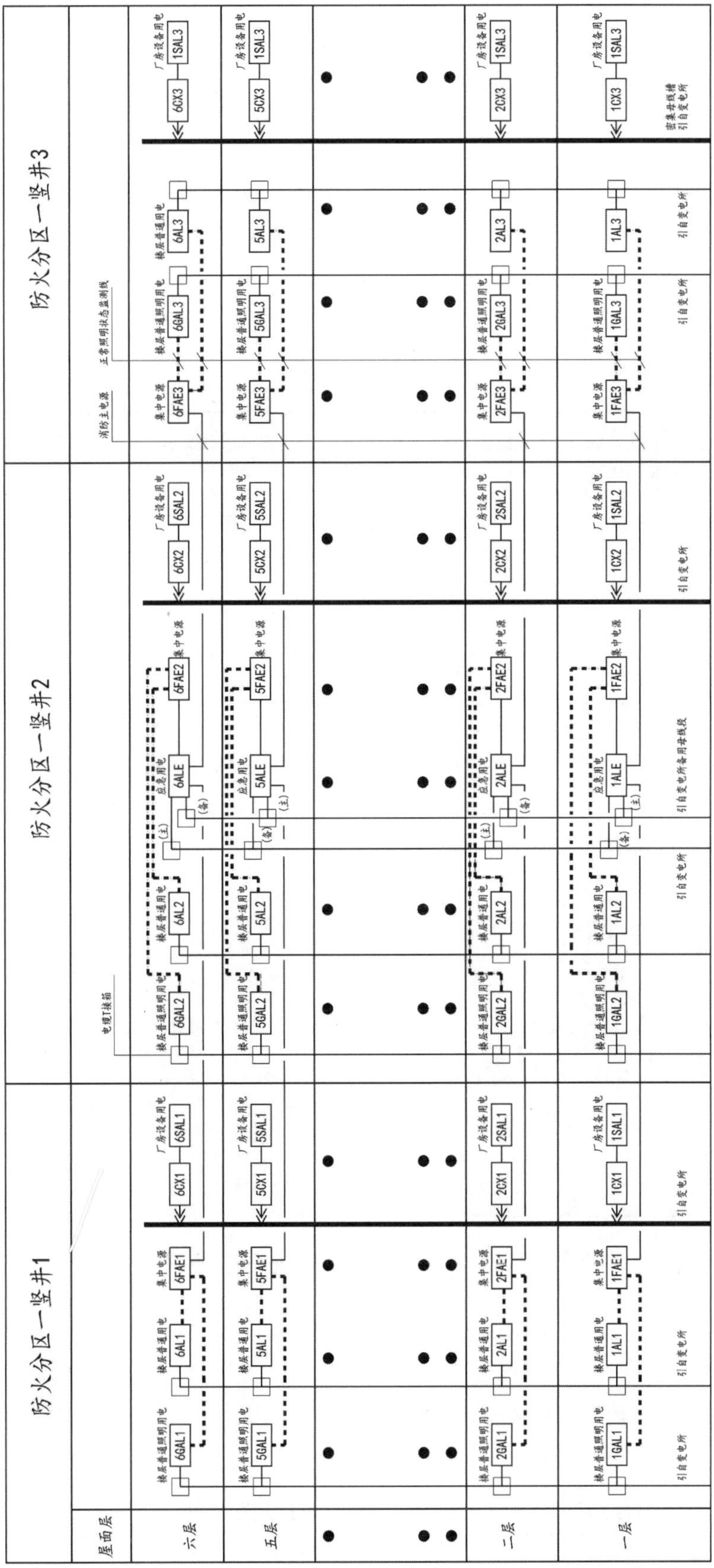

防火分区一竖井1
防火分区一竖井2
防火分区一竖井3
屋面层
电缆T接箱
消防主电源
正常照明状态监测线
六层
楼层普通照明用电 6GAL1
楼层普通用电 6AL1
集中电源 6FAE1
6CX1 厂房设备用电 6SAL1
楼层普通照明用电 6GAL2
楼层普通用电 6AL2
(主) 应急用电 6ALE (备)
6FAE2 集中电源
6CX2 厂房设备用电 6SAL2
集中电源 6FAE3
楼层普通照明用电 6GAL3
楼层普通用电 6AL3
6CX3 厂房设备用电 1SAL3
五层
楼层普通照明用电 5GAL1
楼层普通用电 5AL1
集中电源 5FAE1
5CX1 厂房设备用电 5SAL1
楼层普通照明用电 5GAL2
楼层普通用电 5AL2
(备) 应急用电 5ALE (主)
5FAE2 集中电源
5CX2 厂房设备用电 5SAL2
集中电源 5FAE3
楼层普通照明用电 5GAL3
5AL3
5CX3 厂房设备用电 1SAL3
二层
楼层普通照明用电 2GAL1
楼层普通用电 2AL1
集中电源 2FAE1
2CX1 厂房设备用电 2SAL1
楼层普通照明用电 2GAL2
楼层普通用电 2AL2
(主) 应急用电 2ALE (备)
2FAE2 集中电源
2CX2 厂房设备用电 2SAL2
集中电源 2FAE3
楼层普通照明用电 2GAL3
2AL3
2CX3 厂房设备用电 1SAL3
一层
楼层普通照明用电 1GAL1
楼层普通用电 1AL1
集中电源 1FAE1
1CX1 厂房设备用电 1SAL1
楼层普通照明用电 1GAL2
楼层普通用电 1AL2
(备) 应急用电 1ALE (主)
1FAE2 集中电源
1CX2 厂房设备用电 1SAL2
集中电源 1FAE3
楼层普通照明用电 1GAL3
1AL3
1CX3 厂房设备用电 1SAL3
引自变电所
引自变电所
引自变电所
引自变电所
引自变电所备用母线段
引自变电所
引自变电所
引自变电所
密集母线槽
引自变电所

图 9.0.3 集中控制型集中电源供电配电干线系统示意图

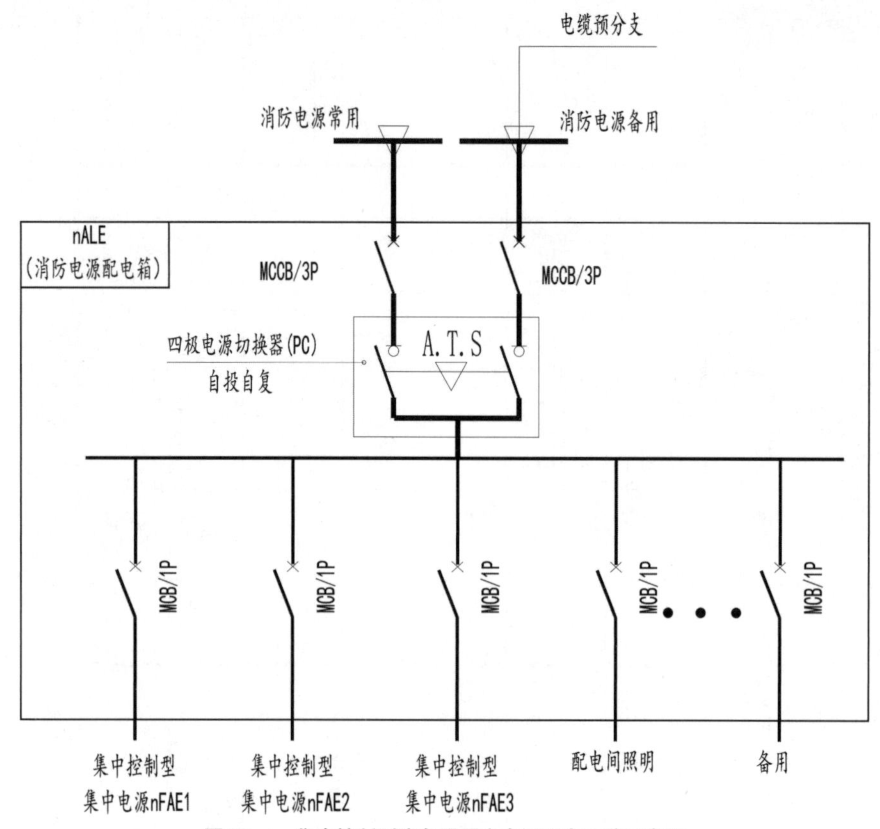

图 9.0.4　集中控制型应急照明主电源配电系统示意图

2. 疏散照明灯具的选择

工业厂房层高一般较高，当层高超过 8 m 时，应急照明灯具可选用 B 型疏散照明灯具，如图 9.0.5。当层高超过 12 m 且采用 AC220V 的 B 型应急照明灯具时，其照明线路上应设置具有探测故障电弧功能的电气火灾监控探测器。对于层高不大于 8 m 的厂房，其应急照明灯具必须采用 A 型疏散照明灯具，如图 9.0.6。A 型疏散照明灯具由 A 型集中电源供电，B 型疏散照明灯具由 B 型集中电源供电。

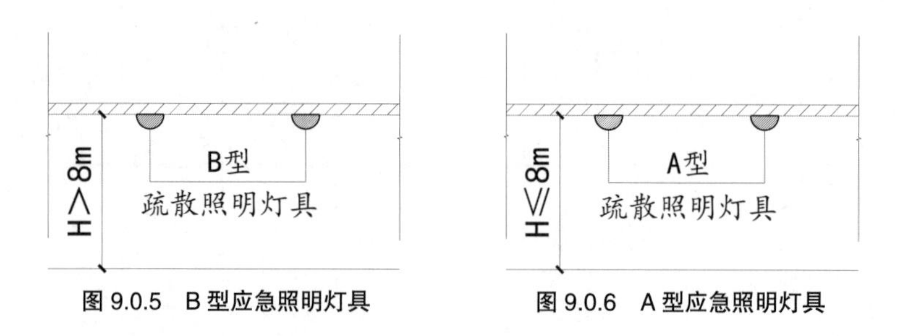

图 9.0.5　B 型应急照明灯具　　图 9.0.6　A 型应急照明灯具

3. 疏散照明及疏散指示标志灯具的布置

厂房疏散照明灯具应采用多点、均匀布置方式。由于集中控制型系统在非火灾状态下，系统中所有非持续型灯具应保持熄灭状态，持续型灯具光源应保持持续节电点亮模式，即平时应急照明灯具不亮，疏散指示标志常亮，因此消防应急照明灯具平时是处于熄灭状态，不可兼用日常照明，疏散照明灯具和正常照明灯具各自独立设置，如图 9.0.7。

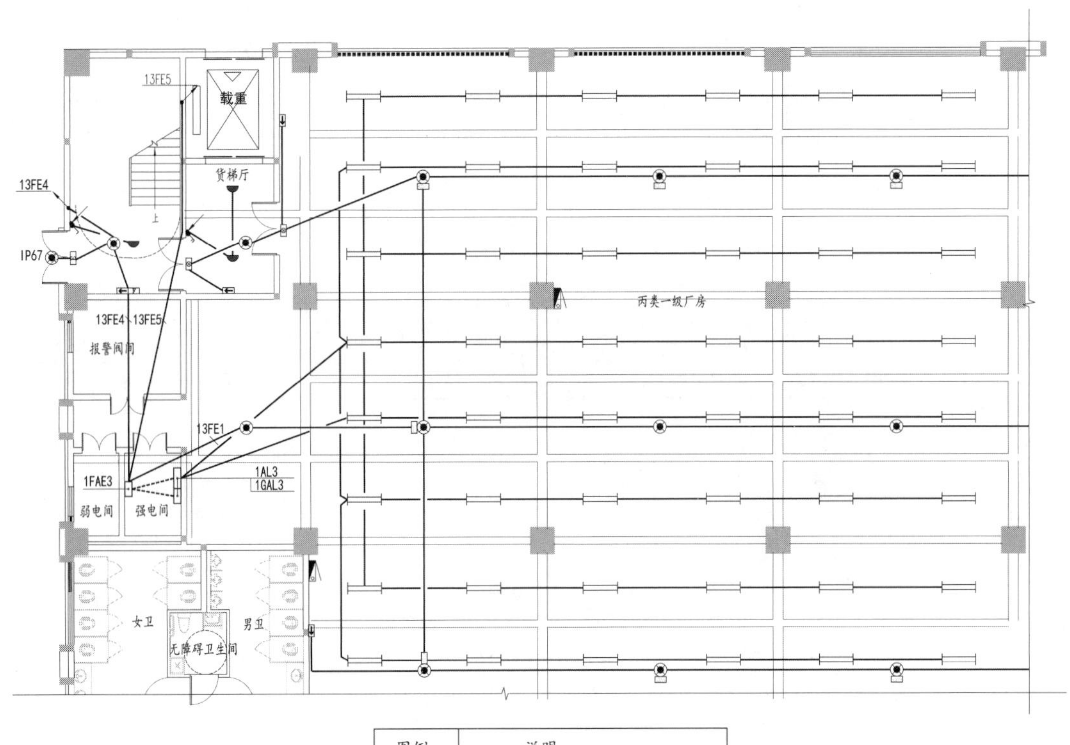

图例	说明
	正常照明灯具
	集中电源疏散照明灯（A型）
	方向标志灯（A型）
	安全出口标志灯（A型）
	集中电源疏散出口标志灯（A型）
	多信息复合标志灯（A型）
	楼层标志灯

图 9.0.7　应急照明与正常照明灯具各自独立设置示意图

4. 疏散指示标志灯具的选择及设置要求

厂房建筑一般层高较高，建筑层高常常不小于 4.5 m, 疏散标志灯一般采用特大型、大型标志灯，疏散标志灯的选择必须根据建筑层高确定，必须满足表 9.0.5 的要求。

表 9.0.5　室内层高相应标志灯的选型

建筑层高	标志灯类型
室内高度大于 4.5 m	特大型、大型标志灯
室内高度 3.5 ～ 4.5 m	大型、中型标志灯
室内高度小于 3.5 m	中型、小型标志灯

工业厂房不仅空间大，而且工艺设备多，场地内情况复杂，其疏散通道上设置在距地1 m以下的方向标志灯容易被工艺设备遮挡，影响疏散。为确保方向标志灯清晰可见，引导人员安全疏散，可设置吊装的方向标志灯，安装高度必须与工艺设备相配合，不仅视线不应被工艺设备遮挡，而且视线也不应被结构梁遮挡，如图9.0.8。方向标志灯的设置不仅对高度有要求，而且对两盏之间的间距也有严格的规定，方向标志灯的标志面与疏散方向垂直或平行时，不同类型的标志灯其安装间距也不相同，必须满足表9.0.6的要求。

表9.0.6　方向标志灯设置间距

标志面与疏散方向关系	标志灯类型	设置间距
垂直	特大型、大型	不应大于30 m
	中型、小型	不应大于20 m
平行	特大型、大型	不应大于15 m
	中型、小型	不应大于10 m

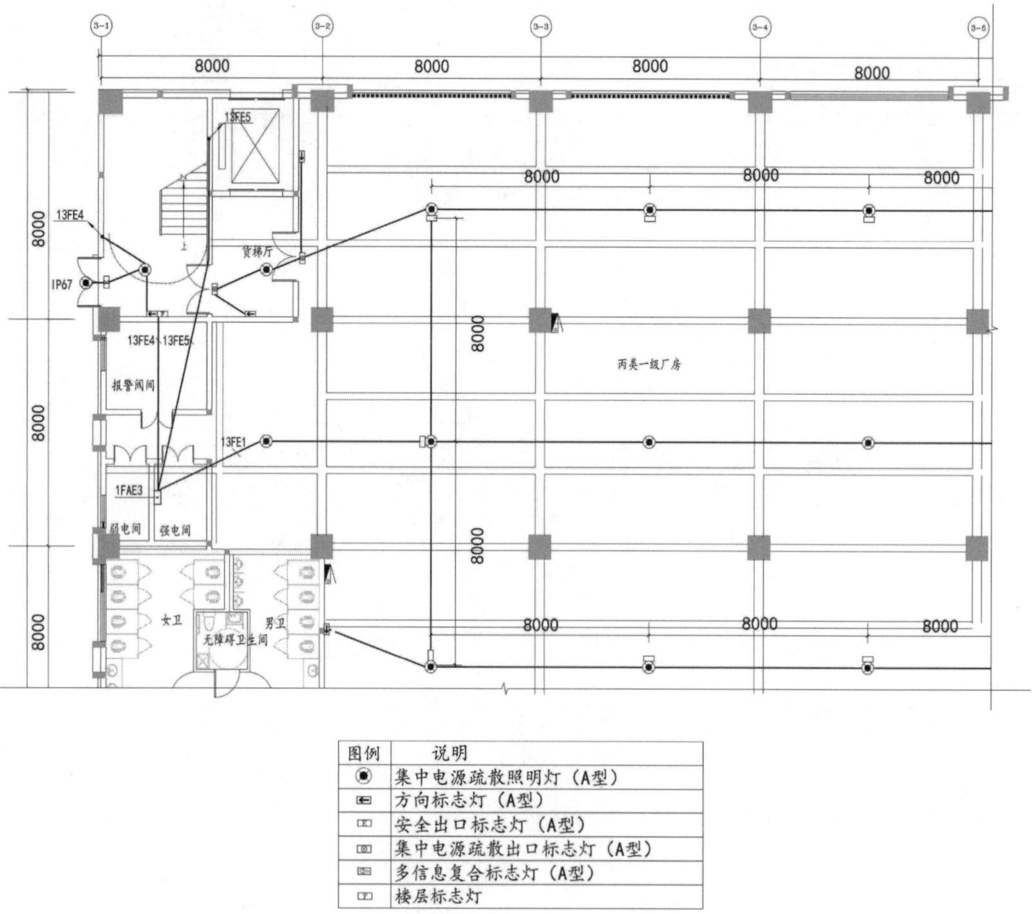

图例	说明
	集中电源疏散照明灯（A型）
	方向标志灯（A型）
	安全出口标志灯（A型）
	集中电源疏散出口标志灯（A型）
	多信息复合标志灯（A型）
	楼层标志灯

图9.0.8　疏散指示标志灯具布置局部示意图

第十章
系统的低碳应用

DISHIZHANG
XITONG DE DITAN
YINGYONG

未设置火灾自动报警系统的住宅建筑，当采用自带蓄电池的B型疏散照明灯具非集中控制型B型应急照明配电箱系统时，疏散照明才允许作为正常照明使用；此外无论采用A型疏散照明灯具还是采用B型疏散照明灯具以及无论是集中控制型系统还是非集中控制型系统，疏散照明均不能作为正常照明使用。因此在工业建筑、汽车库、公共建筑以及设有火灾自动报警系统的高层住宅建筑的消防应急照明和疏散指示系统灯具平时不亮，只有在市电故障停电或火灾时才应急点亮，对于这种“养兵千日，用兵一时”的系统，由于平时使用率低，不会对正常工作生活造成任何影响，往往无法引起建设单位和使用单位的重视，将会造成系统故障或灯具损坏得不到及时的维护，甚至系统瘫痪了也无人问津的严重后果。在满足规范标准以及增加极低造价的前提下，挖掘系统的平时使用价值，提供低照度照明方便用户又达到节约电能的目的，让建设单位和使用单位乐于接受，甚至积极采用和使用系统。

一 集中控制型系统功能的利用

在非集中控制型消防应急照明和疏散指示系统中，由于非集中控制型应急照明配电箱或集中电源由设置疏散照明场所的正常照明配电箱供电，一旦正常照明配电箱失电，疏散照明灯具由集中电源或灯具自带的蓄电池供电自动点亮，点亮时间短，一般为30 min，因此平时使用价值不大。对于集中控制型消防应急照明和疏散指示系统，只有消防主电源失电，疏散照明灯具才由集中电源或灯具自带的蓄电池供电自动点亮，当正常照明失电时相应的疏散照明自动点亮，此时疏散照明由消防主电源供电，而不是由蓄电池供电，供电时间不受限制，只要消防主电源正常，疏散照明就可以长时间持续点亮。利用系统“正常照明失电自动点亮疏散照明”这种功能，控制正常照明的电源状态以便点亮疏散照明，为平时的暗黑环境提供低照度照明，从而达到节能的目的。暗黑环境一般指黑夜关闭正常照明的建筑室内通道和需要值班的营业场所或无天然光采光的地下车库等。由于集中控制型系统一旦获得正常照明失电的信息就自动点亮其供电的所有疏散照明，而对于点亮未使用或已使用结束的大会议室、大办公室和多功能厅等功能房间的疏散照明是完全没有必要的，因此设计时可根据实际需求各自设置独立的集中电源或应急照明配电箱供电，如图10.0.1和图10.0.2。

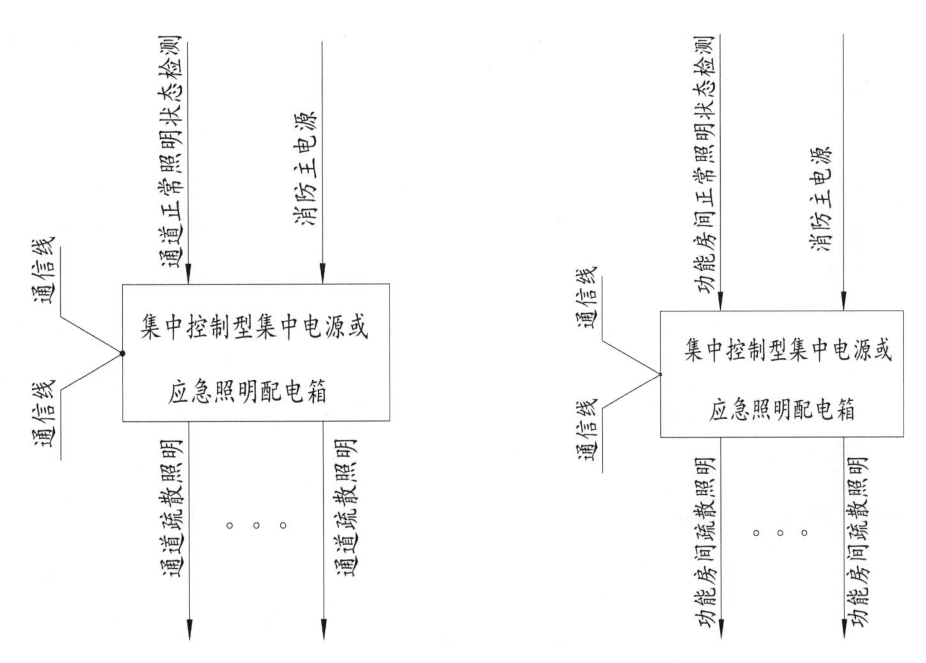

图 10.0.1　通道疏散照明集中电源或应急照明配电箱示意图　　图 10.0.2　功能房间疏散照明集中电源或应急照明配电箱示意图

随着技术的进步，产品的更新换代，只要应用有需要，同一集中电源或应急照明配电箱完全可以做到根据不同的正常照明监测信号点亮相应的疏散照明，如图 10.0.3，值得注意的是设计疏散照明回路时，通道等需要点亮疏散照明和功能房间等不需要点亮疏散照明供电回路需要各自独立，不能共用回路。

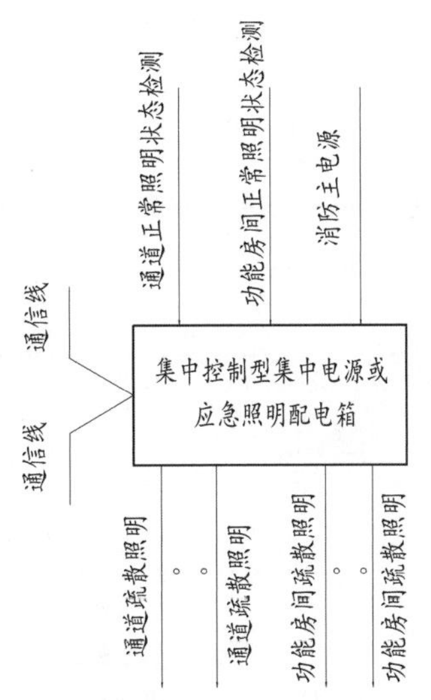

图 10.0.3　通道、功能房间疏散照明集中电源或应急照明配电箱示意图

二　正常照明监测信号的控制

正常照明监测信号的控制一般采用手动和自动控制相结合实现，自动控制方式有时间继电器控制示意图如图 10.0.4、BA 系统控制示意图如图 10.0.5 和智能照明系统控制示意

图如图 10.0.6 等多种方式，当大楼未设置 BA 系统和智能照明系统时，可采用时间继电器控制方式。通过时间继电器、BA 系统和智能照明系统预先设定一天中某一时间段内正常照明监测信号为失电状态，疏散照明就自动点亮为暗黑环境提供低照度照明，每天预设的时间段可以根据大楼的使用功能或使用单位要求确定，例如办公建筑可为非办公室时间且天黑以后一直持续到凌晨天亮时启动通道疏散照明作为通道辅助照明，从而避免通道漆黑一片，方便加班工作人员找到正常照明开关开启正常照明，旅馆建筑由于深夜绝大部分住店旅客都已在客房内休息，因此可在深夜 23 点以后一直持续到早上 6 点时关闭客房层通道正常照明而启动疏散照明，从而达到节电的目的，低照度又能满足少数住店旅客通过通道的照明要求；商场可在非营业时间且天黑以后一直持续到凌晨天亮时启动疏散照明作为巡更值班照明或视频安防监控系统的辅助照明等。

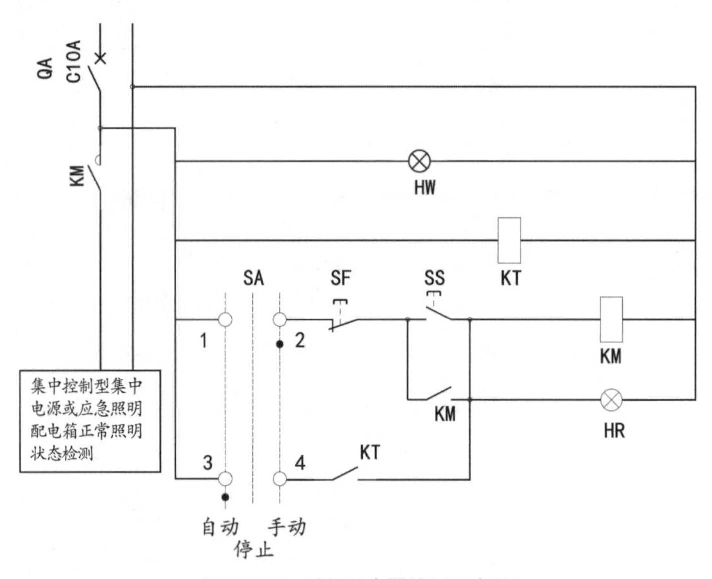

图 10.0.4 时间继电器控制示意图

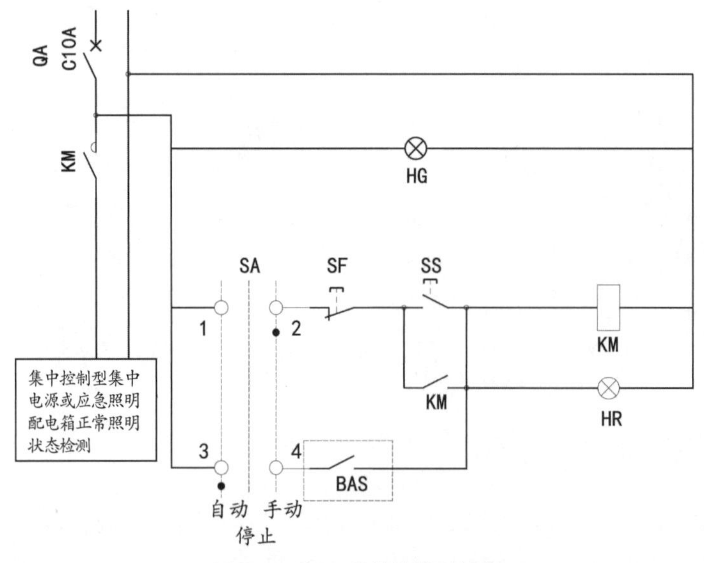

图 10.0.5 BA 系统控制示意图

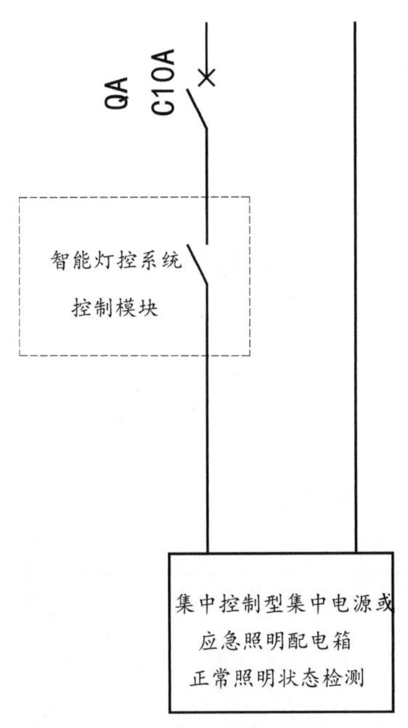

图 10.0.6　智能照明系统控制示意图

附　录

FULU

附录 A　欧普照明灯具规格参数

注：1　A 型灯具输入电压为 DC36V。

2　附录 A 灯具、集中电源和应急照明控制器等的参数由欧普智慧照明科技有限公司提供。

表 A–1　灯具光度参数

灯具外形图	配光曲线	型号	OP-ZFJC-E3W-OTD01
	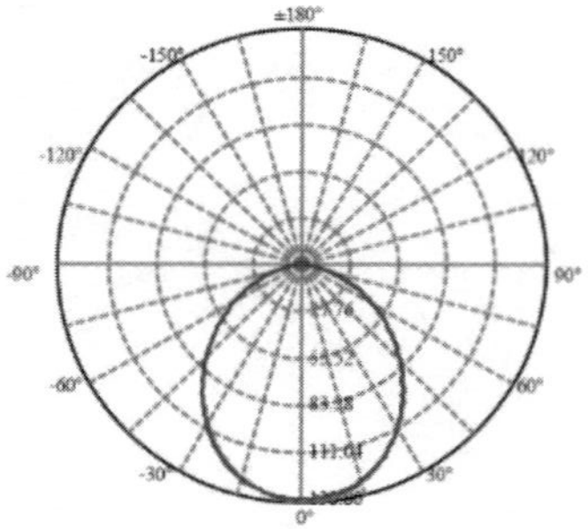	生产厂家	欧普照明
		外形尺寸 (mm)	Φ115×H35
		光源	LED
		灯具效能	＞ 100 lm/W
		防触电类别	III 类
		防护等级	IP43
		显色指数 Ra	≥ 80

发光强度值

θ (°)		0	5	10	15	20	25	30	35	40	45	50	55	60	65	70	75	80	85
I_θ (cd)	B-B	137	136	134	128	124	116	108	98	88	77	67	56	45	35	25	15	7	1
	A-A	137	136	134	128	124	116	108	98	88	77	67	56	45	35	25	15	7	1

表 A–2　灯具光度参数

灯具外形图	配光曲线	型号	OP-ZFJC-E5W-OTD01
		生产厂家	欧普照明
		外形尺寸 (mm)	Φ140×H35
		光源	LED
		灯具效能	＞ 100 lm/W
		防触电类别	III 类
		防护等级	IP43
		显色指数 Ra	⩾ 80

发光强度值

θ (°)		0	5	10	15	20	25	30	35	40	45	50	55	60	65	70	75	80	85
I_θ (cd)	B-B	234	233	229	222	213	201	187	171	154	137	119	100	83	65	47	31	16	4
	A-A	234	233	229	222	213	201	187	171	154	137	119	100	83	65	47	31	16	4

表 A–3　灯具光度参数

灯具外形图	配光曲线	型号	OP-ZFJC-E8W-OTD01
		生产厂家	欧普照明
		外形尺寸 (mm)	Φ140×H35
		光源	LED
		灯具效能	＞100 lm/W
		防触电类别	III 类
		防护等级	IP43
		显色指数 Ra	≥80

发光强度值

θ (°)		0	5	10	15	20	25	30	35	40	45	50	55	60	65	70	75	80	85
I_θ (cd)	B-B	359	357	350	340	325	306	285	261	235	208	180	152	124	98	70	46	23	5
	A-A	359	357	350	340	325	306	285	261	235	208	180	152	124	98	70	46	23	5

表 A–4　灯具光度参数

灯具外形图	配光曲线	型号	OP-ZFJC-E10W-OTG01
		生产厂家	欧普照明
		外形尺寸 (mm)	122×95×26
		光源	LED
		灯具效能	＞110 lm/W
		防触电类别	III 类
		防护等级	IP65
		显色指数 Ra	≥80

发光强度值

θ (°)		0	5	10	15	20	25	30	35	40	45	50	55	60	65	70	75	80	85
I_θ (cd)	B-B	525	523	514	501	481	453	420	381	336	289	241	194	151	112	77	49	24	8
	A-A	525	523	514	501	481	453	420	381	336	289	241	194	151	112	77	49	24	8

表 A-5 灯具光度参数

灯具外形图	配光曲线	型号	OP-ZFJC-E20W-OTG01
		生产厂家	欧普照明
		外形尺寸 (mm)	138×108×28
		光源	LED
		灯具效能	＞110 lm/W
		防触电类别	III 类
		防护等级	IP65
		显色指数 Ra	≥ 80

发光强度值

θ (°)		0	5	10	15	20	25	30	35	40	45	50	55	60	65	70	75	80	85
I_θ (cd)	B-B	999	994	978	951	912	860	796	722	636	551	463	374	293	219	151	97	50	16
	A-A	999	994	978	951	912	860	796	722	636	551	463	374	293	219	151	97	50	16

表 A-6 灯具光度参数

灯具外形图	配光曲线	型号	OP-ZFJC-E30W-OTG01
	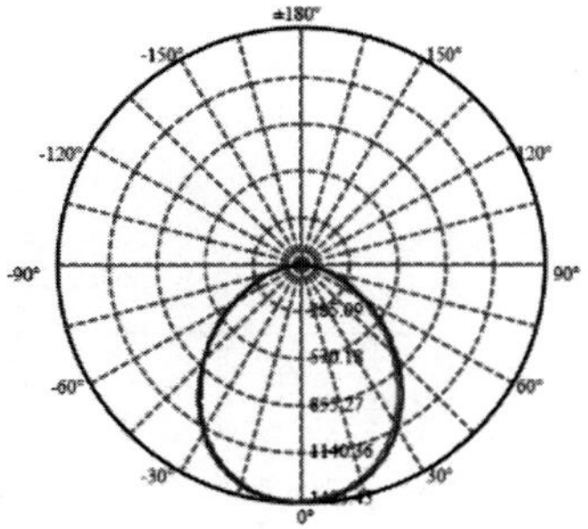	生产厂家	欧普照明
		外形尺寸 (mm)	170×172×34
		光源	LED
		灯具效能	＞110 lm/W
		防触电类别	III 类
		防护等级	IP65
		显色指数 Ra	≥80

发光强度值

θ (°)		0	5	10	15	20	25	30	35	40	45	50	55	60	65	70	75	80	85
I_θ (cd)	B-B	1416	1409	1385	1343	1284	1209	1121	1061	905	788	667	553	440	334	241	157	82	27
	A-A	1416	1409	1385	1343	1284	1209	1121	1061	905	788	667	553	440	334	241	157	82	27

表 A–7　灯具光度参数

灯具外形图	配光曲线	型号	OP-ZFJC-E5W-OBD01
		生产厂家	欧普照明
		外形尺寸 (mm)	240×100×60
		光源	LED
		灯具效能	＞100 lm/W
		防触电类别	III 类
		防护等级	IP65
		显色指数 Ra	≥80

发光强度值

θ (°)		0	5	10	15	20	25	30	35	40	45	50	55	60	65	70	75	80	85
I_θ (cd)	B-B	152	152	151	149	146	141	136	130	122	114	105	95	85	73	62	50	39	30
	A-A	152	152	151	149	146	141	136	130	122	114	105	95	85	73	62	50	39	30

表 A–8　灯具光度参数

灯具外形图	配光曲线	型号	OP-ZFJC-E10W-OBD01
		生产厂家	欧普照明
		外形尺寸 (mm)	240×100×60
		光源	LED
		灯具效能	＞ 100 lm/W
		防触电类别	III 类
		防护等级	IP65
		显色指数 Ra	≥ 80

发光强度值

θ (°)		0	5	10	15	20	25	30	35	40	45	50	55	60	65	70	75	80	85
I_θ (cd)	B-B	276	276	275	271	265	258	248	236	223	208	191	173	154	134	113	92	72	56
	A-A	276	276	275	271	265	258	248	236	223	208	191	173	154	134	113	92	72	56

表 A–9 灯具光度参数

灯具外形图	配光曲线	型号	OP-ZFJC-E20W-OZJ01
		生产厂家	欧普照明
		外形尺寸 (mm)	1200×63×28
		光源	LED
		灯具效能	＞150 lm/W
		防触电类别	III 类
		防护等级	IP54
		显色指数 Ra	≥ 80

发光强度值

θ (°)		0	5	10	15	20	25	30	35	40	45	50	55	60	65	70	75	80	85
I_θ (cd)	B-B	996	991	977	952	920	876	827	771	708	641	558	501	430	363	296	236	180	133
	A-A	996	991	977	952	920	876	827	771	708	641	558	501	430	363	296	236	180	133

表 A–10　灯具光度参数

灯具外形图	配光曲线	型号	OP-ZFJC-E36W-ODP01
		生产厂家	欧普照明
		外形尺寸 (mm)	600×600×23
		光源	LED
		灯具效能	＞ 120 lm/W
		防触电类别	III 类
		防护等级	IP54
		显色指数 Ra	≥ 80

发光强度值

θ (°)		0	5	10	15	20	25	30	35	40	45	50	55	60	65	70	75	80	85
I_θ (cd)	B-B	1516	1510	1490	1459	1415	1359	1291	1212	1123	1026	918	806	686	563	439	318	200	89
	A-A	1516	1510	1490	1459	1415	1359	1291	1212	1123	1026	918	806	686	563	439	318	200	89

表 A–11　灯具光度参数

灯具外形图	配光曲线	型号	OP-ZFJC-E36W-ODP01A
		生产厂家	欧普照明
		外形尺寸 (mm)	1200×300×23
		光源	LED
		灯具效能	＞120 lm/W
		防触电类别	III 类
		防护等级	IP54
		显色指数 Ra	≥ 80

发光强度值

θ (°)		0	5	10	15	20	25	30	35	40	45	50	55	60	65	70	75	80	85
I_θ (cd)	B-B	1544	1538	1518	1485	1439	1382	1313	1232	1142	1040	932	816	692	566	441	316	197	90
	A-A	1544	1538	1518	1485	1439	1382	1313	1232	1142	1040	932	816	692	566	441	316	197	90

表 A-12　中型疏散标志灯具参数

灯具外形图	型号	OP-BLJC-1LROE Ⅱ 1W-OB02
	生产厂家	欧普照明
	外形尺寸 (mm)	352×138×6.5
	光源	LED
	防护等级	IP30
	外观材质	不锈钢

表 A-13　大型疏散标志灯具参数

灯具外形图	型号	OP-BLJC-1LROE Ⅱ 1W-OB02
	生产厂家	欧普照明
	外形尺寸 (mm)	552×252×19
	光源	LED
	防护等级	IP30
	外观材质	不锈钢

表 A–14　IP67 疏散标志灯具参数

灯具外形图	型号	OP-BLJC-1LROE Ⅱ 1W-OB01
	生产厂家	欧普照明
	外形尺寸 (mm)	400×148×19
	光源	LED
	防护等级	IP67
	外观材质	不锈钢

表 A–15　防爆疏散标志灯具参数

灯具外形图	型号	OP-BLJC-1LROE Ⅰ 1W-OB04
	生产厂家	欧普照明
	外形尺寸 (mm)	374×164×53
	光源	LED
	防爆等级	Exd Ⅱ CT6Gb ExtD A21IP66 T85°C
	外观材质	铸铝 + 钢化玻璃

表 A–16　集中电源参数

灯具外形图	型号	OP-D-0.3/0.6/1kVA- 836-OD01
	生产厂家	欧普照明
	外形尺寸 (mm)	700×500×215
	负载容量	0.3/0.6/1kVA
	输出电压	DC36V
	电池类型	铅酸电池
	应急时间	90 min
	防护等级	IP43/IP65
	外观材质	冷轧钢

初装应急时间（min）	90	90	90	90
连续供电时间（h）	0.5	1.0	1.5	2.0
转换系数（铅酸蓄电池）	1.0	0.5	0.33	0.25
1.0kVA（900W）A 型集中电源带载功率（W）	900	450	300	225
0.6kVA（540W）A 型集中电源带载功率（W）	540	270	180	135
0.3kVA（270W）A 型集中电源带载功率（W）	270	135	90	68

表 A-17　应急照明控制器参数

灯具外形图	型号	OP-C-OC01
	生产厂家	欧普照明
	外形尺寸 (mm)	500×150×650（壁装） 500×500×1790（立柜）
	主电功耗	50W
	电池类型	铅酸电池
	应急时间	180 min
	防护等级	IP43
	外观材质	冷轧钢

附录 B　沈阳宏宇照明灯具规格参数

注：1　A 型灯具输入电压为 DC36V。

2　附录 B 灯具、集中电源和应急照明控制器等的参数由沈阳宏宇光电子科技有限公司提供。

表 B–1　灯具光度参数

<table>
<tr><td>灯具外形图</td><td colspan="2">配光曲线</td><td>灯具特性</td><td colspan="2">型号</td><td>HY-ZFJC-E5WFS</td></tr>
<tr><td rowspan="8"></td><td rowspan="8"></td><td rowspan="8"></td><td rowspan="8">A ↔ A
B ↕ B</td><td colspan="2">生产厂家</td><td>沈阳宏宇</td></tr>
<tr><td rowspan="2">外形尺寸
(mm)</td><td>直径 Ø</td><td>145</td></tr>
<tr><td>高 H</td><td>60</td></tr>
<tr><td colspan="2">光源</td><td>LED</td></tr>
<tr><td colspan="2">灯具效能</td><td>90 lm/W</td></tr>
<tr><td colspan="2">防触电类别</td><td>III 类</td></tr>
<tr><td colspan="2">防护等级</td><td>IP30</td></tr>
<tr><td colspan="2">显色指数 Ra</td><td>> 80</td></tr>
</table>

发光强度值

<table>
<tr><td colspan="2">θ (°)</td><td>0</td><td>5</td><td>10</td><td>15</td><td>20</td><td>25</td><td>30</td><td>35</td><td>40</td><td>45</td><td>50</td><td>55</td><td>60</td></tr>
<tr><td rowspan="2">I_θ
(cd)</td><td>B-B</td><td>124.83</td><td>123.66</td><td>121.95</td><td>119.43</td><td>113.85</td><td>107.82</td><td>102.15</td><td>93.69</td><td>86.22</td><td>78.48</td><td>68.85</td><td>57.69</td><td>41.94</td></tr>
<tr><td>A-A</td><td>124.83</td><td>124.65</td><td>123.66</td><td>122.22</td><td>120.42</td><td>114.93</td><td>110.43</td><td>104.76</td><td>97.83</td><td>90.81</td><td>84.33</td><td>66.96</td><td>48.33</td></tr>
</table>

表 B-2　灯具光度参数

灯具外形图	配光曲线	灯具特性	型号		HY-ZFJC-E10WFS
			生产厂家		沈阳宏宇
			外形尺寸 (mm)	直径 Ø	145
				高 H	60
			光源		LED
			灯具效能		90 lm/W
			防触电类别		III 类
			防护等级		IP30
			显色指数 Ra		＞80

发光强度值

θ (°)		0	10	20	30	40	50	60
I_θ (cd)	A-A	195.3	191.7	185.4	177.84	156.78	143.46	104.58
	B-B	195.3	194.4	192.6	184.5	131.85	119.43	32.13

表 B–3　嵌入式筒灯灯具光度参数

灯具外形图	配光曲线 cd	灯具特性	型号		HY-ZFJC-E3WQ
			生产厂家		沈阳宏宇
			外形尺寸 (mm)	直径 Ø	75
				高 H	86
			光源		LED
			灯具效能		90lm/W
			防触电类别		III 类
			防护等级		IP30
			显色指数 Ra		> 80

发光强度值

θ (°)		0	10	20	30	40	50	60
I_θ (cd)	A-A	70.11	69.3	64.3	59.3	50.4	16.65	9.18
	B-B	70.11	69.3	64.3	59.3	50.4	16.65	9.18

表 B–4　嵌入式筒灯灯具光度参数

灯具外形图	配光曲线 cd	灯具特性	型号		HY-ZFJC-E5WQ
	E5WQ	A B B A	生产厂家		沈阳宏宇
			外形尺寸（mm）	直径 $Ø$	75
				高 H	86
			光源		LED
			灯具效能		90 lm/W
			防触电类别		III 类
			防护等级		IP30
			显色指数 Ra		＞80

发光强度值

θ(°)		0	5	10	15	20	25	30	35	40	45	50	55	60
I_θ (cd)	B-B	124.65	123.57	119.7	114.84	109.71	102.96	97.11	84.6	75.06	57.42	45.06	30.51	22.95
	A-A	124.65	123.57	119.7	114.84	109.71	102.96	97.11	84.6	75.06	57.42	45.06	30.51	22.95

表 B–5　嵌入式筒灯灯具光度参数

<table>
<tr><td>灯具外形图</td><td>配光曲线 cd</td><td>灯具特性</td><td colspan="2">型号</td><td>HY-ZFJC-E10WQ</td></tr>
<tr><td rowspan="8"></td><td rowspan="8"></td><td rowspan="8"></td><td colspan="2">生产厂家</td><td>沈阳宏宇</td></tr>
<tr><td rowspan="2">外形尺寸（mm）</td><td>直径 Ø</td><td>145</td></tr>
<tr><td>高 H</td><td>60</td></tr>
<tr><td colspan="2">光源</td><td>LED</td></tr>
<tr><td colspan="2">灯具效能</td><td>90 lm/W</td></tr>
<tr><td colspan="2">防触电类别</td><td>III 类</td></tr>
<tr><td colspan="2">防护等级</td><td>IP30</td></tr>
<tr><td colspan="2">显色指数 Ra</td><td>＞ 80</td></tr>
</table>

发光强度值

<table>
<tr><td colspan="2">θ (°)</td><td>0</td><td>10</td><td>20</td><td>30</td><td>40</td><td>50</td><td>60</td></tr>
<tr><td rowspan="2">I_θ (cd)</td><td>A-A</td><td>256.5</td><td>254.7</td><td>243.9</td><td>225.9</td><td>199.8</td><td>166.59</td><td>82.71</td></tr>
<tr><td>B-B</td><td>256.5</td><td>254.7</td><td>243.9</td><td>225.9</td><td>199.8</td><td>166.59</td><td>82.71</td></tr>
</table>

表 B–6　嵌入式筒灯灯具光度参数

灯具外形图	配光曲线 cd	灯具特性	型号		HY-ZFJC-E5WQ-2
			生产厂家		沈阳宏宇
			外形尺寸（mm）	直径 Ø	100
				高 H	82
			光源		LED
			灯具效能		90 lm/W
			防触电类别		III 类
			防护等级		IP30
			显色指数 Ra		＞80

发光强度值

θ（°）		0	5	10	15	20	25	30	35	40	45	50	55	60
I_θ (cd)	B-B	124.2	125.28	123.66	117.63	113.94	103.95	103.95	103.95	85.23	74.61	63.99	58.05	48.51
	A-A	124.2	125.28	123.66	117.63	113.94	103.95	103.95	103.95	85.23	74.61	63.99	58.05	48.51

表 B–7　嵌入式筒灯灯具光度参数

灯具外形图	配光曲线 cd	灯具特性	型号		HY-ZFJC-E5WQ-3
			生产厂家		沈阳宏宇
			外形尺寸（mm）	直径 Ø	100
				高 *H*	82
			光源		LED
			灯具效能		90 lm/W
			防触电类别		III 类
			防护等级		IP30
			显色指数 Ra		＞ 80

发光强度值

θ(°)		0	10	20	30	40	50	60
I_θ (cd)	A-A	121.32	120.42	110.7	98.1	82.35	65.61	43.11
	B-B	121.32	120.42	110.7	98.1	82.35	65.61	43.11

表 B–8　吸顶筒灯灯具光度参数

灯具外形图	配光曲线 cd	灯具特性	型号		HY-ZFJC-E15WT
	E15WT	A B B A	生产厂家		沈阳宏宇
			外形尺寸（mm）	直径 $Ø$	Φ152
				高 H	148
			光源		LED
			灯具效能		80 lm/W
			防触电类别		III 类
			防护等级		IP30
			显色指数 Ra		＞80

发光强度值

θ(°)		0	10	20	30	40	50	60
I_θ (cd)	B-B	5823	5508	4626	1791	567	294.3	177.3
	A-A	5823	5508	4626	1791	567	294.3	177.3

表 B–9　小型疏散标志灯具参数

灯具外形图	型号	HY-BLJC-1LROE Ⅰ 0.5WJ HY-BLJC-1LROE Ⅰ 0.5W/NS
	生产厂家	沈阳宏宇
	外形尺寸 (mm)	350×138×7
	光源	LED
	防护等级	IP30
	外观材质	不锈钢

表 B–10　中型疏散标志灯具参数

灯具外形图	型号	HY-BLJC-1LROE Ⅱ 0.5W/NS
	生产厂家	沈阳宏宇
	外形尺寸 (mm)	370×135×7
	光源	LED
	防护等级	IP30
	外观材质	不锈钢

表 B-11　大型疏散标志灯具参数

灯具外形图	型号	HY-BLJC-2LRE III 3W-2
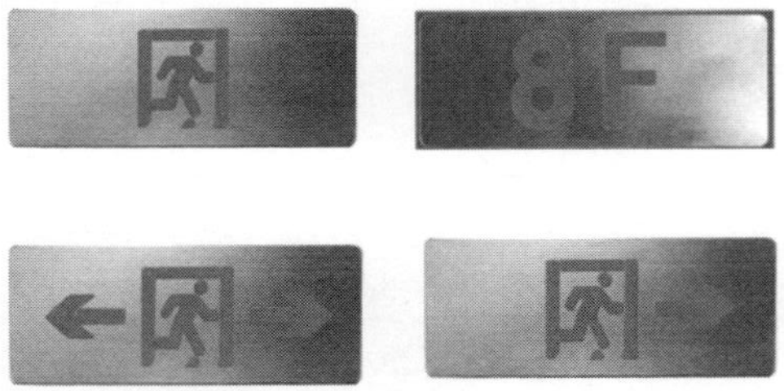	生产厂家	沈阳宏宇
	外形尺寸 (mm)	520×195×8
	光源	LED
	防护等级	IP30
	外观材质	不锈钢

表 B-12　IP67 疏散标志灯具参数

灯具外形图	型号	HY-BLJC-1LROE Ⅰ 0.25W-2
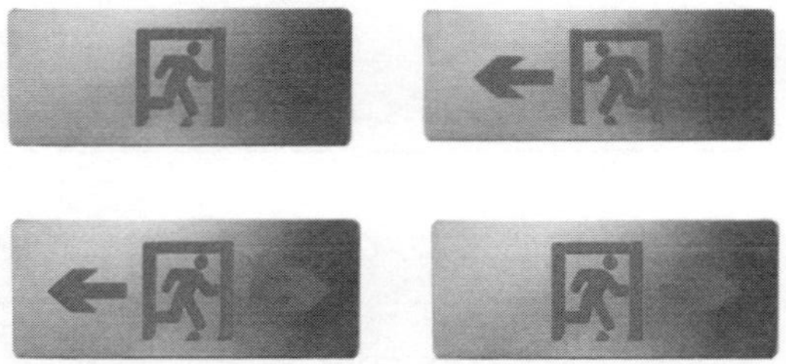	生产厂家	沈阳宏宇
	外形尺寸 (mm)	350×150×16
	光源	LED
	防护等级	IP67
	外观材质	不锈钢

表 B-13　IP67 疏散标志灯具参数

灯具外形图	型号	HY-BLJC-1LROE I 0.25WJM
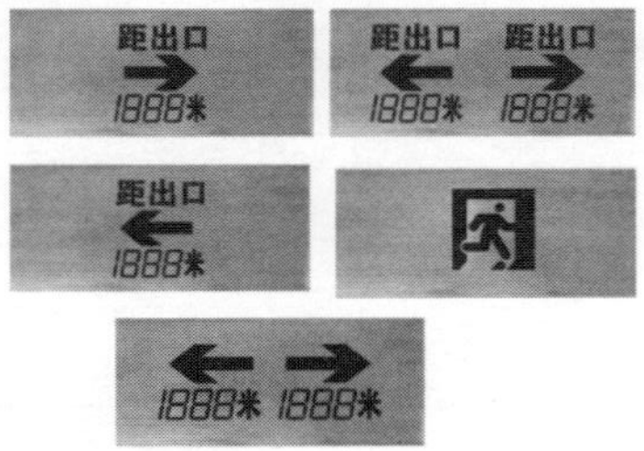	生产厂家	沈阳宏宇
	外形尺寸 (mm)	350×150×16
	光源	LED
	防护等级	IP67
	外观材质	不锈钢

表 B-14　防爆疏散标志灯具参数

灯具外形图	型号	HY-BLJC-1LRE Ⅰ 1WEx
	生产厂家	沈阳宏宇
	外形尺寸 (mm)	373×163×65
	光源	LED
	防爆等级	Exd Ⅱ C T6 Gb ExtD A21 IP66 T80°C
	外观材质	铸铝 + 钢化玻璃

表 B-15　应急照明控制器参数

外形图	型号	HY-C-5000/HY-C-5000B
	生产厂家	沈阳宏宇
	外形尺寸 (mm)	675×485×300（壁装）、550×600×1800（立柜）
	主电功耗	50W
	电池类型	铅酸电池
	应急时间	180 min
	防护等级	IP30/IP42
	外观材质	冷轧钢

表 B–16　集中电源参数

外形图	型号	HY-D-0.3kVA/201、HY-D-0.6kVA/201 HY-D-1kVA/201、HY-D-0.6kVA/202 HY-D-1kVA/202
	生产厂家	沈阳宏宇
	外形尺寸 (mm)	800×500×250 （0.3kVA 201 款） 1000×600×300（0.6kVA / 1kVA201 款） 800×450×200、800×450×200（202 款）
	负载容量	0.3/0.6/1kVA
	输出电压	DC36V
	电池类型	铅酸电池
	应急时间	90 min
	防护等级	IP33/IP65
	外观材质	冷轧钢

初装应急时间（min）	90	90	90	90
连续供电时间（h）	0.5	1.0	1.5	2.0
转换系数（铅酸蓄电池）	1.00	0.59	0.36	0.31
1.0 kVA（900W）A 型集中电源带载功率（W）	900	531	324	279
0.6 kVA（540W）A 型集中电源带载功率（W）	540	319	194	167
0.3 kVA（270W）A 型集中电源带载功率（W）	270	159	97	84

附录 C　三雄极光照明灯具规格参数

注：1　A 型灯具输入电压为 DC36V。

　　2　附录 C 灯具、集中电源和应急照明控制器的参数由广东三雄极光照明股份有限公司提供。

表 C–1　灯具光度参数

灯具外形图	配光曲线	灯具特性	型号		壁灯常规 3WSJ-ZFJC-E3W-3713
			生产厂家		三雄极光
			外形尺寸 (mm)	直径 Ø	105
				高 H	60
			光源		LED
			灯具效能		≥ 80 lm/W
			防触电类别		III 类
			防护等级		IP30
			显色指数 Ra		≥ 80

发光强度值

θ(°)		0	5	10	15	20	25	30	35	40	45	50	55	60	65	70	75	80	85	90
I_θ (cd)	B-B	130.31	136.65	142.34	144.94	148.67	147.37	144.78	141.04	136.98	130.80	123.49	114.55	103.83	91.97	78.32	64.67	49.56	33.96	26.65
	A-A	133.73	133.73	131.61	128.69	125.11	119.91	113.90	106.59	97.98	89.04	78.81	67.59	55.41	43.22	30.06	17.71	8.29	1.79	0.00

表 C-2　灯具光度参数

<table>
<tr><td>灯具外形图</td><td>配光曲线</td><td>灯具特性</td><td colspan="2">型号</td><td>壁灯常规 5W
SJ-ZFJC-E5W-3713</td></tr>
<tr><td rowspan="8"></td><td rowspan="8"></td><td rowspan="8"></td><td colspan="2">生产厂家</td><td>三雄极光</td></tr>
<tr><td rowspan="2">外形尺寸（mm）</td><td>直径 Ø</td><td>105</td></tr>
<tr><td>高 H</td><td>60</td></tr>
<tr><td colspan="2">光源</td><td>LED</td></tr>
<tr><td colspan="2">灯具效能</td><td>≥ 80 lm/W</td></tr>
<tr><td colspan="2">防触电类别</td><td>III 类</td></tr>
<tr><td colspan="2">防护等级</td><td>IP30</td></tr>
<tr><td colspan="2">显色指数 Ra</td><td>≥ 80</td></tr>
</table>

发光强度值

θ(°)		0	5	10	15	20	25	30	35	40	45	50	55	60	65	70	75	80	85	90
I_θ (cd)	B-B	223.74	229.59	234.30	238.37	244.87	239.83	237.23	230.24	222.28	211.88	199.05	184.58	163.95	145.59	124.95	101.39	79.46	59.63	46.15
	A-A	230.24	230.08	227.16	224.23	218.54	212.04	203.76	189.95	181.17	166.06	148.51	129.83	105.94	84.82	60.12	36.40	17.06	4.55	0.49

表 C–3　灯具光度参数

灯具外形图	配光曲线	灯具特性	型号		I 自电款壁灯常规 3W（满自电） SJ-ZFZC-E3W-6113
		B B A A	生产厂家		三雄极光
			外形尺寸（mm）	直径 Ø	105
				高 *H*	60
			光源		LED
			灯具效能		≥ 80 lm/W
			防触电类别		III 类
			防护等级		IP30
			显色指数 Ra		≥ 80

发光强度值

θ(°)		0	5	10	15	20	25	30	35	40	45	50	55	60	65	70	75	80	85	90
I_θ (cd)	B-B	84.17	86.12	88.07	89.37	91.32	91.48	89.53	86.77	83.36	78.97	74.42	68.73	62.23	55.08	47.12	38.35	29.25	19.17	14.14
	A-A	84.01	83.84	83.36	82.22	80.27	78.16	74.74	71.17	66.94	60.77	54.27	46.47	39.00	29.90	21.12	13.00	5.36	1.14	0.00

表 C–4　灯具光度参数

灯具外形图	配光曲线	灯具特性	型号		I 自电款壁灯常规 3W(外电)
			生产厂家		三雄极光
			外形尺寸（mm）	直径 Ø	105
				高 H	60
			光源		LED
			灯具效能		≥ 80 lm/W
			防触电类别		III 类
			防护等级		IP30
			显色指数 Ra		≥ 80

发光强度值

θ(°)		0	5	10	15	20	25	30	35	40	45	50	55	60	65	70	75	80	85	90
I_θ (cd)	B-B	135.84	138.28	141.36	144.94	146.72	145.91	141.04	136.49	130.96	124.30	116.34	106.10	95.54	83.36	69.87	55.73	40.30	27.30	21.61
	A-A	135.84	135.19	133.73	130.48	126.25	121.54	115.85	108.87	101.88	91.97	81.08	69.38	56.22	42.90	29.08	16.41	6.17	1.14	0.00

表 C–5　灯具光度参数

灯具外形图	配光曲线	灯具特性	型号		安智 III 自电壁灯常规 5W（外电）
		A↔A，B↕B	生产厂家		三雄极光
			外形尺寸（mm）	直径 $\varnothing$	105
				高 H	60
			光源		LED
			灯具效能		≥ 80 lm/W
			防触电类别		III 类
			防护等级		IP30
			显色指数 Ra		≥ 80

发光强度值

θ(°)		0	5	10	15	20	25	30	35	40	45	50	55	60	65	70	75	80	85	90
I_θ (cd)	B-B	227.81	232.84	238.53	241.45	248.93	247.30	243.08	236.90	226.02	215.94	203.27	187.51	170.29	150.62	130.15	107.57	82.71	57.20	34.28
	A-A	231.06	231.71	230.89	228.62	223.26	217.57	209.61	199.53	186.53	169.96	153.06	132.10	109.84	87.74	63.04	38.18	17.22	4.06	0.00

表 C-6　灯具光度参数

灯具外形图	配光曲线	灯具特性	型号	安智 III 三防支架灯 8W 集电常规 SJ-ZFJC-E8W-3531
		A←→A，B↕B	生产厂家	三雄极光
			外形尺寸 (mm)	600×56×44
			光源	LED
			灯具效能	≥ 80 lm/W
			防触电类别	III 类
			防护等级	IP65
			显色指数 Ra	≥ 80

发光强度值

θ (°)		0	5	10	15	20	25	30	35	40	45	50	55	60	65	70	75	80	85	90
I_θ (cd)	B-B	223.58	221.79	218.54	213.34	206.68	199.05	190.43	180.68	170.45	159.56	148.84	137.46	125.76	113.74	103.02	92.45	81.57	71.33	61.58
	A-A	216.92	216.11	213.34	213.34	201.97	193.36	183.12	171.75	159.40	149.32	131.94	113.42	96.19	77.83	60.77	39.48	22.26	6.99	0.32

表 C–7　灯具光度参数

灯具外形图	配光曲线	灯具特性	型号	安智 III 三防支架灯 16W 集电常规 SJ-ZFJC-E16W-3531
	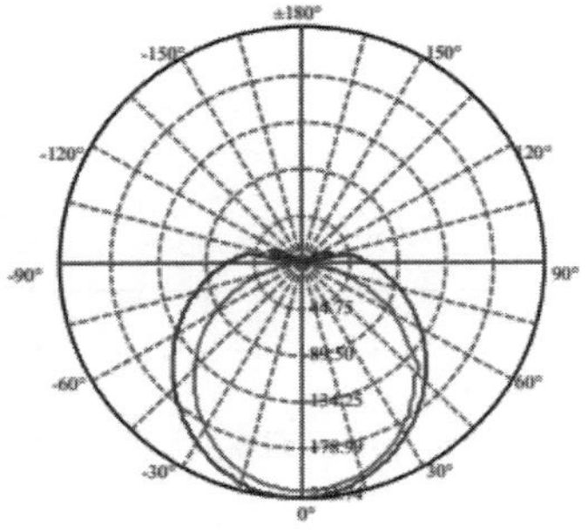	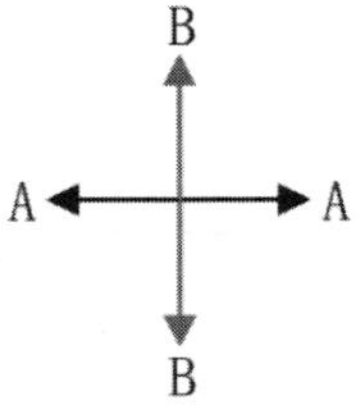	生产厂家	三雄极光
			外形尺寸 (mm)	1200×56×44
			光源	LED
			灯具效能	≥ 80 lm/W
			防触电类别	III 类
			防护等级	IP65
			显色指数 Ra	≥ 80

发光强度值

θ(°)		0	5	10	15	20	25	30	35	40	45	50	55	60	65	70	75	80	85	90
I_θ (cd)	B-B	570.49	566.59	557.81	557.81	528.24	508.42	487.13	462.60	435.79	407.51	378.43	348.53	320.10	290.36	260.95	232.68	205.38	179.22	154.69
	A-A	548.07	545.95	538.48	525.64	508.58	485.83	458.37	426.69	390.13	359.42	314.90	274.44	228.94	181.17	135.03	89.85	48.26	15.92	2.44

表 C-8　灯具光度参数

灯具外形图	配光曲线	灯具特性	型号	安智 III 三防支架灯 8W 自电集控（自电）SJ-ZFZC-E8W-6531
			生产厂家	三雄极光
			外形尺寸 (mm)	600×56×44
			光源	LED
			灯具效能	≥ 80 lm/W
			防触电类别	III 类
			防护等级	IP65
			显色指数 Ra	≥ 80

发光强度值

θ(°)		0	5	10	15	20	25	30	35	40	45	50	55	60	65	70	75	80	85	90
I_θ (cd)	B-B	74.91	74.42	73.61	71.98	69.87	67.59	64.99	61.74	58.49	55.25	51.51	47.61	43.71	39.81	35.91	32.50	28.76	25.02	21.77
	A-A	71.01	70.68	69.87	69.87	65.64	67.59	64.99	64.99	58.49	55.25	41.27	35.58	29.73	24.37	18.20	12.19	6.66	2.11	0.00

表 C–9　灯具光度参数

灯具外形图	配光曲线	灯具特性	型号	安智 III 三防支架灯 8W 自电集控（外电）
		B / A A / B	生产厂家	三雄极光
			外形尺寸 (mm)	600×56×44
			光源	LED
			灯具效能	≥ 80 lm/W
			防触电类别	III 类
			防护等级	IP65
			显色指数 Ra	≥ 80

发光强度值

θ(°)		0	5	10	15	20	25	30	35	40	45	50	55	60	65	70	75	80	85	90
I_θ (cd)	B-B	237.39	235.60	231.87	226.83	220.01	212.04	202.46	192.87	181.98	170.61	158.75	147.05	134.54	122.35	110.00	97.98	86.61	76.21	65.81
	A-A	230.41	229.43	226.18	220.17	212.21	201.97	190.43	177.11	162.32	147.70	130.15	113.09	94.24	76.04	55.41	37.05	19.17	5.52	0.00

表 C–10　灯具光度参数

灯具外形图	配光曲线	灯具特性	型号	安智 III 三防支架灯 16W 自电集控（自电）SJ-ZFZC-E16W-6531
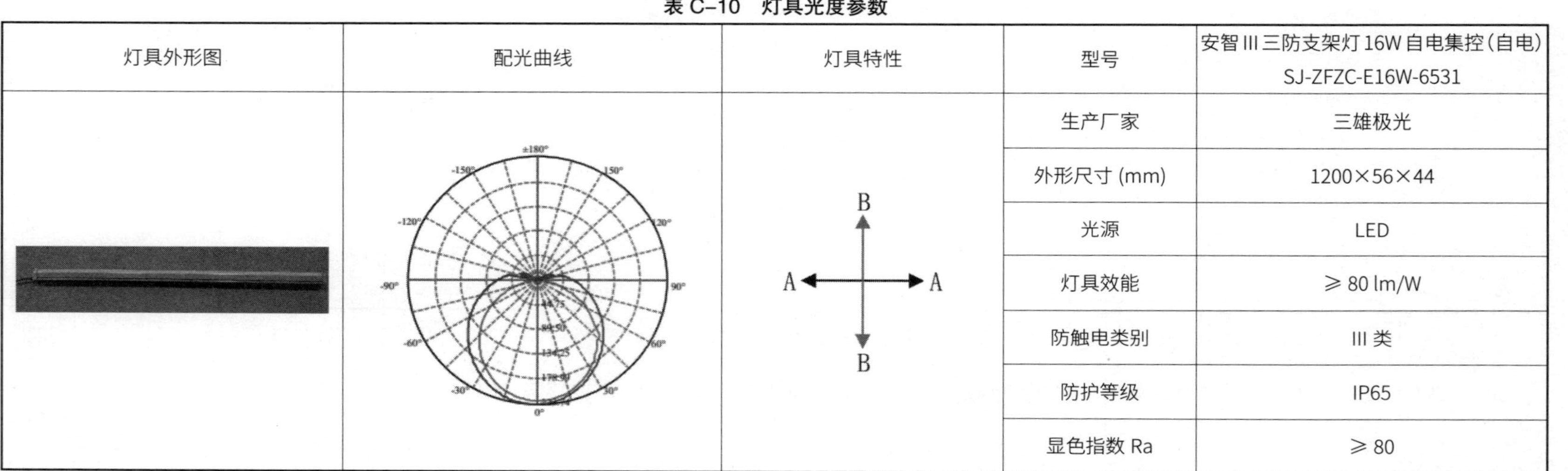			生产厂家	三雄极光
			外形尺寸 (mm)	1200×56×44
			光源	LED
			灯具效能	≥ 80 lm/W
			防触电类别	III 类
			防护等级	IP65
			显色指数 Ra	≥ 80

发光强度值

θ(°)		0	5	10	15	20	25	30	35	40	45	50	55	60	65	70	75	80	85	90
I_θ (cd)	B-B	81.24	81.41	80.92	79.78	77.83	75.56	72.96	69.71	66.13	66.13	58.49	54.43	50.37	45.98	41.76	37.53	33.47	29.57	25.67
	A-A	77.02	76.69	75.56	73.77	71.01	67.92	72.96	69.71	66.13	62.39	58.49	54.43	54.43	45.98	41.76	37.53	33.47	29.57	0.16

表 C–11　灯具光度参数

灯具外形图	配光曲线	灯具特性	型号	安智 III 三防支架灯 16W 自电集控（外电）
		A ↔ A, B ↕ B	生产厂家	三雄极光
			外形尺寸 (mm)	1200×56×44
			光源	LED
			灯具效能	≥ 80 lm/W
			防触电类别	III 类
			防护等级	IP65
			显色指数 Ra	≥ 80

发光强度值

θ(°)		0	5	10	15	20	25	30	35	40	45	50	55	60	65	70	75	80	85	90
I_θ (cd)	B-B	480.63	482.10	478.68	471.86	461.95	448.30	431.24	413.69	392.89	370.47	346.91	323.18	297.67	271.84	246.33	221.14	196.45	174.19	151.44
	A-A	470.88	468.77	462.44	450.90	435.30	415.48	415.48	364.78	334.72	302.39	269.89	233.17	193.85	154.36	115.37	75.56	43.71	15.11	1.62

表 C-12 灯具光度参数

灯具外形图	配光曲线	灯具特性	型号	安智 III 自电集控双头灯 3W（自电）SJ-ZFZC-E3W-6113
		A—A，B—B	生产厂家	三雄极光
			外形尺寸 (mm)	254×248×236
			光源	LED
			灯具效能	≥ 80 lm/W
			防触电类别	III 类
			防护等级	IP30
			显色指数 Ra	≥ 80

发光强度值

θ(°)		0	5	10	15	20	25	30	35	40	45	50	55	60	65	70	75	80	85	90
I_θ (cd)	B-B	124.95	122.35	114.07	102.04	92.13	85.14	79.46	74.09	67.27	60.77	54.92	47.77	39.48	30.22	3.09	1.79	1.46	1.14	0.16
	A-A	121.70	120.56	121.38	121.05	114.88	108.05	91.32	80.43	72.79	64.67	56.06	46.31	38.35	29.57	20.80	1.62	0.81	0.49	0.00

表 C-13　灯具光度参数

灯具外形图	配光曲线	灯具特性	型号	安智 III 自电集控双头灯 3W（外电）
	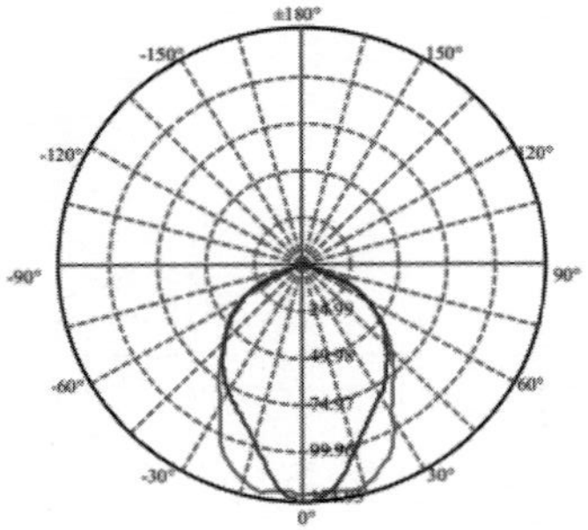	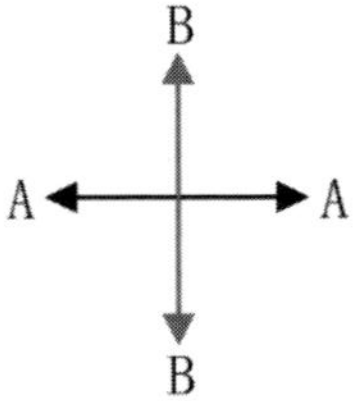	生产厂家	三雄极光
			外形尺寸 (mm)	254×48×236
			光源	LED
			灯具效能	≥ 80 lm/W
			防触电类别	III 类
			防护等级	IP30
			显色指数 Ra	≥ 80

发光强度值

θ (°)		0	5	10	15	20	25	30	35	40	45	50	55	60	65	70	75	80	85	90
I_θ (cd)	B-B	185.23	177.27	160.05	142.83	130.64	122.68	114.39	105.78	95.70	85.96	76.86	66.29	52.1	24.05	3.41	2.60	2.11	1.62	0.16
	A-A	181.50	179.06	179.55	177.11	177.11	159.24	137.63	120.73	108.7	96.84	84.17	71.17	71.17	43.55	30.22	2.60	1.30	0.81	0.00

表 C–14 灯具光度参数

灯具外形图	配光曲线	灯具特性	型号	安智 III 自电集控双头灯 5W（自电）SJ-ZFZC-E5W-6113
	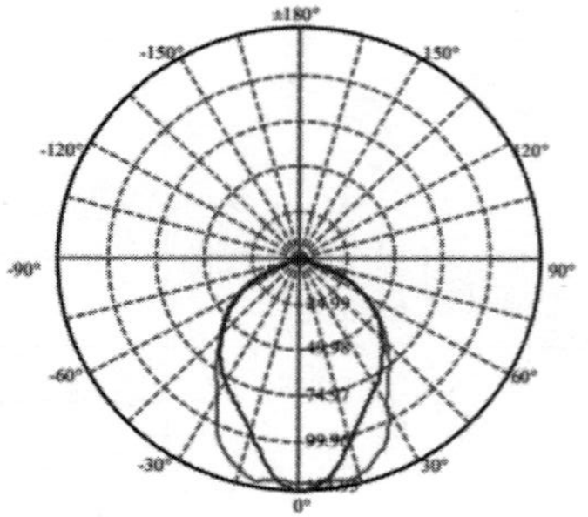	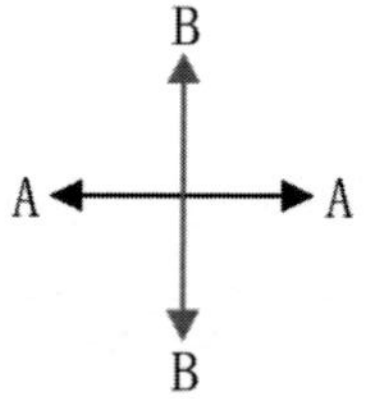 A ↔ A，B ↕ B	生产厂家	三雄极光
			外形尺寸 (mm)	254×48×236
			光源	LED
			灯具效能	≥ 80 lm/W
			防触电类别	III 类
			防护等级	IP30
			显色指数 Ra	≥ 80

发光强度值

θ(°)		0	5	10	15	20	25	30	35	40	45	50	55	60	65	70	75	80	85	90
I_θ (cd)	B-B	169.64	170.29	160.21	149.32	138.76	128.36	120.89	112.12	103.67	93.75	84.17	84.17	60.93	46.31	7.80	2.60	2.27	1.46	0.16
	A-A	163.14	166.22	168.82	169.64	167.04	147.86	120.89	112.12	103.67	91.48	78.64	65.81	52.32	40.46	25.02	2.11	1.14	0.65	0.00

表 C–15　灯具光度参数

灯具外形图	配光曲线	灯具特性	型号	安智 III 自电集控双头灯 5W（外电）
		B / A ↔ A / B	生产厂家	三雄极光
			外形尺寸 (mm)	254×48×236
			光源	LED
			灯具效能	≥ 80 lm/W
			防触电类别	III 类
			防护等级	IP30
			显色指数 Ra	≥ 80

发光强度值

θ (°)		0	5	10	15	20	25	30	35	40	45	50	55	60	65	70	75	80	85	90
I_θ (cd)	B-B	322.53	313.11	289.39	263.23	242.43	222.61	208.14	193.03	177.76	159.89	144.13	124.30	101.72	75.39	7.64	4.71	3.74	2.92	0.32
	A-A	317.17	318.47	313.27	313.27	303.36	280.61	237.55	212.86	191.73	170.12	147.54	122.84	98.63	75.07	52.16	4.55	2.60	1.62	0.00

表 C–16　灯具光度参数

灯具外形图	配光曲线	灯具特性	型号	安智 III 应急筒灯（集电款）4W（常规）SJ-ZFJC-E4W-3218
	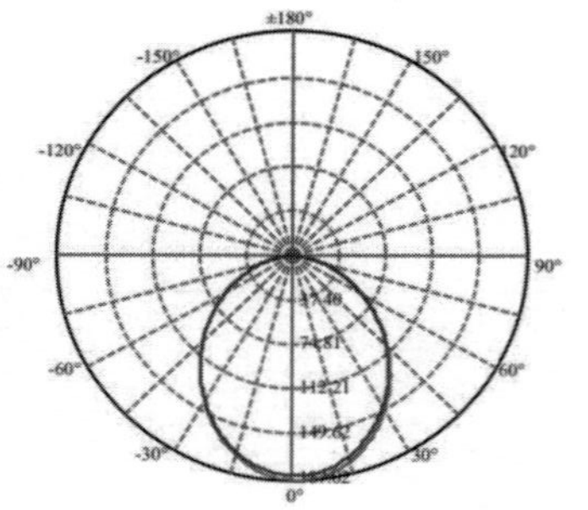	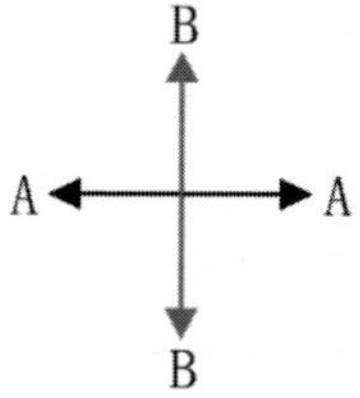 A ↔ A；B ↕ B	生产厂家	三雄极光
			外形尺寸 (mm)	Φ115×76.3
			光源	LED
			灯具效能	≥ 80 lm/W
			防触电类别	III 类
			防护等级	IP30
			显色指数 Ra	≥ 80

发光强度值

θ(°)		0	5	10	15	20	25	30	35	40	45	50	55	60	65	70	75	80	85	90
I_θ (cd)	B-B	182.63	182.15	178.90	173.37	165.09	157.94	146.72	133.89	120.40	106.43	91.64	77.51	64.02	50.53	38.02	25.51	14.14	5.20	0.00
	A-A	186.86	186.37	182.96	177.60	169.15	159.40	147.86	134.86	121.05	106.92	92.62	79.29	65.16	51.35	37.86	25.19	13.97	4.55	0.00

表 C-17　灯具光度参数

灯具外形图	配光曲线	灯具特性	型号	安智 III 应急筒灯（集电款）8W（常规）SJ-ZFJC-E8W-3218
			生产厂家	三雄极光
			外形尺寸 (mm)	Φ115×76.3
			光源	LED
			灯具效能	≥ 80 lm/W
			防触电类别	III 类
			防护等级	IP30
			显色指数 Ra	≥ 80

发光强度值

θ(°)		0	5	10	15	20	25	30	35	40	45	50	55	60	65	70	75	80	85	90
I_θ (cd)	B-B	336.83	336.35	330.01	319.29	306.29	288.74	267.45	245.03	220.82	196.12	170.94	147.05	121.54	95.54	72.63	49.72	28.92	11.37	0.00
	A-A	335.86	335.21	330.01	319.93	306.29	288.41	267.45	244.87	221.31	196.12	171.10	146.89	120.24	96.52	71.98	49.88	27.95	9.42	0.00

表 C-18　灯具光度参数

灯具外形图	配光曲线	灯具特性	型号	安智 III 应急筒灯（集电款）12W（常规）SJ-ZFJC-E12W-3218
		A A B B	生产厂家	三雄极光
			外形尺寸 (mm)	Φ115×76.3
			光源	LED
			灯具效能	≥ 80 lm/W
			防触电类别	III 类
			防护等级	IP30
			显色指数 Ra	≥ 80

发光强度值

θ(°)		0	5	10	15	20	25	30	35	40	45	50	55	60	65	70	75	80	85	90
I_θ (cd)	B-B	450.09	448.46	442.12	431.08	415.96	396.63	375.02	349.34	320.58	289.88	257.22	222.44	186.05	150.62	113.09	76.86	43.22	14.95	0.00
	A-A	459.02	458.21	453.50	443.26	427.9	409.30	386.55	360.39	332.28	300.92	267.45	234.47	197.10	159.07	120.56	83.36	48.26	18.52	0.00

表 C–19　灯具光度参数

灯具外形图	配光曲线	灯具特性	型号	安智 III 应急筒灯自电款 4W 常规 SJ-ZFZC-E4W-6218
			生产厂家	三雄极光
			外形尺寸 (mm)	Φ115×76.3
			光源	LED
			灯具效能	≥ 80 lm/W
			防触电类别	III 类
			防护等级	IP30
			显色指数 Ra	≥ 80

发光强度值

θ (°)		0	5	10	15	20	25	30	35	40	45	50	55	60	65	70	75	80	85	90
I_θ (cd)	B-B	112.13	112.44	110.56	107.27	102.72	96.76	90.02	82.34	74.34	65.87	57.09	49.25	40.94	32.63	24.48	16.64	9.58	3.47	0.00
	A-A	112.13	112.13	110.72	107.42	102.56	96.60	89.71	82.02	73.71	65.40	65.87	48.62	40.16	31.69	23.54	15.70	8.80	3.15	0.00

表 C-20　灯具光度参数

灯具外形图	配光曲线	灯具特性	型号	安智 III 应急筒灯自电款 8W 常规 SJ-ZFZC-E8W-6218
			生产厂家	三雄极光
			外形尺寸 (mm)	Φ115×76.3
			光源	LED
			灯具效能	≥ 80 lm/W
			防触电类别	III 类
			防护等级	IP30
			显色指数 Ra	≥ 80

发光强度值

θ(°)		0	5	10	15	20	25	30	35	40	45	50	55	60	65	70	75	80	85	90
I_θ (cd)	B-B	115.55	115.11	113.07	109.31	104.29	97.86	90.80	83.12	74.65	66.66	58.03	49.25	40.63	32.32	24.16	16.79	9.74	3.78	0.00
	A-A	115.55	115.11	112.91	109.46	104.29	97.70	90.96	82.65	74.81	66.34	57.72	48.94	40.47	32.47	24.01	16.79	9.74	3.78	0.02

表 C–21　灯具光度参数

灯具外形图	配光曲线	灯具特性	型号	安智 III 应急筒灯自电款 12W 常规 SJ-ZFZC-E12W-6218
			生产厂家	三雄极光
			外形尺寸 (mm)	Φ154×84.3
			光源	LED
			灯具效能	≥ 80 lm/W
			防触电类别	III 类
			防护等级	IP30
			显色指数 Ra	≥ 80

发光强度值

θ (°)		0	5	10	15	20	25	30	35	40	45	50	55	60	65	70	75	80	85	90
I_θ (cd)	B-B	118.32	117.77	115.89	112.44	107.42	101.31	94.41	86.41	77.95	69.32	60.07	51.45	42.67	34.20	25.57	17.42	10.05	3.94	0.00
	A-A	118.32	117.77	115.42	111.50	106.48	100.05	92.84	84.84	76.38	67.60	58.66	49.88	41.41	32.47	23.85	15.85	8.33	2.84	0.02

表 C-22　灯具光度参数

灯具外形图	配光曲线	灯具特性	型号	安智 III 自电吸顶灯 5W（自电常规）SJ-ZFZC-E5W-6310
			生产厂家	三雄极光
			外形尺寸 (mm)	Φ195×60
			光源	LED
			灯具效能	≥ 80 lm/W
			防触电类别	III 类
			防护等级	IP30
			显色指数 Ra	≥ 80

发光强度值

θ(°)		0	5	10	15	20	25	30	35	40	45	50	55	60	65	70	75	80	85	90
I_θ (cd)	B-B	44.52	44.68	44.36	44.03	43.38	42.25	40.95	39.65	37.70	35.42	33.15	30.87	27.95	25.02	21.94	18.85	15.76	13.16	11.05
	A-A	44.36	44.36	44.03	43.22	42.25	41.11	39.65	37.86	35.75	33.47	31.20	28.27	25.35	22.42	19.17	15.92	13.32	10.89	9.10

表 C–23　灯具光度参数

灯具外形图	配光曲线	灯具特性	型号	安智 III 自电吸顶灯 8W（自电常规）SJ-ZFZC-E8W-6310
			生产厂家	三雄极光
			外形尺寸 (mm)	Φ216×60
			光源	LED
			灯具效能	≥ 80 lm/W
			防触电类别	III 类
			防护等级	IP30
			显色指数 Ra	≥ 80

发光强度值

θ(°)		0	5	10	15	20	25	30	35	40	45	50	55	60	65	70	75	80	85	90
I_θ (cd)	B-B	44.52	44.68	44.36	44.03	43.38	42.25	40.95	39.65	37.70	35.42	33.15	30.87	27.95	25.02	21.94	18.85	15.76	13.16	11.05
	A-A	44.36	44.36	44.03	43.22	42.25	41.11	39.65	37.86	35.75	33.47	31.20	28.27	25.35	22.42	19.17	15.92	13.32	10.89	9.10

表 C–24　中型疏散标志灯具参数

灯具外形图	型号	SJ-BLJC-1LROE Ⅱ 1W-3620A
	生产厂家	三雄极光
	外形尺寸 (mm)	355×140×6.5
	光源	LED
	防护等级	IP30
	外观材质	不锈钢

表 C–25　中型疏散标志灯具参数

灯具外形图	型号	SJ-BLJC-1LROE Ⅲ 2W-3630
	生产厂家	三雄极光
	外形尺寸 (mm)	355×140×6.5
	光源	LED
	防护等级	IP30
	外观材质	不锈钢

表 C–26　大型疏散标志灯具参数

灯具外形图	型号	SJ-BLJC-2LROE Ⅱ 1W-3610
	生产厂家	三雄极光
	外形尺寸 (mm)	360×175×26
	光源	LED
	防护等级	IP67
	外观材质	不锈钢

表 C–27　嵌顶疏散标志灯具参数

灯具外形图	型号	SJ-BLJC-2LROE Ⅱ 1W-3610
	生产厂家	三雄极光
	外形尺寸 (mm)	360×175×26
	光源	LED
	防护等级	IP67
	外观材质	不锈钢

表 C–28　应急照明控制器参数

外形图	型号	SJ-C-1811A（立柜） SJ-C-1812（壁挂）
	生产厂家	三雄极光
	外形尺寸 (mm)	600×600×1800（立柜） 400×163×527（壁挂）
	主电功耗	40W
	电池类型	铅酸电池
	应急时间	180 min
	防护等级	IP30/IP33
	外观材质	冷轧钢

表 C–29　集中电源参数

外形图	型号	SJ-D-1.0KVA-1834/SJ-D-0.5kVA-1834/SJ-D-0.3kVA-1834/SJ-D-0.15kVA-1834
	生产厂家	三雄极光
	外形尺寸 (mm)	350×195×495 295×130×420 295×130×420 260×100×365
	负载容量	1/0.5/0.3/0.15kVA
	输出电压	DC36V
	电池类型	锂电池
	应急时间	90 min
	防护等级	IP33/IP65
	外观材质	冷轧钢

应急工作时间（min）	90	90	90	90
连续供电时间（h）	0.5	1.0	1.5	2.0
转换系数（锂电池）	1.0	0.5	0.33	0.25
1.0kVA（900W）A 型集中电源带载功率（W）	900	450	300	225
0.5kVA（450W）A 型集中电源带载功率（W）	540	270	180	135
0.3kVA（270W）A 型集中电源带载功率（W）	270	135	90	68
0.15kVA（135W）A 型集中电源带载功率（W）	135	68	45	34